中国计算机基础应用普及推广用书

ZHONGGUO JISUANJI JICHU YINGYONG PUJI TUIGUANG YONGSHU

五笔字型

编码字词速查

石燕芬 主编

北京日报出版社

图书在版编目（CIP）数据

五笔字型编码字词速查 / 石燕芬主编. -- 北京 : 北京日报出版社, 2018.7

ISBN 978-7-5477-2963-2

Ⅰ. ①五… Ⅱ. ①石… Ⅲ. ①五笔字型输入法 Ⅳ. ①TP391.14

中国版本图书馆 CIP 数据核字(2018)第 081901 号

五笔字型编码字词速查

出版发行：北京日报出版社
地　　址：北京市东城区东单三条 8-16 号东方广场东配楼四层
邮　　编：100005
电　　话：发行部：（010）65255876
总编室：（010）65252135
印　　刷：北京京华铭诚工贸有限公司
经　　销：各地新华书店
版　　次：2018 年 7 月第 1 版
2018 年 7 月第 1 次印刷
开　　本：787 毫米×1092 毫米　1/16
印　　张：16
字　　数：332 千字
定　　价：39.80 元

内 容 提 要

本书从五笔字型初学者和使用者的实际需要出发，按查找汉字拆分和编码时常用的拼音音节顺序编排，收录了《通用规范汉字表》中全部汉字的五笔字型拆分和编码。本书体例编排新颖，查阅方便快捷，是广大读者从初学五笔字型到熟练掌握五笔字型的好伴侣和案头常备的工具书。

前 言

近年来，汉字输入技术有了很大的发展，形成了键盘输入、文字识别以及语言识别“三足鼎立”的局面。而在汉字的键盘输入中，五笔字型输入法是目前使用非常广泛的一种汉字输入方法，它的特点是：键盘布局合理、字根拆分优选、单字输入重码少、字词输入兼容、易学易记等。因而，一些著名的汉字操作系统都纷纷将五笔字型“植入”自己的系统中，国内众多计算机用户打字或电脑排版也基本上都采用五笔字型输入法。

但是，学会用电脑打字易，而要提高录入汉字的速度难。这是由于五笔字型是以拆分汉字字型结构为特点的一种编码方法，属于纯“形码”，其字根的拆分有相当一部分不同于传统的汉字偏旁部首，具有独特性。因此，对于初学者来说，往往很难准确无误地对汉字进行拆分编码，即使是相当熟练的录入员，也难免会遇到一些不能被正确拆分的难字。为此，本书从汉语拼音音节目录入手，为读者查找汉字五笔字型拆分编码提供了快捷、准确的查阅方法。

本书的特点如下：

1．查找快捷——考虑到本书的通用性，在体例编排上，严格按照汉语拼音音节顺序供读者按音节查字。

2．适用面广——对不熟悉甚至完全不懂汉语拼音、英文字母的操作者而言，本书是一部方便、实用的必备工具书，它可以使操作者凭字根打字，或者凭字根记熟键名，记熟汉字编码。

3．一举两得——拆字与字根编码结合，可使操作者在弄懂每个汉字拆字方法的同时，学会字根键编码，或在知道字根键的同时，学会每个汉字的拆字方法。

为方便读者快速学会五笔字型输入法，本书还介绍了86版五笔字型输入法、98版五笔字型输入法以及新世纪五笔字型输入法的相关知识。在此，真诚地希望本书能成为五笔字型学习者案头必备的“顾问”和良师益友。

本书由石燕芬主编，参与编写的老师还有石利军、岳利波、邸巧莲等。由于编写时间仓促，书中难免有疏漏与不妥之处，欢迎广大读者及各界人士来信咨询指正，我们将听取您宝贵的意见，推出更加精品的计算机图书。

目 录

第1章 五笔基础知识快速掌握

五笔字型输入技术是通过对汉字的结构进行分析，找出汉字构成的基本规律，然后根据这些规律进行编码而创造出来的。因此，在学习五笔输入法的基本知识前，先要了解汉字的结构。

1.1 汉字的结构

通过对汉字的研究，五笔研发人员将汉字分为三个基本层次：笔画、字根和整字。本节将对汉字的这三个层次进行详细的介绍。

1.1.1 汉字的笔画

在书写汉字时，不间断地一次性写成的线条称为笔画。在五笔字型中，通过对成千上万的汉字加以分析，形成了只考虑笔画的运笔方向，而不计其轻重长短，并根据使用频率的高低，依次用编码 1、2、3、4、5 来表示横、竖、撇、捺、折五种基本笔画，见表 1-1。

表 1-1 汉字的笔画

编　码	笔　画	笔画走向	笔画及其变体	说　明
1	横	左→右	一 ㇀	提笔均视为横
2	竖	上→下	丨 亅	左竖钩均视为竖
3	撇	右上→左下	丿	
4	捺	左上→右下	㇏ 、	点视为捺
5	折	带转折	乙 ㄴ ㇖ ㇉ ㇋	带折的编码均为 5，左竖钩除外

1.1.2 汉字的字根

一个完整的汉字是由字根构成的，而字根是由若干笔画组合所形成的相对不变的结构。例如，“李”字由“木”和“子”构成，“汉”字由“氵”和“又”构成，这里的“木”、“子”和“氵”、“又”都是五笔字型的基本字根。

一般来说，字根是有形有意的，是构成汉字的基本单位。将这些基本单位经过拼形组合，就产生了为数众多的汉字。因此，在五笔字型中，字根是构成汉字的最重要、最基本的单位，是组成汉字的要素。

汉字的拼形编码既不考虑读音，也不把汉字全部肢解为单一笔画，它遵从人们习惯的书

写顺序，以字根为基本单位来组字、编码，并用来作为输入汉字的一种方法，这就是五笔字型方案的基本出发点之一。

1．字根的选取原则

前面已讲述，由若干笔画组合所形成的相对不变的结构叫做字根。但是，字根不像汉字那样，有公认的标准和一定的数量。因此，哪些结构算字根，哪些结构不算字根，历来没有严格的界限。研究者不同，应用目的不同，故其筛选的标准和选定的数量差异也很大。

在五笔字型方案中，字根的选取标准主要基于以下两个方面：

- 选择组字能力强、使用频率高的偏旁部首（注：某些偏旁部首本身就是一个汉字），如：王、土、大、木、工、目、日、口、田、山、人、禾等。
- 组字能力不强，但组成的字在日常用语中经常出现，如由“白”组成的“的”字可以说是汉语中使用频率极高的汉字。

在五笔字型方案中，所有被选中的偏旁部首都可称为基本字根，所有落选的非基本字根都可按规则拆分成几个基本字根。例如，平时说的“弓、长、张”是指“张”字由“弓”和“长”组成，其中的“弓”字是五笔字型基本字根，但“长”还需要分解成基本字根。概括地讲，所有汉字都是由基本字根组成的。

2．字根间的结构关系

一切汉字都是由基本字根组成的，或者说是拼合而成的，包括没有资格入选为基本字根的单体结构（注意：并不一定都是汉字）。基本字根在组成汉字时，按照它们之间的位置关系，可以分为以下四种类型：

- 单：所谓单，是指基本字根本身就单独成为一个汉字，如：口、木、山、田、马、寸等。
- 散：所谓散，是指构成汉字的基本字根之间可以保持一定的距离，如：吕、足、困、识、汉、照等。
- 连：所谓连，是指一个基本字根连一个单笔画，如“丿”下连“目”成为“自”，“丿”下连“十”成为“千”，“月”下连“一”成为“且”。其中，单笔画可连前也可连后。

连的另一种情况就是所谓的“带点结构”。例如，勺、术、太、主等字中的点，近也可，稍远也可，连也可，不连也可，为了使问题简化，这里规定：一个基本字根与一个孤立点一律视为相连。

- 交：所谓交，是指几个基本字根交叉套叠后构成的汉字，如：“申”由“日、丨”交叉构成、“里”由“日、土”交叉构成、“夷”由“一、弓、人”交叉构成。

1.1.3 汉字的三种字型

根据构成汉字的各字根之间的相对位置关系，可以把成千上万的汉字分为三种：左右型、上下型、杂合型，并按照它们拥有汉字的字数多少，从 1 到 3 为其命以代号，详见表 1-2。

表 1-2　汉字的三种字型

字型代号	字　型	例　字	说　明
1	左右型	汉 湘 结 到	字根之间可有间距，总体左右排列
2	上下型	字 室 花 型	字根之间可有间距，总体上下排列
3	杂合型	本 重 天 且 困 凶 年 果	字根之间虽有间距，但不分上下左右，即不分块

1．左右型汉字

左右型汉字包括以下两种情况：

- 双合字：两个部分左右并列，其间有一定的距离，如：肚、胡、胆、咽、枫等。此外，虽然“咽”和“枫”等字的右侧也由两个字根构成，但这两个字根之间是内外型关系，所以整个汉字属于左右型汉字。
- 三合字：整字的三个部分从左到右并列，或者单独占据一侧的一部分与另外两部分呈左右排列，如：侧、别、谈等，都属于左右型汉字。

2．上下型汉字

上下型汉字也包括以下两种情况：

- 双合字：两个部分上下排列，其间有一定的距离，如：字、节、看等。
- 三合字：三个部分上下排列，或者单占一层的一部分与另外两部分呈上下排列，如：意、想、花等。

3．杂合型汉字

杂合型汉字是指组成整字的各部分之间没有明确的左右、上下关系，如：团、同、这、斗、头、飞、本、天、册、成等。

汉字的图形特征是每一个中国人从上小学起就熟知的。在这里，可以将其作为识别汉字的一个重要依据，如“口”和“八”，上下排列为“只”，左右排列即为“叭”等。因此，还可以把汉字的三种字型叫做字根的三种排列方式。在向计算机中输入汉字时，除了输入组成汉字的字根外，有时还有必要告诉计算机输入的字根是以什么方式排列的，即补充输入一个字型信息，这就是以后要专门讲述的“末笔字型交叉识别码”。

1.2　键盘分区

在录入汉字的过程中，键盘是一个不可或缺的工具。将五笔字根有规律地分布在键盘的字母键位上，便构成了五笔键盘。要想熟练地使用五笔字型输入法，了解字根分布是十分必要的。下面将详细介绍键盘的分区知识，为用户后面的学习打下基础。

五笔字型的设计者把 125 种基本字根按照字根分区划位原则，兼顾其键位设计的需要，分为五个区，每个区又分成五个位，这样得到：11～15、21～25、31～35、41～45 和 51～55 共 25 个键位，如图 1-1 所示。

3 区（撇起笔字根）←					4 区（点、捺起笔字根）→				
金 35Q	人 34W	月 33E	白 32R	禾 31T	言 41Y	立 42U	水 43I	火 44O	之 45P
1 区（横起笔字根）←					2 区（竖起笔字根）→				
工 15A	木 14S	大 13D	土 12F	王 11G	目 21H	日 22J	口 23K	田 24L	: ;
	5 区（折起笔字根）←								
Z	纟 55X	又 54V	女 53V	子 52B	已 51N	山 25M	< ,	> .	? /

图 1-1　键盘分区图

1．区号和位号的定义原则

区号和位号的定义主要遵循以下几点原则：

- 区号按起笔的笔画（横、竖、撇、捺、折）划分，如“禾、白、月、人、金”的首笔均为撇，撇的代号为 3，所以它们都在 3 区。反过来，也可以说以撇为首笔的字根的区号为 3。
- 一般来说，字根的次笔代号尽量与其所在的位号一致，如“土、白、门”的第二笔均为竖，竖的代号为 2，故其位号都为 2。但并非所有情况都完全如此，如“工”字的次笔为竖（代号应为 2），但却被放在了第五位，即其区位号为 15。
- 单笔画与复笔画字根尽量与位号一致，例如，单笔画“一、丨、丿、丶、乙”都在第一位，两个单笔画的复合字根“二、刂、⺈、冫、巛”都在第二位，三个单笔画的复合字根“三、川、彡、氵、巛”都在第三位，以此类推。

2．键名

五笔键盘每个键位上一般安排 2～6 种字根，字体较大的字根是键名，或称为主字根。每个键位方框左上角的字根就是键名。

3．同位字根

在每个键位上的键名后都跟有一些较小的字根，它们被称为“同位字根”。同位字根有以下几种情况：

- 某些字根与键名形似或意义相同，如“土”和“士”、“禾”和“禾”、“月”和“⺼”、“言”和“讠”、“人”和“亻”等。
- 对于某些字根，其首笔和次笔不一定符合区位号定义规则，但它们与键位上的某些字根“沾亲带故”，如“忄”和“⺗”、“尸”和“尸”等。

1.3 指法训练

键盘的设计具有一定的规律性，故在使用过程中掌握其使用技巧，将有助于提高汉字的录入速度。本节将详细介绍有关指法的相关知识。

1.3.1 键盘操作

在操作键盘时，各个手指必须严格遵守指法分区的规则，并且要从一开始就严格要求。因为，错误的打法一旦养成习惯，就很难再改正。

1. 基准键与手指的对应关系

基准键位有：【A】、【S】、【D】、【F】、【J】、【K】、【L】、【;】八个键位。

将左、右手轻放在基准键位上。左手：小指对应【A】键，无名指对应【S】键，中指对应【D】键，食指对应【F】键；右手：小指对应【;】键，无名指对应【L】键，中指对应【K】键，食指对应【J】键；左右手的大拇指轻放于空格键上。注意：基准键的位置不可混乱，也不可跨越。

2. 字母键的击法

敲击字母键的方法如下：

（1）手腕要平直，手臂要保持静止，全部动作仅限于手指部分。

（2）手指要保持弯曲，稍微拱起，指尖后的第一关节微成弧形，轻放在基准键位上。

（3）输入时，手抬起，只有要击键时，手指才可伸出击键，击完键后一定要立即回到基准键位上，而不能停留在已击的键位上。

（4）击键时要瞬间发力，立即回归。击键的力度要均匀，不要太重也不要太轻。

（5）一个手指击键时，其他手指尽可能不移动，有时即使有轻微的移动，也决不能离基准键位太远。

3. 空格键的击法

大拇指横着向下一击并立即回归。每击一次输入一个空格。

4. 换行键的击法

需要换行时，抬起右手小指击一次【Enter】键，击键后立即返回到原基准键位上。在手指回归过程中小指弯曲，以免误击【;】键。

1.3.2 手指分工

在基准键位的基础上，对于其他字母、数字、符号，都采用与八个基准键相对应的位置来记忆。键盘指法分区如图 1-2 所示。

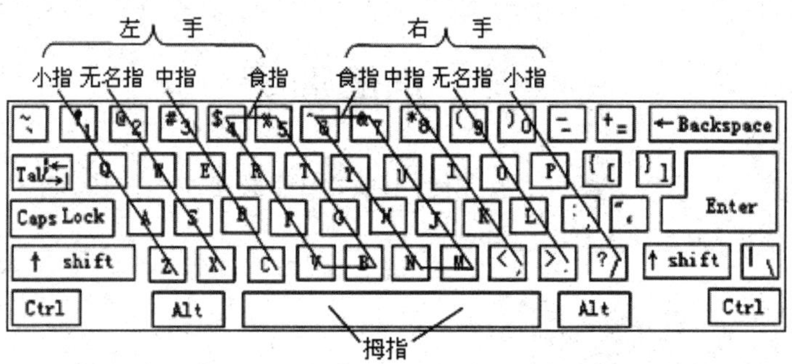

图 1-2 键盘指法分区图

1.3.3 指法练习

掌握正确的指法是快速录入的前提，但真正要做到这一点，还需要配以大量的练习。初学者在练习过程中，往往容易犯急功近利的毛病，一味追求速度而忽略了培养正确的指法习惯，这对以后提高速度是不利的。所以在下面的练习中，用户一定要在保证指法正确的基础上，逐步提高录入速度。

rtyu vbnm rtyu vbnm rtyu vbnm rtyu vbnm
rfvf tfbf yjnj ujmj rfvf tfbf yjnj ujmj
tgbg yhnh tgbg yhnh tgbg yhnh tgbg yhnh

qqqq pppp zzzz //// qqqq pppp zzzz ////
qzpz p/p/ qzpz p/p/ qzpz p/p/ qzpz p/p/
aqaz ;p;/ aqaz ;p;/ aqaz ;p;/ aqaz ;p;/ qazp

wox. wox. wox. wox. wox. wox. wox. wox.
wwww xxxx pppp …. wwww xxxx pppp ….
wsxs ol.l wsxs ol.l wsxs ol.l wsxs ol.l

eic, eic, eic, eic, eic, eic, eic, eic,
edcd ik,k edcd ik,k edcd ik,k edcd ik,k
dedc kik, dedc kik, dedc kik, dedc kik,

rtyu vbnm rtyu vbnm rtyu vbnm rtyu vbnm
rfvf tfbf yjnj ujmj rfvf tfbf yjnj ujmj
tgbg yhnh tgbg yhnh tgbg yhnh tgbg yhnh

aAaA qQqQ zZzZ sSsS wWwW
xXxX dDdD eEeE cCcC
fFfF rRrR vVvV tTtT gGgG bBbB
hHhH yYyY nNnN jJjJ uUuU mMmM

第 2 章　五笔字根快速记忆

字根是学习五笔字型的重点内容，也是利用五笔输入法进行汉字输入的基础。熟练地掌握字根，是学好五笔的一个关键。本章将详细讲解有关五笔字根的分布及汉字的拆分方法。

2.1 五笔字根介绍

五笔字根的数量众多，且形态各异，不容易记忆，一度成为初学者学习五笔的最大障碍。本节将详细介绍王码 86 版五笔的所有字根及其助记词，以帮助用户快速记忆字根。

2.1.1 五笔字根

通过前面的学习，用户已经了解了五笔键盘的构成与分区情况。那么，一百多个字根又是如何具体分布在键盘上的呢？图 2-1 所示即为五笔键盘及其各个键位上的所有字根。

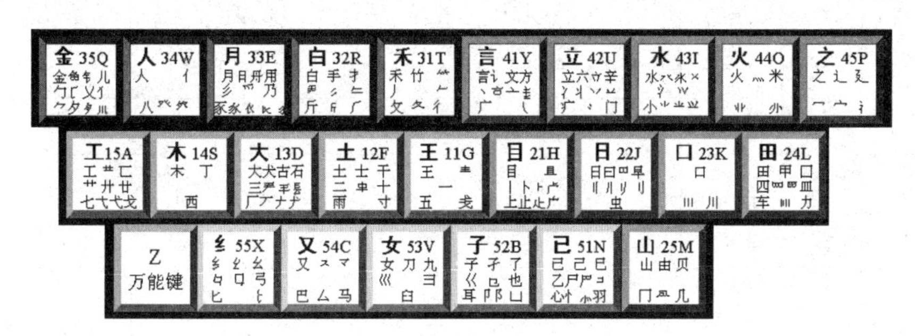

图 2-1　五笔键盘

在五笔键盘中，每个键位上都可以容纳多个字根，所以五笔键盘的每个键位上都会存在多个字符。下面以键位【G】为例介绍键位符号的相关知识，如图 2-2 所示。

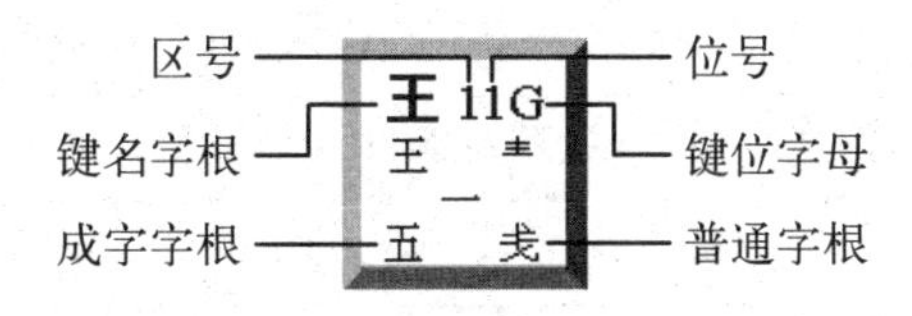

图 2-2　键位分析

在每个键位的右上角都标有该键位对应的英文字母，其左侧是该键位的区位号，如【G】键位于第一区，而且是横区的第一个键位，故其区位号为 11；键位的左上角有一个加粗的字根，在五笔中将该类字根称为“键名字根”（键名字），如【G】键位中的“王”字根；在其他字根中，若其本身为一个汉字，那么称其为“成字字根”，如【G】键位中的字根“五”；除键名字根和成字字根以外的其他字根均称为“普通字根”。

【G】键的区位号，即所有位于该键位上的字根的编码，也就是说 11 代表【G】键上的全部字根。

提示：

细心的用户可能会发现，当成字字根与汉字中相应的结构进行对比时会有一定的差距，这是因为五笔中的字根并不是实际的构字部件，而只是一个结构特征符号。

2.1.2 字根助记词

为了降低学习字根的难度，五笔字型的设计者将五笔字根进行了分类、总结，并编写了一套助记词。下面列出了助记词与键位的详细对应情况，见表 2-1。

表 2-1　五笔字型字根

区号	区位	键位	笔画	键名	基本字根	助记词
1 区 横起笔	11	G	一	王	龶戋五	王旁青头戋（兼）五一
	12	F	二	土	士干十串寸雨	土士二干十寸雨
	13	D	三	大	犬手 龵 镸古石厂丆ナ龷	大犬三手（羊）古石厂
	14	S		木	丁西	木丁西
	15	A		工	戈弋艹廿廾卄匚七	工戈草头右框七
2 区 竖起笔	21	H	丨	目	且上⺊卜止⺊ 虍	目具上止卜虎皮
	22	J	刂リ川	日	曰㓁早虫	日早两竖与虫依
	23	K	川 川	口	川 川 口	口与川，字根稀
	24	L	川	田	甲囗四罒皿㓁车力	田甲方框四车力
	25	M		山	由贝冂几㞢	山由贝，下框几
3 区 撇起笔	31	T	丿	禾	禾 竹 𠂉 彳夂夊	禾竹一撇双人立，反文条头共三一
	32	R	𠂆	白	手扌𡗗 𠂉厂斤斤	白手看头三二斤
	33	E	彡	月	目⺈用丹乃豕 豸 𧘇 𠂋 犭	月彡（衫）乃用家衣底
	34	W		人	亻八癶癶	人和八，三四里
	35	Q		金	钅勹𠂆鱼犭乂儿儿夕クタ	金勺缺点无尾鱼，犬旁留叉儿一点夕，氏无七（妻）
4 区 捺起笔	41	Y	㇏丶	言	讠文方广亠㐬圭	言文方广在四一，高头一捺谁人去
	42	U	冫	立	辛丷 丬䒑疒门六立	立辛两点六门疒
	43	I	氵	水	氺⺌⺍小⺌业⺍ 业	水旁兴头小倒立
	44	O	灬	火	业 小 米	火业头，四点米
	45	P		之	辶廴礻宀冖	之字军盖建道底，摘礻（示）衤（衣）

续　表

区号	区位	键位	笔画	键名	基本字根	助记词
5区 折起笔	51	N	乙	已	巳己心 忄 㣺 尸𡰪 羽 コ	已半巳满不出己，左框折尸心和羽
	52	B		子	孑耳阝卩 㔾 了也 凵	子耳了也框向上
	53	V		女	刀九臼彐	女刀九臼山朝西
	54	C	巛	又	厶ㄨマ巴马	又巴马，丢矢矣
	55	X	巜	纟	纟幺弓匕𠤎㇉	慈母无心弓和匕，幼无力

2.2 字根分布规律及特点

本节将重点介绍字根在键盘上的分布规律，相信用户通过本节的学习，会对字根有更进一步的认识。

2.2.1 字根分布第一规律

字根的第一分布规律便是将字根与区位码联系在一起，下面以横区为例进行介绍。

通过前面的学习，用户已经了解到：字根的分区是以第一笔作为依据的，如第一笔为横的字根位于横区。但横区中有五个键位，若要对其进行准确定位，还需要将字根与位号联系起来。在五笔字根分布规律中规定，字根的第二笔决定其所在的位号，如第二笔为横（横的区号为1）的字根位于该区的第一个键位上，第二笔为竖（竖的区号为2）的字根则位于相应分区的第二个键位上，第二笔为撇（撇的区号为3）的字根则位于相应分区的第三个键位上，第二笔为捺（捺的区号为4）的字根则位于相应分区的第四个键位上，第二笔为折（折的区号为5）的字根则位于相应分区的第五个键位上。

例如，字根“土”的第一笔为横，应位于横区，第二笔为竖，应位于第二个键位上，所以其位于【F】键位上，区位号为12；字根“贝”的第一笔为竖，应位于竖区，其第二笔为折，故应位于第五个键位【M】上，所以其区位号为25。

其中，第一笔原则所有字根均符合，第二笔原则绝大多数字根都符合，但并不是所有的字根都符合第二笔原则。

2.2.2 字根分布第二规律

字根分布的第二规律主要是针对一些由单笔画组成的字根，这种字根不是很多，但应用较普遍。下面将对这一类字根进行详细介绍。

这一类字根的分区规则同第一规律中的分区规则相同，如起笔为横则位于横区。而其位号的确定是根据字根的笔画数，若该字根共有两个笔画，即位于相应分区中的第二个键位上，如字根“二”。其他同类字根的详细分布情况如图2-3所示。

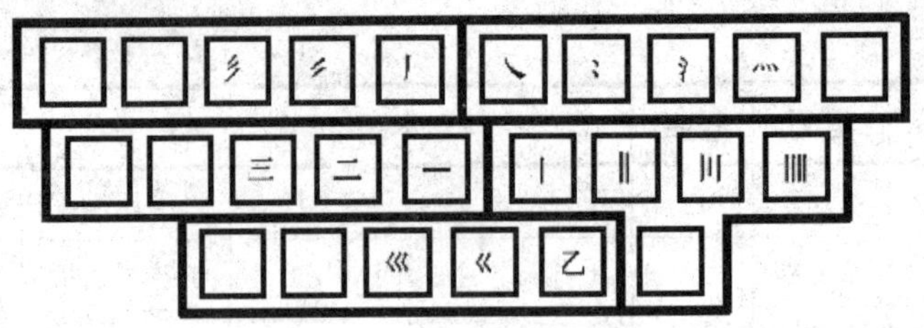

图 2-3　单笔画字根的分布

2.3 字根详解

本节将详细介绍各个分区的字根，同时配以大量的练习，使用户可以一次到位地学习所有字根。

2.3.1　第一区字根解析

本节详细介绍一区的字根。

1．字根

第一分区中主要放置了以横起笔的字根，如图 2-4 所示。

图 2-4　第一区字根

2．助记词

11　王旁青头戋（兼）五一

12　土士二干十寸雨

13　大犬三羊古石厂

14　木丁西

15　工戈草头右框七

3．字根详解

第一分区中所有键位助记词的详细讲解见表 2-2。

表 2-2　第一分区助记词详解

键　位	助 记 词	字根解析
王 11G 王 一 五 戋	王旁青头戋（兼）五一	“王旁”为偏旁部首“王”（王字旁）；“青头”为“青”字的上半部分“龶”；“兼”指字根“戋”（借音转义）

续 表

键 位	助 记 词	字根解析
土 12F 土 士 干 二 䒑 十 雨 寸	土士二干十寸雨	该键除了“土、士、二、干、十、寸、雨”七个字根外，还包括“革”字的下半部分“䒑”
大 13D 大犬古石 三 龶 丰 镸 厂 ァ ナ 𠂇	大犬三羊古石厂	“羊”指字根“丰”（羊字底）；只要记住了“三”，就可联想到“丰、龶、镸”；只要记住了“厂”，就可联想到“ナ、ァ、𠂇”；“古”可以看作是“石”的变形字根
木 14S 木 丁 西	木丁西	这三个字根可以通过联想记忆法来记，如“木”的末笔是捺，捺的代号是4；“丁”在“甲乙丙丁……”中排行第4；而“西”字下部有个“四”，因此，这些字根与4有关，并且以横起笔，所以分布在区位号为14的【S】键上
工15A 工 龷 匚 廾 廾 廿 七 弋 弋 戈	工戈草头右框七	“草头”为偏旁部首“艹”；“右框”为开口向右的方框“匚”，如“眶”字；记忆时应注意与“艹”相似的字根“龷、廿、廾”

4．练习

【G】键字根组字举例与练习：

理：理　　表：表　　列：列　　语：语

请用户在下列汉字中找出与【G】键有关的字根。

汪　开　浅　下　栓　清　梧

【F】键字根组字举例与练习：

午：午　　型：型　　讳：讳　　时：时

汗：汗　　志：志　　霖：霖

请用户在下列汉字中找出与【F】键有关的字根。

千　社　示　竿　霿　南　夫

吉　赤　对　霸　寺　洁　革

【D】键字根组字举例与练习：

耘：耘　　矮：矮　　克：克　　成：成

磋：磋　　研：研　　胡：胡　　存：存

请用户在下列汉字中找出与【D】键有关的字根。

太　沽　而　矿　万　着　厅

硫　龙　非　献　灰　春　翔

【S】键字根组字举例与练习：

彬：彬　　可：可　　膘：膘

请用户在下列汉字中找出与【S】键有关的字根。

档　洒　仃　停　检　栗

【A】键字根组字举例与练习：

厝：厝　　菜：菜　　革：革　　区：区

式：式　　功：功　　长：长　　若：若

请用户在下列汉字中找出与【A】键有关的字根。

江　萌　弄　匣　昔　黄　或

式　革　东　共　贡　切　基

提示：

当熟练掌握第一分区中的字根拆分后，用户可以尝试着在其任意一个键位的汉字拆分实例中，找出其他键位中的字根。

2.3.2　第二区字根解析

本节详细介绍二区的字根。

1．字根

第二分区中主要放置了以竖起笔的字根，如图 2-5 所示。

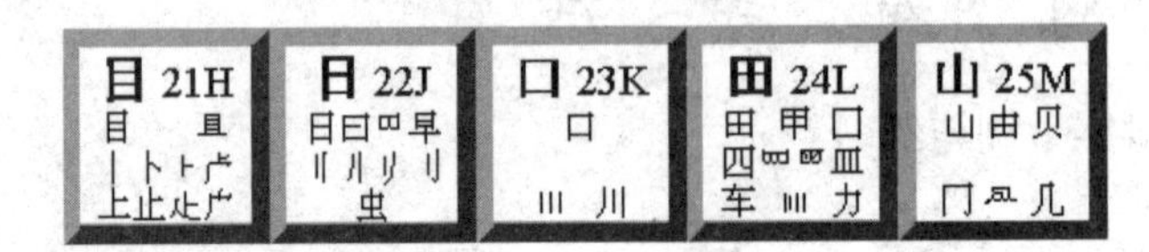

图 2-5　第二区字根

2．助记词

21　目具上止卜虎皮

22　日早两竖与虫依
23　口与川，字根稀
24　田甲方框四车力
25　山由贝，下框几

3．字根详解

第二分区中所有键位助记词的详细讲解见表 2-3。

表 2-3　第二分区助记词详解

键　位	助 记 词	字根解析
目 21H 目 且 丨 卜 ⺊ 广 上 止 龰 虍	目具上止卜虎皮	“具上”可以理解为“具”字的上半部分“且”；“虎皮”可以理解为去掉“虎”字内部的“七”和“几”，剩下的一张虎皮“广”，记住“广”的同时也记住了“虍”
日 22J 日 曰 ⺜ 早 刂 〢 丨 刂 虫	日早两竖与虫依	“两竖”即字根“〢”，并记住“刂”和“刂”；“与虫依”指字根“虫”；记忆字根“日”时，应注意记忆“曰、⺜”等变形字根
口 23K 口 川 川	口与川，字根稀	“字根稀”是指该键字根较少，只要记住“口”和“川”及变形字根“川”即可
田 24L 田 甲 囗 四 罒 罒 皿 车 皿 力	田甲方框四车力	“方框”指字根“囗”，如“团”字的外框，并注意与【K】键上的字根“口”区分开
山 25M 山 由 贝 冂 罒 几	山由贝，下框几	“下框”指开口向下的字根“冂”，由它可以联想记忆“几”和“贝”；该键还有一个字根“⺆”，如汉字“骨”

4．练习

【H】键字根组字举例与练习：

芐：芐　　具：具　　算：算　　卡：卡

此：此　　踯：踯　　彼：彼

请用户在下列汉字中找出与【H】键有关的字根。

眼　俱　引　虐　肯　贞　皮

旧　些　外　四　眯　由　督

【J】键字根组字举例与练习：

俺：俺　　型：型　　虾：虾　　草：草

临：临

请用户在下列汉字中找出与【J】键有关的字根。

昌　刑　像　茧　归　贤　乔

【K】键字根组字举例与练习：

嗷：嗷　　卅：卅

请用户在下列汉字中找出与【K】键有关的字根。

品　喧　滞　驯　训

【L】键字根组字举例与练习：

阵：阵　　围：围　　嗌：嗌　　黑：黑

别：别　　辙：辙　　界：界

请用户在下列汉字中找出与【L】键有关的字根。

押　泗　为　罩　德　蓄　轻

思　办　团　棟　罗　卤　辚

【M】键字根组字举例与练习：

宙：宙　　猾：猾　　资：资　　恐：恐

设：设　　岂：岂

请用户在下列汉字中找出与【M】键有关的字根。

迪　崭　朵　骨　风　曲　财

败　典　峭　冉　邮　凤　帕

2.3.3　第三区字根解析

本节详细介绍三区的字根。

1．字根

第三分区中主要放置了以撇起笔的字根，如图 2-6 所示。

图 2-6　第三分区字根

2．助记词

31　禾竹一撇双人立，反文条头共三一

32　白手看头三二斤

33　月彡（衫）乃用家衣底

34　人和八，三四里

35　金勹缺点无尾鱼，犬旁留叉儿一点夕，氏无七

3．字根详解

第三分区中所有键位助记词的详细讲解见表 2-4。

表 2-4　第三分区助记词详解

键　位	助 记 词	字根解析
 禾 31T	禾竹一撇双人立，反文条头共三一	“禾竹”指字根“禾”和“竹”；“一撇”指字根“丿”；“双人立”指偏旁“彳”；“反文”指偏旁“攵”；“条头”指“条”字的上半部分“夂”；“共三一”指这些字根均位于代码为 31 的【T】键上
 白 32R	白手看头三二斤	“看头”指“看”字的上部分“龵”，记忆时注意【D】键上的“龵”字根是以横起笔的，而该字根是以撇为起笔的；“三二”指这些字根均位于代码为 32 的【R】键上；注意“斤”的变形字根“𠂆”和“⺁”
 月 33E	月彡（衫）乃用家衣底	“衫”指字根“彡”；“家衣底”分别指“家”和“衣”字的下半部分“豕”和“𧘇”
 人 34W	人和八，三四里	“人和八”指字根“人”和“八”；“三四里”指这些字根均位于代码为 34 的【W】键上；注意记忆字根“𠆢”、“亻”和“癶”
 金 35Q	金勹缺点无尾鱼，犬旁留叉儿一点夕，氏无七	“金”指字根“金”；“勹缺点”指“勹”字根去掉中间那一点后的字根“勹”；“无尾鱼”指字根“𩵋”；“犬旁”指“犭”，注意并不是偏旁“犭”，其少一撇；“留叉”指字根“乂”；“一点夕”指字根“夕”以及相似字根“⺈”，如“久”字；“氏无七”指“氏”字去掉中间的“七”后的字根“𠂎”

4．练习

【T】键字根组字举例与练习：

种：种　　算：算　　生：生　　循：循

咯：咯　　游：游　　嗷：嗷

请用户在下列汉字中找出与【T】键有关的字根。

知　敌　务　答　很　称　向

管　么　长　行　秘　委　午

【R】键字根组字举例与练习：

气：气　　怕：怕　　反：反　　缤：缤

制：制　　鸷：鸷

请用户在下列汉字中找出与【R】键有关的字根。

泊　朱　扔　找　昕　挈　牛

兵　描　物　拜　扣　斩　所

【E】键字根组字举例与练习：

悬：悬　　家：家　　影：影　　表：表

秀：秀　　彩：彩

请用户在下列汉字中找出与【E】键有关的字根。

朋　佣　衫　受　农　渗　豹

采　展　盘　仍　银

【W】键字根组字举例与练习：

淤：淤　　共：共　　唯：唯　　登：登

请用户在下列汉字中找出与【W】键有关的字根。

众　保　俗　父　察　葵　哈

【Q】键字根组字举例与练习：

独：独　　胞：胞　　警：警　　名：名

区：区　　印：印　　资：资　　然：然

销：销　　选：选

请用户在下列汉字中找出与【Q】键有关的字根。

铲　义　匐　鳗　鑫　饿　底

兄　列　雏　犹　燃　琉　角

2.3.4　第四区字根解析

本节详细介绍四区的字根。

1．字根

第四分区中主要放置了以捺起笔的字根，如图 2-7 所示。

图 2-7　第四区字根

2．助记词

41　言文方广在四一，高头一捺谁人去

42　立辛两点六门疒

43　水旁兴头小倒立

44　火业头，四点米

45　之字军盖建道底，摘礻（示）衤（衣）

3．字根详解

第四分区中所有键位助记词的详细讲解见表 2-5。

表 2-5　第四分区助记词详解

键　位	助 记 词	字根解析
言 41Y	言文方广在四一，高头一捺谁人去	“在四一”指“言”、“文”、“方”、“广”等字根位于代码为 41 的【Y】键上；“高头”指“高”字头“亠”和“古”；“一捺”指基本笔画“㇏”，注意包括字根“丶”；“谁人去”指去掉“谁”字左侧的偏旁“讠”和“亻”后的字根“主”
立 42U	立辛两点六门疒	“两点”指“冫”和“丷”，注意其变形字根“丬”和“䒑”；另外，字根“立”和“亠”可看作是“六”的变形

键　位	助 记 词	字根解析
水 43I 水 ⺢ 氺 氵 ⺌ 小 ⺍ 业	水旁兴头小倒立	“水旁”指字根“氵”和“⺢”；“兴头”指“兴”字的上半部分“⺍”；“小倒立”指字根“⺌”

续　表

键　位	助 记 词	字根解析
火 44O 火 灬 米 业 小	火业头，四点米	“业头”指“业”字的上半部分“业”，以及其变形字根“⺌”；“四点”指字根“灬”
之 45P 之 辶 廴 冖 宀 礻	之字军盖建道底，摘礻（示）衤（衣）	“字军盖”指偏旁“宀”和“冖”；“摘示衣”指将“礻”和“衤”的末笔画摘掉后的字根“礻”

4．练习

【Y】键字根组字举例与练习：

高：高　　诱：诱　　淤：淤　　庸：庸

济：济　　闹：闹

请用户在下列汉字中找出与【Y】键有关的字根。

詹　纹　访　庆　麻　话　久

主　衰　高　推　妨　训　充

【U】键字根组字举例与练习：

益：益　　章：章　　况：况　　碲：碲

壁：壁　　淤：淤　　校：校　　拼：拼

说：说　　闭：闭　　北：北　　痢：痢

请用户在下列汉字中找出与【U】键有关的字根。

竞　产　痉　辨　闪　帝　北

并　冯　美　曾　究　斗　普

冶　部　癰　竣　豢　闷　敝

【I】键字根组字举例与练习：

录：录　　速：速　　兴：兴　　学：学

粽：粽　　漱：漱　　深：深　　光：光

请用户在下列汉字中找出与【I】键有关的字根。

淼　漆　尖　当　沓　江　桃

堂　兆　凼　乐　辉　黎　录

泰　汆　涨　肖　秒　颍　粼

【O】键字根组字举例与练习：

断：断　　业：业　　炮：炮　　杰：杰

请用户在下列汉字中找出与【O】键有关的字根。

炎　照　弈　粗　灯　邺　眯

【P】键字根组字举例与练习：

选：选　　社：社　　写：写　　建：建

请用户在下列汉字中找出与【P】键有关的字根。

泛　宁　补　延　达　罕　辽

2.3.5　第五区字根解析

本节详细介绍五区的字根。

1．字根

第五分区中主要放置了以折起笔的字根，如图 2-8 所示。

图 2-8　第五区字根

2．助记词

51　已半巳满不出己，左框折尸心和羽

52　子耳了也框向上

53　女刀九臼山朝西

54　又巴马，丢矢矣

55　慈母无心弓和匕，幼无力

3．字根详解

第五分区中所有键位助记词的详细讲解见表 2-6。

表 2-6　第五分区助记词详解

键　位	助 记 词	字根解析
已 51N 己 己 巳 乙 尸 尸 コ 心 忄 㣺 羽	已半巳满不出己，左框折尸心和羽	“已半”指字根“已”(没有封口)；“巳满”指字根“巳”(已封口)；“不出己”指字根“己”；“左框”指开口向左的方框“コ”；“折”指字根“乙”；“心和羽”指字根“心”和“羽”；另外，记忆“尸”的同时记住字根“尸”；记忆“心”的同时记住字根“忄”和“㣺”
子 52B 子 孑 了 巛 卩 也 耳 阝 凵	子耳了也框向上	“子耳了也”分别指“子”、“耳”、“了”、“也”四个字根；“框向上”指开口向上的外框“凵”，如“凶”字
女 53V 女 刀 九 巛 彐 臼	女刀九臼山朝西	“女刀九臼”分别指“女”、“刀”、“九”、“臼”四个字根；“山朝西”指让“山”字的开口向西，即字根“彐”
又 54C 又 ス マ 巴 厶 马	又巴马，丢矢矣	“丢矢矣”指“矣”字去掉下半部分的“矢”字后的字根“厶”；另外，应注意记忆变形字根“マ”和“ス”
纟 55X 纟 幺 幺 母 弓 匕	慈母无心弓和匕，幼无力	“慈母无心”指去掉“母”字中间部分笔画后的字根“毋”；“弓和匕”指字根“弓”和“匕”；“幼无力”指去掉“幼”字右侧的“力”后的字根“幺”；记忆时注意“匕”的变形字根“⺊”

4．练习

【N】键字根组字举例与练习：

飞：飞　　悟：悟　　讳：讳　　眉：眉

壁：壁　　胞：胞　　菅：菅　　翻：翻

买：买　　纪：纪

请用户在下列汉字中找出与【N】键有关的字根。

包　纪　怀　屡　忱　鹛　荩

芯　添　扇　祀　杞　导　巨

届 官 沁 凯 翼 必 记

【B】键字根组字举例与练习：

阵：阵　　出：出

聆：聆　　孙：孙

凶：凶　　池：池

请用户在下列汉字中找出与【B】键有关的字根。

李 节 凶 他 服 季 离

闻 帮 籽 地 屯 最 啊

施 敢 呃 疗 创 承 印

【V】键字根组字举例与练习：

娇：娇　　孰：孰

颁：颁　　弁：弁

灵：灵

请用户在下列汉字中找出与【V】键有关的字根。

录 如 杂 毁 婚 姆 姗

唐 根 巢 旭 良 切 鼠

【C】键字根组字举例与练习：

观：观　　致：致

通：通　　经：经

邑：邑　　验：验

请用户在下列汉字中找出与【C】键有关的字根。

权 唉 蛹 戏 圣 轻 予

坚　取　令　预　爸　参　码

【X】键字根组字举例与练习：

编：编　　　**细：细**

北：北　　　**丝：丝**

张：张

请用户在下列汉字中找出与【X】键有关的字根。

级　缴　幻　引　第　冱　绒

比　互　每　花　海　给　纠

提示：

本节实例中所列出的字根为常用的基本字根，有些变形字根没有列出，用户可以在学习的过程中对应字根表，找出并记忆相应的变形字根。例如，折区中的变形字根有"乚、乛、乀、乁"等。

第3章 汉字快速录入

汉字的拆分与输入是学习五笔字型输入法的两个重点内容。其中，汉字的拆分就是对一个完整的汉字进行分解，分解出的各部分均为五笔键盘上的字根；输入汉字就是将一个已拆分的汉字，按照一定的顺序在计算机中重新组装成汉字的过程。

3.1 汉字拆分快速解析

要进行汉字的录入，首先要将汉字进行拆分并得到正确的汉字字根编码。本节将详细介绍汉字的拆分规则。

3.1.1 汉字拆分口诀

五笔字型的拆分取码规则可用以下口诀来表述：

五笔字型均直观，依照笔顺把码编；键名汉字打四下，基本字根请照搬；

一二三末取四码，顺序拆分大优先；不足四码要注意，交叉识别补后边。

从口诀可以概括出五笔字型拆分取码的几项原则：

（1）对于键名字，可连按四次所在键进行输入。

（2）对于成字字根，可按此公式“键名代码+首笔代码+次笔代码+末笔代码”输入。

（3）对于大量的键外字，应按照如下原则拆分：

- 按书写顺序，从左到右、从上到下、从外到内取码。
- 以基本字根为单位取码。
- 按一二三末取字根，最多只取四码。
- 单体结构拆分取大优先。
- 不足四码，补末笔字型交叉识别码。

3.1.2 汉字拆分原则

下面详细介绍五笔字型拆分的各项基本原则。

1．“书写顺序”原则

书写汉字时，应按照“先左后右、先上后下、先横后竖、先撇后捺、先外后内、先中间后两边、先进门后关门”的顺序来书写。同样，五笔字型输入法拆分汉字，也是按照这种书写顺序来拆分的。

2．“取大优先”原则

“取大优先”原则是指在各种可能的拆法中，按照书写顺序拆分出尽可能大的字根，以减少字根数。

例如，“肩”有以下两种拆法：

肩：肩肩肩 ✓

肩：肩肩肩肩 ×

根据“取大优先”的原则，拆分出的字根要尽可能的大，而在第二种拆法中，“冂”和“二”两个字根完全可以合成一个字根“月”，所以第一种拆法才是正确的。

3．“兼顾直观”原则

“兼顾直观”原则是指拆分出来的字根要直观、易懂。对一个汉字进行拆分时，有时看似别扭的拆分方法同样也能遵循所有的拆分原则。因此，为了照顾字根的直观性，规定在拆分汉字时，尽量采用最容易理解的拆分方法进行拆分。

例如，“夫”字拆分为“二”和“人”要比拆分为“一”和“大”直观得多。

夫：夫夫 ✓

夫：夫夫 ×

“且”字可以拆分成“月、一”，也可以拆分成“冂、三”，根据“兼顾直观”原则，拆分成“月、一”比拆分成“冂、三”要直观，更容易接受。

4．“能散不连”原则

“能散不连”原则是指如果汉字能够拆分成“散”字根的结构，就不要拆成“连”字根的结构。也就是说，在满足其他拆分原则的前提下，“散”的结构优先于“连”的结构。

例如，“午”有以下两种拆法：

午：午午 ✓

午：午午 ×

拆分成“𠂉、十”时两个字根是散开的，故此种拆法正确；而拆分成“丿、干”时两个字根相连，故此种拆法错误。

5．“能连不交”原则

“能连不交”原则指一个汉字若可以拆分成几个相“连”的字根，就不要拆分成相“交”的字根，即“连”的结构优先于“交”的结构。

例如，“夭”有以下两种拆法：

夭：夭夭 ✓

夭：夭夭 ×

拆分成“丿、大”时，两个字根互相连接，故此种拆法正确；第二种拆分成“二、人”

时，两个字根互相交叉，故此种拆法错误。

6. 末笔识别码

对于不足四个字根的汉字，如果只输入其字根，提示行中可能会出现多个汉字的情况，此时便需要用户从中选择。为了解决这一问题，五笔字型输入法采用了“末笔字型识别码”。

末笔字型识别码（也可以简称为“末笔识别码”）在五笔输入法中可以起到提高录入速度的作用。当正确录入一个汉字的所有字根编码后，而提示行中还没有出现该字，这时可以补打一个末笔识别码。

末笔识别码主要用于当多个汉字拥有相同的字根，而所输入的汉字又不在第一位的情况。例如，“吧”和“邑”拥有相同的输入编码，当按正确的顺序输入其编码 KC 后，提示行中出现在第一位的汉字是“吧”，“邑”字列在第二位，若要录入“邑”字需要用户进行选择，或者补打一个末笔识别码 B 将其录入。

具体地说，识别码为两位数字，第一位（十位）是末笔画类型编号（横 1、竖 2、撇 3、捺 4、折 5），第二位（个位）是字型代码（左右型 1、上下型 2、杂合型 3）。把识别代码看成为一个键的区位码，即得到交叉识别码的字母键，见表 3-1。

表 3-1 交叉识别码定义

字 型		左右型	上下型	杂合型
笔型	编号	1	2	3
横	1	11 （G） 一	12 （F） 二	13 （D） 三
竖	2	21 （H） 丨	22 （J） 刂	23 （K） 川
撇	3	31 （T） 丿	32 （R） 彡	33 （E） 彡
捺	4	41 （Y） 丶	42 （U） 冫	43 （I） 氵
折	5	51 （N） 乙	52 （B） 巛	53 （V） 巛

表 3-2 列举了部分汉字的交叉识别码。

表 3-2 交叉识别码例字

单字	字 根	字根码	末笔代码	字型	识别码	编码
沐	氵 木	IS	丶 4	1	41Y	ISY
汀	氵 丁	IS	丨 2	1	21H	ISH
洒	氵 西	IS	一 1	1	11G	ISG
叭	口 八	KW	丶 4	1	41Y	KWY
只	口 八	KW	丶 4	2	42U	KWU

3.2 简码输入

简码是指将一些常用的汉字进行编码简化，即不用将其字根编码全部输入即可打出汉字。下面将详细讲解简码的输入方法。

3.2.1 一级简码

在五笔输入法中，简码可以分为三种：一级简码、二级简码和三级简码。其主要划分依据是汉字的使用频率，如将汉字中最常用的 25 个汉字分布在键盘上除【Z】键以外的其他 25 个英文字母键位上，这 25 个汉字即为五笔字型的一级简码，也称“高频字”。

其输入方法为：一级简码所在的键位+空格。

例如，输入“产”字，只需击【U】键，然后再击空格键即可将其输入。

一级简码对于提高输入速度有很大的帮助，用户应熟记所有一级简码与其对应的键位。下面列出了所有的一级简码及其对应的键位。

Q	W	E	R	T	Y	U	I	O	P
我	人	有	的	和	主	产	不	为	这

A	S	D	F	G	H	J	K	L
工	要	在	地	一	上	是	中	国

Z	X	C	V	B	N	M
	经	以	发	了	民	同

提示：

由于五笔输入法中规定汉字的编码为四码，所以，当不足四码时，可以补打一个空格键将所需的汉字输入。

3.2.2 二级简码

二级简码是由单字全码中的前两个字根代码作为该字的代码。二级编码共有 625 个，为了避免重码，实际用二级简码编码的汉字只有近 600 个。

其输入方法为：汉字的第一个字根+汉字的第二个字根+空格。

如：

张：(XT)　　信：(WY)

李：(SB)　　化：(WX)

二级简码对提高汉字录入速度具有重要作用，但用户不需要将其全部记住，只要按照正确的输入方法进行输入即可。

如：

帝：帝 帝　　宁：宁 宁

休：休 休　　冰：冰 冰

叫：叫 叫　　估：估 估

占：占 占　　好：好 好

志：志 志　　思：思 思

3.2.3 三级简码

三级简码是由汉字全码的前三个字根的代码组成的。理论上，采用三级简码的汉字应有 25×25×25=15625 个，但实际上按照三级简码编码的汉字只有 4400 多个。输入此类汉字时，只需输入其前三个字根的代码，再加空格键即可。虽然击空格键并没有减少击键次数，但由于省略了最后一个字根或者末笔识别码，因而对提高输入速度有一定的帮助。三级简码的示例见表 3-3。

表 3-3　三级简码示例

字　例	第一个字根	第二个字根	第三个字根	编　　码
商	立（U）	冂（M）	八（W）	UMW（省略了末字根代码 K）
散	艹（A）	月（E）	攵（T）	AET（省略了末笔识别码 Y）

彬：彬 彬 彬　　将：将 将 将

喘：喘 喘 喘　　衬：衬 衬 衬

眉：眉 眉 眉　　咯：咯 咯 咯

追：追 追 追　　讲：讲 讲 讲

由于用简码编码的汉字已有 5000 多个，占常用汉字的绝大多数，因而掌握简码输入可以有效地加快汉字的输入速度。

有时，同一个汉字有多种简码，如：

“经”作为一级简码，其代码为 X；作为二级简码，其代码为 XC；作为三级简码，其代码为 XCA；其全码应为 XCAG。

在平时输入过程中一定要养成使用简码的好习惯，最好牢记简码表。

3.3 词组输入

词组输入在五笔输入法中也是一个非常重要的部分，对用户提高输入速度有很大的帮助。下面将详细介绍词组的输入方法。

3.3.1 输入双字词组

双字词组在词组中占有相当大的比重，熟练地输入双字词组对提高输入速度具有重要的意义。

双字词组就是指由两个汉字构成的词组，如“唯恐”、“强化”、“愚昧”、“加仑”、“机会”等。在输入双字词组时，同样需要输入四码，故每个汉字取两码即可。

其输入方法为：第一个汉字的第一个字根+第一个汉字的第二个字根+第二个汉字的第一个字根+第二个汉字的第二个字根。

例如，在输入双字词组“内陆”时，先输入第一个汉字的前两个字根“冂”和“人”，然后再输入第二个汉字的前两个字根“阝”和“土”即可（共四码）。另外，对于类似“一起”的双字词组（前一个汉字只有一个字根），在取码时只要按照单个汉字输入时的取码规则取前两码即可，即第一个汉字取“一”和“一”（报户口+第一笔），然后再取第二个汉字的前两个字根“土”和“龰”，故该词组的编码为 GGFH。

表 3-4 为一些双字词组的拆分实例。

表 3-4　双字词组拆分实例

双字词组	第一个汉字 第一个字根	第一个汉字 第二个字根	第二个汉字 第一个字根	第二个汉字 第二个字根
玩具	玩	玩	具	具
战争	战	战	争	争
和气	和	和	气	气
认真	认	认	真	真
好奇	好	好	奇	奇
范围	范	范	围	围
合同	合	合	同	同

续 表

双字词组	第一个汉字 第一个字根	第一个汉字 第二个字根	第二个汉字 第一个字根	第二个汉字 第二个字根
惊讶	惊	惊	讶	讶
标致	标	标	致	致
竟然	竟	竟	然	然
品种	品	品	种	种
研究	研	研	究	究
录音	录	录	音	音

3.3.2 输入三字词组

由三个字组成的词组称为三字词组，如“计算机”、“许可证”、“查号台”、“合同工”、“录像片”等。

三字词组在汉语词组中所占的比重虽然比不上二字词组，但在遇到三字词组时，直接输入三字词组也可提高输入速度。

三字词组的输入方法为：第一个汉字的第一个字根+第二个汉字的第一个字根+第三个汉字的第一个字根+第三个汉字的第二个字根。

例如，在输入三字词组“中草药”时，输入第一个汉字的第一个字根“口”，第二个汉字的第一个字根“艹”，第三个汉字的第一个字根“艹”，以及第三个汉字的第二个字根“纟”，即可将该词组输入。

表 3-5 为一些三字词组的拆分实例。

表 3-5　三字词组拆分实例

三字词组	第一个汉字 第一个字根	第二个汉字 第一个字根	第三个汉字 第一个字根	第三个汉字 第二个字根
实业界	实	业	界	界
设计者	设	计	者	者
新局面	新	局	面	面
闭幕式	闭	幕	式	式
助学金	助	学	金	金

续 表

三字词组	第一个汉字第一个字根	第二个汉字第一个字根	第三个汉字第一个字根	第三个汉字第二个字根
多功能	多	功	能	能
跑买卖	跑	买	卖	卖
国务院	国	务	院	院
瞎胡闹	瞎	胡	闹	闹
飞机场	飞	机	场	场
高效能	高	效	能	能
孤儿院	孤	儿	院	院
各县区	各	县	区	区

3.3.3 输入四字词组

由四个字组成的词组称为四字词组，如“忍俊不禁”、“群众路线”、“口若悬河”、“艰苦奋斗”、“能工巧匠”等。

四字词组在汉语词组中所占的比重也较大（其中以成语居多），五笔输入法可以以四码一次输入四个汉字，从而大大提高输入速度。

四字词组的输入方法为：第一个汉字的第一个字根+第二个汉字的第一个字根+第三个汉字的第一个字根+第四个汉字的第一个字根。

例如，在输入四字词组“斩草除根”时，输入第一个汉字的第一个字根“车”，第二个汉字的第一个字根“艹”，第三个汉字的第一个字根“阝”，以及第四个汉字的第一个字根“木”，即可将该词组输入。

表 3-6 为一些四字词组的拆分实例。

表 3-6　四字词组拆分实例

四字词组	第一个汉字第一个字根	第二个汉字第一个字根	第三个汉字第一个字根	第四个汉字第一个字根
通情达理	通	情	达	理
循循善诱	循	循	善	诱
严阵以待	严	阵	以	待
高瞻远瞩	高	瞻	远	瞩

续　表

四字词组	第一个汉字 第一个字根	第二个汉字 第一个字根	第三个汉字 第一个字根	第四个汉字 第一个字根
可想而知	可	想	而	知
精益求精	精	益	求	精
断章取义	断	章	取	义
根深蒂固	根	深	蒂	固
容光焕发	容	光	焕	发

3.3.4　输入多字词组

多字词组指的是超过四个字的常用短语或专有名词等，如词组“中华人民共和国”、“中共中央总书记”、“一切从实际出发”和“当一天和尚撞一天钟”等。

此类词组在汉语词组中所占比重最小，但由于其只用四码就能输入多个汉字，所以在一定程度上也可以提高输入速度。

多字词组的输入方法为：第一个汉字的第一个字根+第二个汉字的第一个字根+第三个汉字的第一个字根+最末汉字的第一个字根。

表 3-7 为一些多字词组的拆分实例。

表 3-7　多字词组拆分实例

多字词组	第一个汉字 第一个字根	第二个汉字 第一个字根	第三个汉字 第一个字根	最末汉字 第一个字根
人大常委会	人	大	常	会
风马牛不相及	风	马	牛	及
内蒙古自治区	内	蒙	古	区
有志者事竟成	有	志	者	成
中国人民银行	中	国	人	行

3.4　万能键的学习

在五笔字型键盘中，虽然【Z】键上没有安排字根，但【Z】键可以代替任意字根，因此称【Z】键为万能键，又叫学习键。

【Z】键不仅可以代替任何字根，而且还可以代替识别码。在输入汉字时，如果汉字编码中的某个代码难以确定，其未知代码可用字母 Z 代替，此时提示行中将显示除代码 Z 所替代的代码以外，其余代码均相同的所有汉字，按与该字序号相对应的数字键，即可输入该汉字。另外，该字后边还标有它的正确编码，所以，用【Z】键不仅可以输入编码不确定的汉字，还可以学习汉字的正确编码。

例如，“午”字编码为 T F J，如果第三码不知，即可按编码 T F Z 来输入。

在输入含有字母 Z 的编码时，Z 代码愈多，选字的范围愈广，而在提示行里每次只能显示十个汉字，如果当前页没有要输入的汉字，可按【=】或【-】键翻页显示，直到找到为止。

提示：

【Z】键虽然可以代替所有的字根，扩大了输入范围，但使用它以后无疑会增加用户手动选字的几率，因此降低了汉字的录入速度。

3.5 重码与容错码

虽然五笔字型是非常方便快捷的编码方案，但也不能保证没有重码。在五笔字型中也有用户容易搞错的重码和容错码，下面将对其进行详细介绍。

3.5.1 重码

在五笔字型编码方案中，将极少一部分无法确定唯一编码的汉字用相同的编码来表示，这些具有相同编码的汉字称为“重码字”。

五笔字型对重码字按其使用频率进行了分级处理，输入重码汉字的编码时，重码字会同时显示在提示行中，通常较常用的字排在前面。这时电脑会发出“嘟”的声音，提醒用户出现重码字。

如果需要的字排在第一位，则只管输入下文即可，该字会自动输入到需要编辑的位置，输入时就像没有重码一样，完全不影响输入速度；如果第一个字不是所需要的汉字，则根据它的位置号按相应数字键即可将其输入到编辑位置。

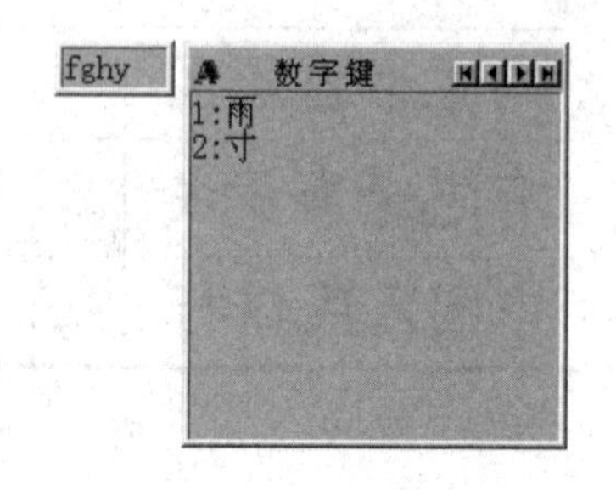

图 3-1 输入重码汉字

例如，输入编码 fghy 后，屏幕上显示如图 3-1 所示的情况。如果需要“雨”字，就不必挑选，只管输入下文即可，“雨”字就会自动输入到光标位置；如果需要的是“寸”字，则需按一下数字键【2】。

为了进一步减少重码，提高输入速度，五笔字型输入法特别定义了一个后缀码 L，即把重码字中使用频率较低的汉字编码的最后一个编码改成后缀码 L。在输入使用频率较高的重码汉字时用原码，输入一个使用频率较低的重码汉字时，只要把原来单字编码的最后一位编码改成 L 即可，这样两者都不必再作任何特殊处理或增加按键就能实现输入。掌握了这一方法后，在输入同一级汉字的范围内，就可以不用再担心遇到重码了，同时也提高了汉字的输入速度。

3.5.2 容错码

在五笔字型输入法中，为了便于用户学习和使用，特别在编码中引入了容错技术，设计了容错码。容错码有以下几种：

1. 拆分容错

有些汉字在书写顺序上，因为个人书写习惯的不同而无法统一，因而在五笔字型输入法中允许其他一些习惯顺序的输入，这就是拆分容错。

例如，五笔字型输入法中规定“长”字拆分为丿、七、丶（TAYI）为正确码，但在实际书写时，按各人不同的习惯又存在下面三种编码：

长：七、丿、丶　　（ATYI）

长：丿、一、乙、丶（TGNY）

长：一、乙、丿、丶（GNTY）

考虑到这三种书写顺序，认为这三个编码也代表“长”，也就是说这三个编码就是“长”字的拆分容错码。

2. 字型容错

个别汉字的字型不很明确，在判断时往往会出错，故设计了字型容错码。例如：

占：⺊ 口 12（HKF）为正确码，⺊ 口 13（HKD）为容错码。

右：𠂇 口 12（DKF）为正确码，𠂇 口 13（DKD）为容错码。

3. 末笔容错

末笔容错是指汉字的末笔可以有多种取法，例如，“化”字末笔既可取折（乙），也可取撇（丿）。

4. 繁简容错

繁简容错是指按照汉字的繁体来拆分，也可以输入繁体汉字，如“国”字如按繁体字输入，可取字根“囗”、“戈”、“口”、“一”。

5. 方案版本容错

五笔字型汉字输入法已经经过了多年的使用、修改和优化，因而目前的最新版本与原版本有较大的区别。为了使已掌握原版方案的用户也能使用最新的优化方案，五笔字型的设计者特意设计了一些方案版本容错码。

例如，在98版五笔字型编码中，引入了“码元”概念，即将码元作为汉字向计算机输入时的编码单位。86版五笔字型中需要“拆分”的许多笔画结构在98版五笔字型中可以整体编码，不用拆分。表3-8中列举了86版五笔输入法与98版五笔输入法的拆字实例。

表3-8　86版与98版拆字举例

例　字	86版字根拆分	98版码元拆分
行	彳二丨（TFHH）	彳一丁（TGS）
束	一口小（GKII）	木口（SKD）
策	竹一冂小（TGMI）	竹木冂（TSM）
凸	丨一冂一（HGMG）	丨一丨（HGH）
象	勹 彐 豕（QJEU）	勹口豕（QKE）

提示：

事实上，由于容错码打破了编码的唯一性，使人难以辩证正确地编码，成为提高汉字输入速度的障碍，因此，现在很多五笔软件都去掉了容错码，只保留唯一正确的编码。

第 4 章 98 版五笔字型输入法

98 版输入法是在 86 版编码思想的基础上，为了解决 86 版输入法存在的一些不规则的编码问题而发明的。王码五笔字型输入法 98 版与 86 版在编码思路上有许多相似之处，原使用 86 版输入法的用户经过短时间学习即可过渡到 98 版输入法。

4.1 98 版五笔字型输入法概述

86 版五笔字型问世以后，获得了广大用户的青睐，但是 86 版还有许多不足之处，王永民教授在 86 版的基础上经过多年精心研究，又研制出了音码形码兼备、简体繁体相容的一整套汉字输入法——98 版五笔字型输入法。

4.1.1 98 版五笔字型输入法的特点

由于 98 版五笔字型是在 86 版五笔字型的基础上发展而来的，因此，在 98 王码软件中包括了原 86 版的五笔字型输入法，以满足原 86 版的老用户的需要。另外，98 版五笔字型输入法还具有以下几个新特点：

（1）动态取字造词或批量造词。用户可随时在编辑文章的过程中，从屏幕上取字造词，并按编码规则自动合并到原词库中一起使用；也可利用 98 王码提供的词库生成器进行批量造词。

（2）允许用户编辑码表。用户可以根据自己的需要对五笔字型编码和五笔画编码进行直接编辑修改。

（3）实现内码转换。不同的中文平台所使用的内码并非一致。利用 98 王码提供的多内码文本转换器可进行内码转换，以兼容不同的中文平台。

不同的中文系统往往采用不同的机内码标准，如我国的 GB 码（国标码）、台湾的 BIG5 码（大五码）等标准，不同内码标准的汉字系统其字符集往往不尽相同。98 版五笔字型为了适应多种中文系统平台，提供了多种字符集的处理功能。

（4）多版本。98 王码系列软件包括 98 王码国标版、98 王码简繁版和 98 王码国际版等。

（5）运行的多平台性。98 王码能在 Windows /XP/7/10 和四通利方等中文平台上很好地运行。

（6）多种输入法。98 王码除了配备新老版本的五笔字型之外，还有王码智能拼音、简易五笔画和拼音笔画等多种输入方法。

4.1.2 98 版与 86 版五笔字型的区别

98 版五笔字型在 86 版五笔字型的基础上做了大量的改进，其主要区别如下：

（1）在 98 版五笔字型中引入了码元的概念。在 86 版五笔字型中，构成汉字的基本单元叫做字根，而在 98 版五笔字型中的基本单元叫做码元。

（2）选取的基本单元数量不同。在 86 版五笔字型中，对于字根的选取一共有 130 个，而在 98 版五笔字型中则选取了 245 个码元。

（3）处理汉字比以前多。在 98 版五笔字型中，融入了小写输入简体、大写输入繁体这一专利技术，它除了处理国标简体中的 6763 个标准汉字外，还可处理 BIG5 码中的 13053 个繁体字及大字符集中的 21003 个字符。

（4）码元规范。由于 98 版五笔字型创立了一个将相容性（用于将编码重码率降至最低）、规律性（确保五笔字型易学易用）和协调性（键位码元分配与手指功能特点协调一致）三者相统一的理论，因此，设计出的 98 版五笔字型的编码码元以及笔顺都完全符合语言规范。

（5）编码规则简单明了。98 版五笔字型中利用其独创的“无拆分编码法”功能，将总体形似的笔画结构归结为同一码元，一律用码元来描述汉字笔画结构的特征。因此，在对汉字进行编码时，无需对整字进行拆分，而是直接用码元取码。

4.2 98 版五笔字型键盘分布

在 98 版五笔字型输入法中，汉字的五种笔画、结构和字型等基础知识同 86 版五笔字型输入法相同，在此不再赘述。本节我们主要介绍 98 版中的码元及其键盘分布，在 98 版五笔字型中，码元的分配更有规律，更便于记忆。

4.2.1 码元

五笔字型 98 版的一个重要变化就是在编码依据中引入码元的概念。

在 98 版五笔字型中，把编码的基本单位“字根”换作了“码元”。码元即编码的元素，是指在对汉字进行编码时，笔画特征相似、笔画形态和笔画多少大致相同的“笔画结构”。

例如：“夫”和“⺷”、“⺸”、“⺹”的笔画结构形态虽然稍有不同，但在视觉上具有相同的特征。因此，我们认定它们是属于同一码元的。而这其中“夫”使用的次数最多，具有代表性，所以把它叫做“主码元”，简称“主元”，而把使用次数较少的“⺷”、“⺸”、“⺹”叫做“次码元”，简称“次元”，如图 4-1 所示。

主码元 — 王　一 — 主码元
主码元 — 主　五 — 主码元
主码元 — 夫　⺷⺹⺸ — 次码元

图 4-1　主码元与次码元

码元是经过抽象的汉字部件，代表的只是汉字笔画结构的特征，它与笔画的具体结构和细节无关。每一个码元代表的是一种笔画特征。因此，只要特征相同，而不管码元的笔画细节是否相似，都认为是同一码元。

如："冂、口、⺆、勹"就属于同一码元，他们的共同特征是"笔画向下，形成一个倒扣的框"。

综上所述，我们知道码元和字根是有一定的不同之处，在汉字中的最小结构的单位，单笔画有横、竖、撇、捺、折 5 种。由两个以上的单笔画以散、连、交的方式，可以构成笔画结构。笔画结构中自身是汉字的，或能构成很多字的结构，在文字学中就叫做"字根"或"部件"。笔画、字根和整字虽有关系，但不是一回事，尤其没有一一对应的关系。而码元只是为了给复杂的汉字以及笔画结构编制代码，就好像给人起名字一样。

虽然"字根"与"码元"的名称不同，但两者指的都是一回事。

提示：

既然 98 版五笔是一种规范的输入方案，那么我们为什么还要学 86 版五笔呢？

原因是 86 版五笔已经推出多年，可以说是"深入人心"，一般来说，专业的输入人员使用的都是 86 版五笔；而常用的五笔软件也多是首先提供 86 五笔输入法。

所以，我们这本书还是以讲述 86 版五笔的原理、使用为主，在学会 86 版五笔的基础上，你可以根据自己的兴趣爱好选择是否继续学习 98 版五笔。

4.2.2 98 版五笔字型码元键盘

98 版五笔字型的码元键盘在分区、位时，是和 86 版字根键盘一样的，依然将除【Z】键外的 25 个英文字母，分为横、竖、撇、捺、折 5 个区，每区 5 个位，其位号和区号都是从 1 到 5。再把这些码元按照其起笔为代号，将它们分布在各个键位上。每个区的每个键位都赋予一个代表码元（即键名码元），从而形成了 98 版五笔字型的键盘布局，如图 4-2 所示。

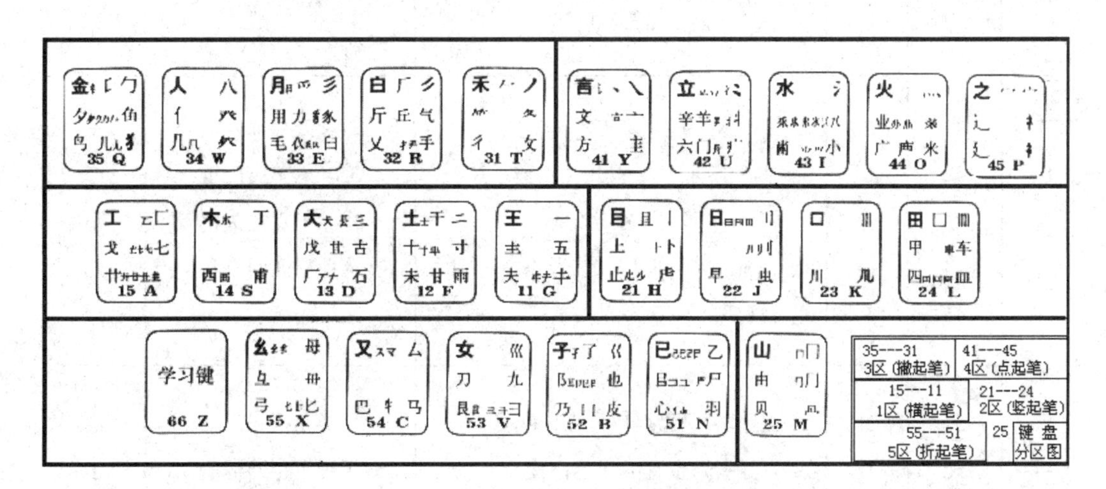

图 4-2　98 版五笔字型键盘图及码元分区

其中，第 1 区放置横起笔类的码元，第 2 区放置竖起笔类的码元，第 3 区放置撇起笔类的码元，第 4 区放置点起笔类的码元，第 5 区放置折起笔类的码元。

4.2.3 98 版五笔字型码元表

王永民教授为了让用户尽快学会并掌握 98 版王码五笔字型，特地为其编写了如表 4-1 所示的 98 王码简体码元表。

表 4-1 98 五笔字型简体码元表

分区	区位	键位	码 元	助记词	高频字
1	11	G	王 龶 五 夫 𡗗 ⺧ 丰	王旁青头五夫一	一
横	12	F	土 士 干二十寸雨未甘寸	土干十寸未甘雨	地
起	13	D	大 犬镸三戊其古石厂 ア ナ	大犬戊其古石厂	在
笔	14	S	木 丁西甫	木丁西甫一四里	要
类	15	A	工 匚七𠂇戈廿卄艹廾龷	工戈草头右框七	工
2	21	H	目 且丨上⺊卜止龰 ⺌ 虍	目上卜止虎头具	上
竖	22	J	日 曰⺫ 早刂 川刂 刂虫	日早两竖与虫依	是
起	23	K	口 川 Ⅲ 儿	口中两川三个竖	中
笔	24	L	田 甲囗四罒 罒 罓皿车Ⅲ	田甲方框四车里	国
类	25	M	山 冂 冂冂 冂 贝由⻣	山由贝骨下框集	同
3	31	T	禾 ⺮ 𠂉 丿 夂彳 攵	禾竹反文双人立	和
撇	32	R	白 手 龵 ⺈ 乂 扌气𠂆斤丘	白斤气丘叉手提	的
起	33	E	月 ⺼用力彡𦥑爫毛𧘇豸𧰨衣𧘇	月用力豸毛衣臼	有
笔	34	W	人 亻几八八 癶 癶	人八登头单人几	人
类	35	Q	金 钅⺈儿勹𠂊犭鸟𠂊力夕夕	金夕鸟儿犭边鱼	我
4	41	Y	言 讠 丶 ㇏亠古亩文方圭	言文方点谁人去	主
捺	42	U	立丷 䒑 冫 丬辛羊𦍌爿六门疒丹 冫	立辛六羊病门里	产
起	43	I	水 氺 氺 氵⺢ ⺌ 小 ⺌	水族三点鳖头小	不
笔	44	O	火 灬业⺗ ⺍ ⺌ 广 𢉖 米	火业广鹿四点米	为
类	45	P	之 辶廴礻 宀 冖	之宝盖摘示衣（衤）	这
5	51	N	已己巳 ⺕ 乙户尸⺼心忄 ⺗羽	已类左框心尸羽	民
折	52	B	子 孑了巜乃也耳⻏ 卩㔾凵皮	子耳了也乃框皮	了
起	53	V	女 刀 九⺕彐⺕艮艮巛	女刀九艮山西倒	发
笔	54	C	又 ㇇ マ厶巴	又巴牛厶马失蹄	以
类	55	X	幺 纟 纟母 弓毌 匕⺊	幺母贯头弓和匕	经

4.3 汉字的拆分与输入

98 版五笔字型将汉字拆分成码元，由基本码元所在的键位来进行编码，最多只能取 4 码，根据码元表上有无的字分为码元字和非码元字两类进行编码。拆字及编码流程图基本上与 98 版五笔字型编码流程图相同，在此不再详述，请用户结合 86 版的拆分方法，对照码元表拆分汉字，然后按照下面介绍的方法进行汉字的输入。

4.3.1 键名字编码的输入

从每个字母键中的基本码元之中选出一个组字频度较高，而形体上又有一定代表性的码元作为键名汉字。共有 25 个键名汉字，如图 4-3 所示。

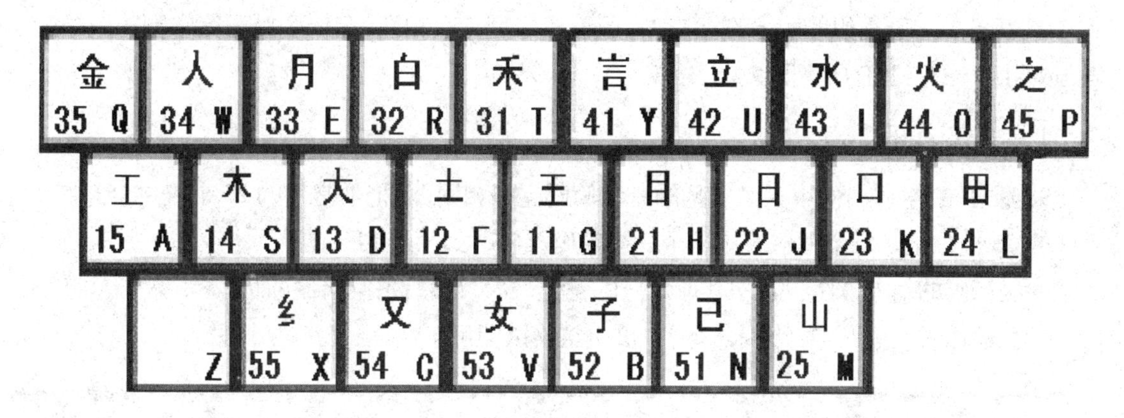

图 4-3 键名汉字在键盘上的分布

键名汉字的输入规则是：连击四下键名汉字所在的键。

例如：大（DDDD），之（PPPP），言（YYYY），月（EEEE），山（MMMM）。

4.3.2 成字码元的输入

除了键名汉字以外，能够单独构成汉字的码元，称为成字码元。

成字码元的编码规则是：键名码+首笔码+次笔码+末笔码。

当成字码元只有两笔时，其编码规则为：键名码+首笔码+末笔码+空格。

例如：文（YYGY），六（UYGY），七（AGN），八（WTY）。

4.3.3 补码码元的输入

补码码元是指取两个码的码元，其中一个码元是对另一个码元的补充，也称双码码元，以离散重码元。98 王码中共有 3 个补码码元：犭、礻、衤。

补码码元的编码规则是：除了选取码元本身所在键位的区位码作为主码以外，还要补加补码码元中最后一个单笔画作为补码。

补码码元的输入由主码、补码、首笔、末笔四个码组成。

例如：犭（QTTT），礻（PYYY），衤（PUYY）。

4.3.4 非码元字的输入

凡是“码元总表”上没有的汉字，即非码元字，其输入方法与86版五笔字型相同，具体输入方法为：在拆分汉字时应根据书写顺序，将汉字拆分成码元，取这个汉字的第1、2、3个码元和最后一个码元，并敲击这4个码元所在的键即可。如果拆分时不足4码，加识别码即可。

4.3.5 简码的输入

98版五笔字型简码的输入方法与86版五笔字型完全相同，但98版五笔字型的二级简码与86版五笔字型有所不同。

1．一级简码

98版五笔字型与86版五笔字型的一级简码完全相同，即把最常用的25个汉字分布在5个区的25键位上，每个键位对应一个一级简码汉字，如图4-4所示。

一级简码的输入方法：敲击其所对应的键位一次，然后击空格键即可。

例如：输入“中”字，键入“K”，再击空格键即可。

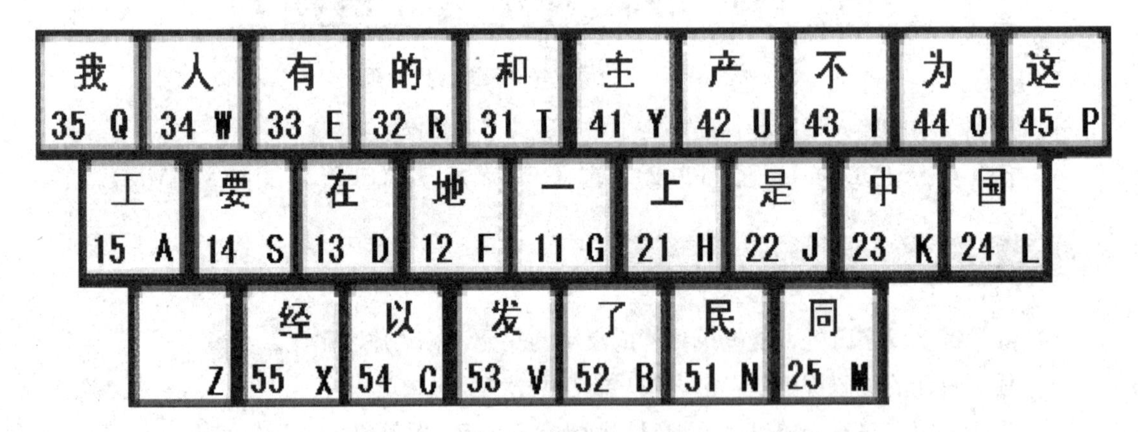

图4-4 98版五笔字型的一级简码

2．二级简码

二级简码的输入方法：只需敲击其全码的前两码，然后补击空格键即可。

98版五笔字型的二级简码与86版五笔字型有较大不同，98版五笔字型二级简码如表4-2所示。查阅时横排为区号，竖排为位号，相对应的区号和位号加起来就是该字的二级简码。例如：“天”字对应的区号为“G”，对应的位号为“D”，因此该字的二级简码为“GD”，如果为空则表示该键位上没有对应的二级简码。

表 4-2 98 版五笔字型二级简码表

	G	F	D	S	A	H	J	K	L	M	T	R	E	W	Q	Y	U	I	O	P	N	B	V	C	X
	11—15					21—25					31—35					41—45					51—55				
G	五	于	天	末	开	下	理	事	画	现	麦	珀	表	珍	万	玉	来	求	亚	琛	与	击	妻	到	互
F	十	寺	城	某	域	直	刊	吉	雷	南	才	垢	协	零	无	坊	增	示	赤	过	志	坡	雪	支	坶
D	三	夺	大	厅	左	还	百	右	面	而	故	原	历	其	克	太	辜	砂	矿	达	成	破	肆	友	龙
S	本	票	顶	林	模	相	查	可	柬	贾	枚	析	杉	机	构	术	样	档	杰	枕	札	李	根	权	楷
A	七	革	苦	莆	式	牙	划	或	苗	贡	攻	区	功	共	匹	芳	蒋	东	蘑	芝	艺	节	切	芭	药
H	睛	睦	非	盯	瞒	步	旧	占	卤	贞	睡	睥	肯	具	餐	虔	瞳	叔	虚	瞎	虑		眼	眸	此
J	量	时	晨	果	晓	早	昌	蝇	曙	遇	鉴	蚯	明	蛤	晚	影	暗	晃	显	蛇	电	最	归	坚	昆
K	号	叶	顺	呆	呀	足	虽	吕	喂	员	吃	听	另	只	兄	唁	咬	吵	嘛	喧	叫	啊	啸	吧	哟
L	车	团	因	困	轼	四	辊	回	田	轴	略	斩	男	界	罗	罚	较		辘	连	思	囝	轨	轻	累
M	赋	财	央	崧	曲	由	则	迥	崭	册	败	冈	骨	内	见	丹	赠	峭	赃	迪	岂	邮		峻	幽
T	年	等	知	条	长	处	得	各	备	身	秩	稀	务	答	稳	入	冬	秒	秋	乏	乐	秀	委	么	每
R	后	质	拓	打	找	看	提	扣	押	抽	手	折	拥	兵	换	搞	拉	泉	扩	近	所	报	扫	反	指
E	且	肚	须	采	肛	毡	胆	加	舆	觅	用	貌	朋	办	胸	肪	胶	膛	脏	边	力	服	妥	肥	脂
W	全	什	估	休	代	个	介	保	佃	仙	八	风	佣	从	你	信	们	偿	伙	伫	亿	他	分	公	化
Q	钱	针	然	钉	氏	外	旬	名	甸	负	儿	勿	角	欠	多	久	匀	尔	炙	锭	包	迎	争	色	锴
Y	证	计	诚	订	试	让	刘	训	亩	市	放	义	衣	认	询	方	详	就	亦	亮	记	享	良	充	率
U	半	斗	头	亲	并	着	间	问	闸	端	道	交	前	闪	次	六	立	冰	普		闷	疗	妆	痛	北
I	光	汗	尖	浦	江	小	浊	溃	泗	油	少	汽	肖	没	沟	济	洋	水	渡	党	沁	波	当	汉	涨
O	精	庄	类	床	席	业	烛	燥	库	灿	庭	粕	粗	府	底	广	粒	应	炎	迷	断	籽	数	序	鹿
P	家	守	害	宁	赛	寂	审	宫	军	宙	客	宾	农	空	宛	社	实	宵	灾	之	官	字	安		它
N	那	导	居	懒	异	收	慢	避	惭	届	改	怕	尾	恰	懈	心	习	尿	屡	忱	已	敢	恨	怪	尼
B	卫	际	承	阿	陈	耻	阳	职	阵	出	降	孤	阴	队	陶	及	联	孙	耿	辽	也	子	限	取	陛
V	建	寻	姑	杂	既	肃	旭	如	姻	妯	九	婢	姐	妗	婚	妨	嫌	录	灵	退	恳	好	妇	妈	姆
C	马	对	参	牺	戏	犋		台		观	矣		能	难	物	叉					予	邓	艰	双	牝
X	线	结	顷	缚	红	引	旨	强	细	贯	乡	绵	组	给	约	纺	弱	纱	继	综	纪	级	绍	弘	比

3．三级简码

与 86 版五笔字型的三级简码输入方法相同，98 版五笔字型的三级简码输入方法是：敲击其全码的前 3 码，然后补击空格键即可输入。

4.3.6 词组的输入

98 版的词组输入方法与 86 版完全相同，不同之处在于 98 版输入词组时取码规则是针对码元，而 86 版是针对字根，下面对 98 版的词组输入方法作简单介绍。

1．双字词组

双字词组的取码规则为：分别取两个字的前两码，共 4 码组成双字词组的编码。例如：

2．三字词组

三字词组的取码规则为：分别取前两个字的第 1 码，然后再取第 3 个字的前两码，共 4 码组成三字词组的编码。例如：

3．四字词组

四字词组的取码规则为：分别取四个字的第 1 码，共 4 码组成四字词组的编码。例如：

4．多字词组

多字词组的取码规则为：取前三个字的第 1 码及最后一个字的第 1 码，共 4 码组成多字词组的编码。例如：

4.4 如何学习 98 版五笔字型输入法

学习 98 版五笔字型特别是老用户学习 98 版时应该注意以下几个方面的内容：

（1）注意新增码元。老用户接触到新版本时，首先注意到的必然是那些新增加的码元，例如，“夫”、“末”、“甘”、“甫”、“气”、“丘”、“毛”、“几”、“力”、“皮”、“母”与“良”等，认为这些新码元是常用汉字的部件，因而印象深刻，比较容易记住。

（2）注意与原码元形似的新码元。有些新码元与原有码元非常相似，例如，新增码元“丘”与原有的码元“斤”形似，因而也比较容易记住。

（3）最需要注意的是原有码元（字根）改动了键位。正如前面所指出的，老用户（尤其是那些非常熟悉老版本的用户）转用新版本时，碰到的最大障碍是原有码元（字根）改到

了新键位上，输入过程中常常下意识地击老的键位，因而发生差错。例如：

码元“乃”从【E】键改到了【B】键上；码元“力”从【L】键改到了【E】键上；

码元“广”从【Y】键改到了【O】键上；码元“几”从【M】键改到了【W】键上等。

因此必须把这些老码元的新键位作为学习重点，不断加深记忆，以达到能像使用老版本一样熟练输入。

(4) 注意新老版本不同的取码顺序。虽然新老版本的取码规则是一样的，但是，不少由同样码元构成的字，新老版本的取码顺序却发生了明显变化，如表4-3和表4-4所示。

表4-3　86版与98版的取码顺序区别举例

汉　字	86版取码顺序	86版编码	98版取码顺序	98版编码
余	人、禾	WTU	人一木	WGSU
行	彳、二、丨	TFHH	彳、一、丁	TGSH
速	一、口、小、辶	GKIP	木、口、辶	SKPD
刺	一、冂、小、刂	GMIJ	木、冂、刂	SMJH

表4-4　86版与98版编码的区别

汉　字	86版编码	98版编码	汉　字	86版编码	98版编码
象	QJEU	QKEU	凹	MMGD	HNHG
像	WQJE	WQK	乐	QII	TNII
面	DMJD	DLJF	肃	VIJK	VHJW
来	GOI	GUS	边	LPV	EPE
那	VFBH	NGBH	皮	HCI	BNTY
凸	HGMG	HGHG	球	GFIY	GGIY

如果不是研究编码理论的使用者，没有必要去推敲哪个对哪个不对，哪个违反了哪条取码规则等，更不要去修改码表或编码字典，只要用心记住即可。

4.5 拆字练习

根据前面讲述的内容，请用户按98版五笔字型的输入规则，将以下具有代表性的50个汉字做拆字练习（␣表示空格）。

言　汉字“言”是【Y】键左上角的汉字，叫做键名字，此字不可拆，正确的输入方法是YYYY。键名字共25个，即：金、人、月、白、禾、言、立、水、火、之、工、木、大、土、王、目、日、口、田、幺、又、女、子、已、山。这些字的输入方法都是连续键入代表其字的字符键四次。

羊　从图4-2可以看出，【U】键上已有该字，但它的位置不是在键的左上角，它虽然是

成字，但不是键名字。类似于这种情况的字还有很多，我们将其称为成字码元，而成字码元所在的字符键，称为键名码。输入这些字时，与86版成字字根的输入方法相同，所以汉字“羊”除应键入键名码U外，还应键入首笔码【Y】（“丶”），次笔码【T】（“丿”）和末笔码【H】（“丨”）。即编码为UYTH。

丁 汉字“丁”属成字码元，类似的还可以找出许多，例如：几、八、用、力、毛、臼、斤、气、手、文、方、辛、六、门等等。如同关于“羊”字的解释那样，“丁”字输入应键入SGH␣。

生 应拆成“丿”、“𠂉”，因组不成四个码元，于是汉字“生”应键入TGD␣，D为识别码。如果将汉字“生”拆成“丿”、“一”、“土”，错误的原因是将码元“𠂉”又拆分了。98版的拆字方法是“码元不再拆”。具体到本例的意思是，既然有“𠂉”码元就不能再将它拆成“一”和“土”的组合。

佳 应拆成“亻”、“土”、“土”，于是应键入WFFG，G为识别码。汉字“佳”按正常的书写习惯应该是“亻”、“二”、“丨”、“二”。但在98版中规定“码元不交叉”，严格地说是“码元尽量不交叉”，所以“佳”字的右半部分，用两个“土”，而不用“二”、“丨”、“二”交叉而得。类似的字还有一些，如“崖”、“男”等。但这不是绝对的，有些字必须交叉，如“叟”、“果”等。这样的字，需要初学者多练习才能熟练掌握。

提示：

在98版拆字练习时，以上提出的两条：“码元不能再拆”、“码元不交叉”是必须要掌握的，如果熟记这两条原则，以下的字就不难拆了。

跳 应拆成“口”、“止”、“儿”、“㐅”，正好是四个码元，于是应键入KHQI。如果有的用户习惯书写的顺序是“口”、“止”、“冫”、“儿”、“く”，则应按98版的规定顺序输入，同时用户也可以看出“码元不交叉”不是绝对的。

爱 应拆成“爫”、“冖”、“𠂇”、“又”，正好是四个码元，于是应键入EPDC。如果把第一个码元再拆成“丿”、“⺍”，就违背了“码元不再拆”的原则，既然【E】键上有“爫”码元，就不能再将它拆开。

腿 应拆成“月”、“艮”、“辶”，于是应键入EVPY，Y为识别码。在98版中，对所有带“廴”及“辶”码元的汉字，都将此码元放在最后（但在识别码前），但用到识别码时，却不考虑这两个码元，比如“腿”字的识别码是用“艮”的最后一笔“丿”。类似这样的汉字还有“边”、“迫”等等，其中“力”的最后一笔是“丿”，识别码是E，“白”的最后一笔是“一”，识别码是D。

菌 应拆成“艹”、“口”、“禾”，于是应键入ALTU，U为识别码。拆分汉字“菌”应注意两点，一是【L】键上是大“口”，而【K】键上是小“口”，在以下的拆字练习中还会进一步提到。二是汉字“菌”不能像我们平时习惯书写的那样，即最后一个码元不是“口”，而是“口”内的禾。类似这样的字还有许多，如“圃”、“国”等等，它们的最后一个码元分别是“甫”和“丶”。

吏 应拆成“一”、“口”、“㐅”，于是应键入 GKPI，I 为识别码。该字不论怎样拆分，码元都是交叉的，所以在提到这一原则时，用了“尽量”这一前提（以下不再赘述）。初学者起初接触 98 版时，可能有些不习惯，类似的还有很多，只要“形状像”就可以了。例如“我”的第二个码元是“扌”等等。

化 应拆成“亻”、“⺊”，于是应键入 WXN ⊔，N 为识别码。这里提醒用户注意的是【A】键上的码元是“七”，而【X】键上的码元是“匕”或“⺊”。

些 应拆成“止”、“匕”、“二”，于是应键入 HXFF，F 为识别码。拆该汉字时，可参考上例“化”的拆分方法。

美 应拆成“丷”、“王”、“大”，于是应键入 UGDU，U 为识别码。还有像“兰”这样的字，在 98 版中都将此类字的第一个码元归类为“丷”，而不是“䒑”。

狸 应拆成“犭”、“曰”、“土”，于是应键入 QTJF。在 98 版中，“犭”是补充码元（取两个码的码元），在拆字过程中凡遇到该偏旁的时候，按补充码元的输入规则（主码+补码+首笔+末笔），即前两码应键入 QT。

饨 应拆成“𠂊”、“𠃊”、“一”、“乚”，于是应键入 QNGN。该汉字的正常书写顺序的码元应是“𠂊、𠃊、一、凵、乚”，因为超出了四个码元，所以只取前三个和最后一个码元。在 98 版中，没有“饣”码元，以后凡遇到该偏旁时，都应键入 QN。

象 应拆成“𠂊”、“口”、“豕”，于是应键入 QKEU，U 为识别码。但是人们往往将该汉字误拆分成“𠂊、罒、豕”，原因是对汉字“象”的书写理解错了。据了解，存在错误书写习惯的人不占少数，所以有必要将该字选出来单独讲解。

养 应拆成“䒑”、“夫”、“⺗”，于是应键入 UGJJ，J 为识别码。如果将该字拆成“丷、王、八、⺗”，“丷、三、人、⺗”或“䒑、土、八、⺗”的错误原因都是因为不正确的书写习惯，而且忽略了第二个码元“夫”。在 98 版中，有些汉字是严格按照正确书写顺序而拆分码元的，而又有一些则不然。本书不可能将每一个汉字都放在本节中做拆分练习，请初学者有时间按照本书后面的附录“编码字典”逐字练习。

录 应拆成“彐”、“氺”，于是应键入 VIU ⊔，U 为识别码。如果有的用户将第一个码元，又拆成“㇕”、“二”，或将第二个码元又拆成“亅”、“㳄”则违反了“码元不再拆”的原则。

佰 应拆成“亻”、“丆”、“日”，于是应键入 WDJG，G 为识别码。如果有的用户将该汉字拆分成“亻”、“一”、“白”也可以输入，这在 98 版中，叫做“容错编码”。也就是说，根据个人理解的不同，在 98 版中不强求统一，只要原则不错就可以了。例如，“化”的识别码正确的是 N，而容错编码的识别码是 T，即键入 WXN ⊔和键入 WXT ⊔都可以输入该汉字。

神 应拆成“礻”、“曰”、“丨”，于是应键入 PYJH。在 98 版中，规定“礻”为补充码元（取两个码的码元），在拆字过程中凡遇到带“礻”偏旁的，都应按补充码元的输入规则，即键入 PY。

补 应拆成“衤”、“卜”或“礻”、“冫”、“卜”及识别码 Y，于是应键入 PUHY，Y

为识别码。与汉字“神”中的“礻”补充码元解释相同。

助 应拆成“月”、“一”、“力”，于是应键入 EGET，T 为识别码。在 98 版中，将“提横”或“斜横”（㇀），都归于“横”（一）。所以“助”的第二个码元应是“一”。像这样的汉字还有许多，如“孑”（成字码元）应键入 BNHG，“到”应键入 GCFJ。

殿 应拆成“尸”、“龷”、“八”、“又”，于是应键入 NAWC。因为该字多于四个码元，所以按顺序应为前三个和最后一个码元。

练 应拆成“纟”、“𠂇”、“乙”、“八”，于是应键入 XANW。其中第三个码元在字根表中未被标出，请用户记住：带“拐弯”的绝大部分都在【N】键上，因空间的原因，在字根表中，无法将所有带“拐弯”的码元都标出来。

孔 应拆成“孑”、“乚”，于是应键入 BNN ␣，N 为识别码。拆分该汉字请参考上面关于汉字“练”的拆分方法。

要 应拆成“丆”、“冂”、“〢”、“女”，于是应键入 DMJV。提醒用户注意的是【M】键上的码元“冂”、“⺆”和【U】键上的码元“门”，它们有着本质的区别，但初学者经常不注意这一点。如“闸”字应键入 ULK ␣。

有 应拆成“𠂇”、“月”，于是应键入 DEF ␣，F 为识别码。如果有的用户再将第二个码元拆分成“冂”、“二”，则违反了“码元不再拆”的原则。

方 该汉字属于成字码元，所以按照以上所述的公式，应键入 YYGN。

看 应拆成“龵”、“目”，于是应键入 RHF ␣，F 为识别码。该汉字的第一个码元如果被拆成“三”、“丿”的错误原因是没有将第一笔当作“丿”，而是当作了“一”。初学者经常把“撇”当作“提横”，这一点也提醒用户多加注意。

裁 应拆成“十”、“戈”、“亠”、“𧘇”，于是应键入 FAYE。该汉字的拆法与平时书写习惯的顺序不一样，像这样的汉字，需要初学者多练习才能掌握。同时，用户可能也注意到了形似“𧘇”的码元，都在【E】键上。

藏 应拆成“艹”、“戈”、“爿”、“丨”，由于该汉字多于四个码元，只能按顺序键入前三个和最后一个码元，于是应键入 AAUH。需要注意的是该汉字的拆分码元的顺序与平时书写习惯的顺序不一样。

叟 应拆成“臼”、“丨”、“又”，于是应键入 EHCU，U 为识别码。其中的码元“臼”常与其他的码元交叉。

长 应拆成“丿”、“𠀎”、“㇏”，于是应键入 TAYI，I 为识别码。根据个人习惯不同，还有以下两种拆分方法，都属容错编码：“丿”、“一”、“𠄌”、“㇏”，即 TAYI，和“一”、“𠄌”、“丿”、“㇏”，即 GNTY。依此思路，汉字“张”的正确输入方法应该是 XTAY，而键入 XTGY 也可以。但如果输入汉字“账”时，正确的输入方法应该是 MTAY，而键入 MTGY 是错误的，MGNY 却是“同心”二字的编码所以还是应该培养训练规范的输入方法。

曹 应拆成“一”、“冂”、“艹”、“日”，于是应键入 GMAJ。该汉字多于四个码元，因此只能取前三个和最后一个码元。

疾 应拆成“疒”、“𠂉”、“大”，于是应键入 UTDI，I 为识别码。如果把“矢”分拆成

“⺊”、“人”，则违反了“码元不交叉”的原则。

础 应拆成“石”、“凵”、“山”，于是应键入 DBMH，H 为识别码。该汉字的右半部分“出”不能拆分成两个“山”，因为正确的书写方式不是这样的。

举 应拆成“⺍”、“一”、“八”、“⺘”，于是应键入 IGWG。如果将最后一个码元又拆成“二”、“丨”，就违反了“码元不再拆”的原则。

平 应拆成“一”、“丷”、“十”，于是应键入 GUFK，K 为识别码。可以看出，该汉字不论怎样拆分，码元都是交叉的。

骏 应拆成“马”、“一”、“厶”、“夂”，于是应键入 CGCT。该汉字因为多于四个码元，所以只取前三个和最后一个码元。

段 应拆成“丿”、“丨”、“三”、“又”，于是应键入 THDC。该字因为多于四个码元，所以只取前三个和最后一个。拆分该汉字时应注意第一和第二个码元，不可将它们当作“亻”码元。按照上述方法键入后，计算机会提出警告，屏幕上出现提示：1.段 2.篡，这是重码现象，也就是说，这两个汉字的编码都是 THDC，因此需要录入者选取一个。只要用数字键选取相应的字即可。

鹅 应拆成“丿”、“扌”、“乚”、“一”，于是应键入 TRNG。第三个码元在前边已提到，带“拐弯”的码元大部分都在【N】键上。

聚 应拆成“耳”、“又”、“豕”，于是应键入 BCIU，U 为识别码。注意该汉字的第三个码元“豕”在【I】键上，而【E】键上的码元是“豕”，细小的差别在于中间是竖不是弯。

山 该汉字为键名字，不可拆分，于是应键入 MMMM。

高 应拆成“古”、“冂”、“口”，于是应键入 YMKF，F 为识别码。如果将第一个码元又拆分成“亠”、“口”，就违反了“码元不再拆”的原则。

蔷 应拆成“艹”、“土”、“丷”、“口”，于是应键入 AFUK。其中【K】键是指码元小“口”，如果键入 L，则错在【L】键上是大“囗”，而“蔷”的最后一个码元应是小“口”。

辜 应拆成“古”、“辛”，于是应键入 DUJ ㄩ，J 为识别码。注意“码元不再拆”，也就是说，“古”不可再拆分成“十”、“口”；“辛”也不可再拆分成“立”、“十”等。

鲍 应拆成“⺈”、“一”、“勹”、“乚”，于是应键入 QGQN。因该汉字多于四个码元，所以只取前三个和最后一个码元。

耙 应拆成“二”、“木”、“巴”，于是应键入 FSCN，N 为识别码。该字的容错编码是 DICN，即码元“三”、“小”、“巴”和识别码。

束 应拆成“木”、“口”，于是应键入 SKD ㄩ，D 为识别码。输完后出现重码现象，再按数字键选择。该字的输入方法与习惯的书写顺序不一样，类似的字还有“速”、“悚”等，它们的输入编码分别是 SKPD 和 NSKG。

甲 因“甲”是成字码元，可按前述公式输入：L（键名码）+H（第一笔竖）+N（第二笔横折）+H（末笔竖）。与汉字“甲”组成的笔画类似的还有田、由、申、古。关于它们的正确输入方法请用户自己实践。

4.6 拆分实践

98 版五笔字型键盘码元拆分实践，在以下所列的五笔字型编码后有数字“2”或“3”的分别表示该汉字可用二级或三级简码输入；小写字母为该汉字的识别码。

G：王 一 龶 五 夫 扌 ⺧ 丰

王	王	GGGG3	王王王王	环	GDHy3	王𠂆卜
一	一	GGLL	一一LL	是	JGHu	曰一龰
龶	生	TGd	丿 龶	傲	WGQT	亻龶勹攵
五	五	GGHG23	五一丨一	伍	WGg	亻五
夫	夫	GGGY	夫一一丶	潜	IGGJ	氵夫夫日
扌	判	UGJh	丷扌刂	叛	UGRC	丷扌厂又
⺧	舛	QGh	夕 ⺧	磷	DOQG3	石米夕⺧
丰	律	TVGh3	彳彐丰	击	GBk2	丰 凵

F：土 士干 二十寸中 雨未甘寸

土	土	FFFF	土土土土	法	IFCy3	氵土厶
士	士	FGHG	士一丨一	桔	SFKg3	木士口
干	干	FGGH	干一一丨	旱	JFj	日干
二	二	FGG	二一一	奈	DFIu3	大二小
十	十	FGH2	十一丨	朝	FJEg3	十早月
寸	才	FTe2	寸丿	于	GFk2	一寸
中	革	AFj2	廿 中	鞘	AFIE	廿中⺌月
雨	雨	FGHY	雨一丨丶	雷	FLf	雨田
未	未	FGGY	未一一丶	味	KFy	口未
甘	甘	FGHG	甘一丨一	嵌	MAQW3	山甘勹人
寸	寸	FGHY	寸一丨丶	守	PFu2	宀寸

D：大犬镸三 戊其石 厂𠂆ナ

大	大	DDDD2	大大大大	实	PUDu23	宀⺀大
犬	犬	DGTY	犬一丿丶	伏	WDy	亻犬
镸	肆	DVGh23	镸彐十	套	DDu	大镸
三	三	DGGG23	三一一一	丰	DHk	三丨
戊	戊	DGTY	戊一丿丶	成	DNv2	戊乙
其	其	DWu2	其八	基	DWFf3	其八土
古	古	DGHG3	古一丨一	做	WDTy3	亻古攵
石	石	DGTG3	石一丿一	研	DGAh3	石一廾
厂	厂	DGT	厂一丿	雁	DWWY3	厂亻亻圭
𠂆	夏	DHTu3	𠂆目夂	面	DLJF3	𠂆口刂二
ナ	友	DCu2	ナ 又	灰	DOu	ナ 火

S：木 丁 西 覀 甫

木	木	SSSS	木木木木	保	WKSy23	亻口木
丁	丁	SGH	丁一丨	河	ISKg3	氵丁口
西	西	SGHG	西一丨一	酸	SGCT3	西一厶夂
覀	要	SVf	覀女	栗	SSu	覀木
甫	甫	SGHY	甫一丨丶	匍	QSi	勹甫

A：工 匚𠂉 戈七七廿 艹廾 龷

工	工	AAAA3	工工工工	经	XCAg3	纟又工
匚	匡	AGd	匚 王	颐	AHKM3	匚丨口贝
七	七	AGN2	七一乙	柒	IASu3	氵七木
𠂉	东	AIi2	𠂉小	练	XANW3	纟𠂉乙八
戈	戈	AGNY	戈一乙丶	划	AJh2	戈刂
七	切	AVt2	七刀	长	TAYi23	丿七丶

七	邸	QAYB3	匚七丶阝	底	OQAY23	广匚七丶
廿	度	OACi3	广廿又	靶	AFCn3	廿串巴
艹	蔽	AITu3	艹㡀攵	茄	AEKf3	艹力口
廾	异	EAj	巳廾	升	TAk	丿廾
卄	共	AWu2	卄八	散	AETy	卄月攵
龷	塞	PAWU3	宀龷八冫	耩	FSAF	二木龷土

H

目 且 丨
上⺊卜止
龰 𣥂 虍

目	目	HHHH3	目目目目	泪	IHg	氵目
且	具	HWu2	八	犋	CHWy23	牛且八
丨	吊	KMHj3	口冂丨	肺	EGMH3	月一冂丨
上	上	HHGG3	上丨一一	卡	HHu	上卜
睿	睿	HPGH	⺊冖一目	拈	RHKg3	扌⺊口
卜	卜	HHY	卜丨丶	外	QHy2	夕卜
止	止	HHGG3	止丨一一	路	KHTK3	口止夂口
疑	疑	XTDH3	匕𠂉大龰	旋	YTNH	方𠂉乙龰
步	步	HHr2	止𣥂	涉	IHHt	氵止𣥂
虍	滤	IHNy3	氵虍心	虚	HOd	虍业

J

日 曰⺜
早⺉ 川刂
刂 虫

日	日	JJJJ	日日日日	是	KGHu	日一龰
曰	曰	JHNG	曰丨乙一	垣	FGJG	土一曰一
⺜	临	JTYJ	丨𠂉丶⺜			
早	早	JHNH2	早丨乙丨	朝	FJEg3	十早月
⺉	坚	JCFf23	又土	紧	JCXI3	丨又幺小
川	养	UYJj	羊丶川	氟	RXJk	气弓川
刂	归	JVg2	刂彐	师	JGMH3	刂一冂丨
刂	到	GCFJ2	一厶土刂	创	WBJh3	人㔾刂
虫	虫	JHNY	虫丨乙丶	强	XKJy23	弓口虫

K

口 〢
川 儿

口	口	KKKK	口口口口	程	TKGg	禾口王
〢	带	GKPH3	一〢冖丨	滞	IGKH3	氵一〢丨
川	川	KTHH	川丿丨丨	顺	KDMy23	川𠂆贝
儿	侃	WKNn	亻口儿	流	IYCK3	氵亠厶儿

L

田 甲口
四罒 罓
皿车

田	田	LLLL23	田田田田	雷	FLf2	雨田
甲	甲	LHNH	甲丨乙丨	鸭	LQGg3	甲鸟一
口	国	LGYi3	口王丶	园	LFQv3	口二儿
四	四	LHNG23	四丨乙一	驷	CGLg	马一四
罒	罗	LQu2	罒夕	德	TFLN3	彳十罒心
罓	曾	ULJf3	丷罓日	僧	WULJ3	亻丷罓日
罒	柬	GLIi3	一罒小	黑	LFOu3	罒土灬
皿	益	UWLf3	䒑八皿	隘	BUWL3	阝䒑八皿
车	车	LGNH23	车一乙丨	轩	LFh2	车干

M

山冂 冂𠃌
⺆ 贝 由
⾻

山	山	MMMM3	山山山山	仙	WMh2	亻山
冂	央	MDi2	冂大	曲	MAd2	冂龷
冂	常	IPKH	⺌冖口丨	而	DMJj3	𠂆冂刂
𠃌	身	TMDT3	丿𠃌三丿	射	TMDF	丿𠃌三寸
⺆	周	MFKd3	⺆土口	册	MMGd2	⺆⺆一
由	由	MHNG2	由丨乙一	抽	RMg2	扌由
贝	贝	MHNY	贝丨乙丶	惯	NXFM3	忄毌十贝
⾻	骨	MEf2	⾻月	髓	MEDP3	⾻月𠂇辶

T

禾⺮
丿 夂
彳 攵

禾	禾	TTTT3	禾禾禾禾	季	TBf2	禾子
⺮	答	TWGK23	⺮人一口	笑	TTDu3	⺮丿大
𠂉	作	WTHF2	亻𠂉丨二	晦	JTXU3	日𠂉母
丿	生	TGd2	丿龶	壬	TFd	丿士
夂	各	TKf2	夂口	唆	KCWT3	口厶八夂
彳	很	TVEy3	彳彐⻃	征	TGHg3	彳一止
攵	教	FTBT	土丿子攵	敞	IMKT	⺌冂口攵

R

白 手 ⺈
乂 扌 气
斤 丘

白	白	RRRR3	白白白白	伯	WRg	亻白
手	手	RTGH2	手丿一丨	掰	RWVR	龵八刀手
龵	看	RHf2	龵目	湃	IRDF	氵龵三十
⺈	刎	QTJh3	勹⺈刂	扬	RNRt3	扌乙⺈
乂	义	YRi2	丶乂	希	RDMH3	乂𠂇冂丨
扌	护	RYNt3	扌丶尸	牧	CTy	牜攵
气	气	RTGN3	气丿一乙	汽	IRn2	氵气
斤	斤	RTTH3	斤丿丿丨	拆	RRYy3	扌斤丶
丘	丘	RTHG3	丘丿丨一	兵	RWu2	丘八

E

月 冃 用 力
彡 臼 爫 毛 𠂢
豸 豕 𧘇 ⻃

月	月	EEEE3	月月月月	明	JEg2	日月
冃	且	EGd2	冃一	助	EGEt3	冃一力
用	用	ETNH2	用丿乙丨	佣	WEh2	亻用
力	力	ENT	力乙丿	男	LEr2	田力
彡	形	GAEt3	一廾彡	彰	UJEt3	立早彡

臼	臼	ETHG3	臼丿丨一	嫂	VEHC3	女臼丨又
爫	乳	EBNn3	爫子乙	荽	AEVf3	艹爫女
毛	毛	ETGN	毛丿一乙	笔	TEb	⺮毛
𠂢	派	IREy3	氵厂𠂢	旅	YTEy3	方𠂉𠂢
豸	豺	EFTt3	豸十丿	豹	EQYy3	豸勹丶
豕	象	QKEu3	⺈口豕	毅	UEWC3	立豕几又
𧘇	装	UFYE3	丬士亠𧘇	衷	YKHE	亠口丨𧘇
⻃	畏	LGEu3	田一⻃	丧	FUEu3	土丷⻃

W

人 亻
几 𠘨
八 癶 𡗗

人	人	WWWW	人人人人	众	WWWu3	人人人
亻	佰	WDJg3	亻丆日	你	WQIy23	亻⺈小
几	几	WTN	几丿乙	凫	QWb	鸟几
𠘨	风	WRi2	𠘨乂	凰	WRGd	𠘨白王
八	八	WTY2	八丿丶	爸	WRCb3	八乂巴
癶	葵	AWGD3	艹癶一大	登	WGKU	癶一口䒑
𡗗	祭	WFIu3	𡗗二小	蔡	AWFI3	艹𡗗二小

Q

金 钅 鱼 儿
勹 𠂎 犭 鸟
力 夕 夕

金	金	QQQQ3	金金金金	鑫	QQQf	金金金
钅	错	QAJg3	钅龷日	钡	QMy	钅贝
鱼	渔	IQGg	氵鱼一	鲸	QGYI3	鱼一亠小
儿	儿	QTN2	儿丿乙	规	GMQn3	夫冂儿
勹	勺	QYi	勹丶	驹	CGQK3	马一勹口
𠂎	贸	QYVM3	𠂎丶刀贝	印	QGBh3	𠂎一卩
犭	狗	QTQK3	犭勹口	犯	QTBn3	犭丿㔾
鸟	鸟	QGd	鸟一	岛	QMk	鸟山
⺈	陷	BQVg3	阝⺈臼	称	TQIy23	禾⺈小
力	万	GQe2	一力	黎	TQTI3	禾力丿水

夕	夕	QTNY	夕丿乙丶	多	QQu2	夕夕
夕	炙	QOu2	夕火	然	QDOu23	夕犬灬

Y

言 讠 丶 ㇏
亠 古 亩
文 方 圭

言	言	YYYY3	言言言言	信	WYg2	亻言
讠	说	YUKQ3	讠丷口儿	诉	YRYy3	讠斤丶
丶	凡	WYi	几丶	炉	OYNt3	火丶尸
㇏	长	TAYi	丿七㇏	级	XBYy23	纟乃㇏
亠	充	YCQb23	亠厶儿	亡	YNv	亠乙
古	京	YIu	古小	亮	YPWb23	古冖几
亩	赢	YEMY3	亩月贝丶	嬴	YEVY3	亩月女丶
文	文	YYGY	文丶一㇏	刘	YJh2	文刂
方	方	YYGT2	方丶一丿	芳	AYr2	艹方
圭	维	XWYg3	纟亻圭	催	WMWY3	亻山亻圭

U

立 丷 䒑 冫丬
辛 羊 𦍌 丬六
门 疒 丹 冫

立	立	UUUU23	立立立立	意	UJNu3	立日心
丷	曾	ULJf3	丷罒日	美	UGDu	丷王大
䒑	普	UOJf23	䒑业日	兼	UVJW3	䒑彐刂八
冫	习	NUd2	乙冫	况	UKQn3	冫口儿
丬	将	UQFy3	丬夕寸	桨	UQSu3	丬夕木
辛	辛	UYGH	辛丶一丨	辩	UYUh3	辛讠辛
羊	羊	UYTH3	羊丶丿丨	洋	IUh2	氵羊
𦍌	着	UHf2	𦍌目	翔	UNg	𦍌羽
六	六	UYGY2	六丶一丶	较	LURy23	车六乂
疒	病	UGMW3	疒一冂人	瘟	UJLd3	疒日皿

I

水 㐅 氺
氵 㡀 ⺍
小 ⺌

水	水	IIII23	水水水水	沓	IJf	水日
㐅	脊	IWEf3	㐅人月	兆	IQv	㐅儿
氺	聚	BCIu3	耳又氺	骤	CGBI3	马一耳氺
氵	法	IFCy23	氵土厶	涛	IDTF3	氵三丿寸
㡀	敝	ITy	㡀攵	撇	RITy	扌㡀攵
小	粽	OPFI	米宀二小	尖	IDu	小大
⺌	当	IVf2	⺌彐	傥	WIPQ	亻⺌冖儿
⺍	学	IPBf3	⺍冖子	黉	IPAW3	⺍冖龷八

O

火 灬 业
𧘇 ⺌ ※
广 严

火	火	OOOO3	火火火火	淡	IOOy3	氵火火
灬	烈	GQJO	一夕刂灬	点	HKOu3	⺊口灬
业	业	OHHG23	业丨丨一	亚	GOd	一业
𧘇	亦	YOu2	亠𧘇	弈	YOAj3	亠𧘇廾
⺌	变	YOCu3	亠⺌又	峦	YOMj3	亠⺌山
※	鬯	OBXb3	※凵匕			
广	广	OYGT23	广丶一丿	唐	OVHK3	广彐丨口
严	鹿	OXXv2	严匕匕	麒	OXXW	严匕匕八
米	米	OYTY3	米丶丿丶	类	ODu2	米大

P

之 辶
廴 礻 衤
宀 冖

之	之	PPPP23	之之之之	芝	APu2	艹之
辶	达	DPi2	大辶	近	RPk2	斤辶
廴	庭	OTFP2	广丿士廴	建	VGPk23	彐丰廴
礻	礼	PYNn	礻乙	禧	PYFK	礻士口

衤	初	PUVt3	衤刀	衩	PUCY3	衤又、
宀	室	PGCF3	宀一厶土	窄	PWTF	宀八𠂉二
冖	冠	PFQF	冖二儿寸	冥	PJUu3	冖日六
已	已	NNNN2	已已已已			
己	纪	XNn2	纟己	记	YNn2	讠己
㔾	改	NTy2	㔾攵	凯	MNWn3	山㔾几
コ	所	RNRh2	厂コ斤	假	WNHC3	亻コ丨又
ユ	决	UNWy3	冫ユ人	侯	WNTD3	亻ユ𠂉大
乙	乙	NNLL3	乙乙LL	吃	KTNn3	口𠂉乙
尸	尸	NNGT	尸乙一丿	届	NMd2	尸由
尸	眉	NHd	尸目	湄	INHg3	氵尸目
目	追	TNPd3	丿目辶	官	PNf2	宀目
心	心	NYNY23	心、乙、	意	UJNu3	立日心
忄	怀	NDHy3	忄ア卜	惧	NHWy3	忄且八
⺗	慕	AJDN	艹日大⺗	添	IGDN3	氵一大⺗
羽	羽	NNYG3	羽乙、一	翼	NLAW3	羽田艹八

B

子 孑了乃
也耳阝皮
卩 凵皮

子	子	BBBB23	子子子子	学	IPBf3	⺍冖子
孑	孑	BNHG	孑乙丨一	孩	BYNW3	孑亠乙人
了	了	BNH	了乙丨	钌	QBh	钅了
巛	粼	OQGB	米夕ヰ巛			
乃	乃	BTN	乃丿乙	及	BYi2	乃、
也	也	BNHN2	也乙丨乙	他	WBn2	亻也
耳	耳	BGHG3	耳一丨一	缉	XKBg3	纟口耳
阝	陆	BGBh3	阝十山	防	BYt2	阝方
㔾	范	AIBb3	艹氵㔾	卷	UGBb3	䒑夫㔾
凵	出	BMk2	凵山	顿	GBNM	一凵乙贝
皮	皮	BNTY	皮乙丿、	波	IBy2	氵皮

V

女 刀 九
彐 ⺕
艮 𠂘 巛

女	女	VVVV3	女女女女	娥	VTRY3	女丿扌、
刀	刀	VNT	刀乙丿	初	PUVt3	衤刀
九	九	VTN2	九丿乙	轨	LVn2	车九
彐	归	JVg2	刂彐	肆	DVGH23	镸彐十丨
⺕	录	VIu2	⺕水	碌	DVIy3	石⺕水
艮	艮	VNGY	艮乙一、	良	YVi2	、艮
巛	巡	VPv	巛辶	甾	VLf	巛田

C

又 ス
厶 巴 牜
马

又	又	CCCC3	又又又又	度	OACi3	广廿又
ス	经	XCAg3	纟ス工	弪	XCAg	弓ス工
厶	法	IFCy3	氵土厶	参	CDEr23	厶大彡
巴	巴	CNHN3	巴乙丨乙	艳	DHQC3	三丨⺈巴
马	马	CGd2	马一	驹	CGQK3	马一勹口
牜	牧	CTy	牜攵	物	CQRt23	牜勹𠂊

X

幺 纟 纟
母 彑 弓
毌 匕 𠤎

幺	幺	XXXX	幺幺幺幺	素	GXIu3	龶幺小
纟	丝	XXGf3	纟纟一	雍	YXTY3	亠纟丿龶
纟	纪	XNn2	纟己	继	XONn23	纟米乙
母	母	XNNY	母乙乙、	敏	TXTy3	𠂉母攵
彑	互	GXd2	一彑	缘	XXEy3	纟彑豕
弓	弓	XNGN3	弓乙一乙	拂	RXJh	扌弓刂
毌	贯	XMu2	毌贝	惯	NXMy3	忄毌贝
匕	匕	XTN	匕丿乙	能	CEXX23	厶月匕匕

第5章 新世纪五笔字型输入法

新世纪五笔字型输入法，简称新世纪五笔，是王永民教授于2008年1月28日推出的第三代五笔字型输入法，该版本也被称为标准版。新世纪五笔建立新的字根键位体系，重码实用频度降低，取码更加规范。

5.1 新世纪五笔字型的特点

五笔字型共有三个版本，除前面章节中讲的86版、98版外，还有新世纪五笔字型，它是在两个版本的基础上做了一些改进，使用户使用起来更得心应手。具体改进有如下几点。

5.1.1 规范性

86版在某些字中的末笔识别码的取法上迁就了习惯写法，如：我、找、龙、成……这些字由于有一大部分有倒插笔的习惯，所以在86版中，人为地规定末笔为“丿”。而在国家笔顺规范中，这些字的末笔为“、”，因此，在新世纪版编码时，统一将这些字规定为依照国家标准，末笔均定义为“、”。

98版在编码取码上进行了规范性的改进，像“我、找”等字，用户书写习惯有的是以“丿”为末笔，有的是以“、”为末笔，在98版中，都按照国家笔顺规范，定义这些字的末笔为“、”，在新世纪编码的体系中，同样也沿袭了这些标准，末笔均定义为“、”。字根精减为确保编码方案最优，为更加方便用户记忆字根，新世纪版字根有所减少，比86版和98版都少了许多字根。

5.1.2 键位变动

以理论实践为基础，为确保编码方案最优，对86版的7个字根的键位做了变动，放置在新世纪版的字根图中，如：字根“乃”在86版中是在【E】键上，但由于其规范笔顺为“乙、丿”，所以新世纪中将该字根安排在了“乙”区的【B】键上。

对98版的四个字根的键位做了变动，从新放置在新世纪版的字根图中。如字根“牛”，在98版中是在【C】键上，考虑该字根以“丿”根起笔，所以，新世纪中将该字根放在了“丿”区的【T】键盘上。

5.1.3 编码兼容

新世纪版有着科学、完备的编码体系，与86版、98版均有不同之处，但用户不用担心，新世纪对这两个版本均做了兼容处理。

5.2 新世纪版字根

字根的个数很多，但并不是所有的字根都可以作为五笔字型的基本字根，而只是把那些组字能力特强，而且被大量使用的字根挑选出来作为基本字根。

5.2.1 字根的键位分布及区位号

新世纪版字根有所减少，比 86 版和 98 版都少了许多字根，共有 130 个，再加上一些基本字根的变型，共有 200 个左右。字根的区、位以及区位代码号具体分布详见表 5-1 所示：

表 5-1 字根的区、位以及区位代码号分布

区	位	代码	字母	基本字根	助记口诀	高频字
1横起笔类	1	11	G	王龶一㇀扌丰	王旁青头五一提	一
	2	12	F	土士二干十寸雨	土士二干十寸雨	地
	3	13	D	大三肀古石丆ナ厂	大三肆头古石厂	在
	4	14	S	木丁西覀	木丁西边要无女	要
	5	15	A	工戈弋𠂇𠂇艹廾廿廿龷匚匸七	工戈草头右框七	工
2竖起笔类	1	21	H	目止龰少且⺊卜虍虍丨	目止具头卜虎皮	上
	2	22	J	日曰⺜刂川刂虫	日曰两竖与虫依	是
	3	23	K	口川⺢川	口中两川三个竖	中
	4	24	L	田囗四罒皿罒罒车甲甲罒	田框四车甲单底	国
	5	25	M	山由贝⺆冂⺆冂冂	山由贝骨下框里	同
3撇起笔类	1	31	T	禾⺮𠂉⺧夂攵彳丿	禾竹牛旁卧人立	和
	2	32	R	白斤斤厂⺈乂手扌龵彡	白斤气头叉手提	的
	3	33	E	月舟⺼⺼𧘇𧘇𧘇力豕⺈臼彡豕⺽	月舟衣力豕豸臼	有
	4	34	W	人八癶⺥几几亻	人八登祭风头几	人
	5	35	Q	金夕犭儿勹鱼⺈夕⺈勹⺈钅儿	金夕犭儿包头鱼	我
4捺起笔类	1	41	Y	言讠文方丶㇏亠主	言文方点在四一	主
	2	42	U	立⺍丬丷冫丬疒门	立带两点病门里	产
	3	43	I	水氵小⺌⺍⺌氺氺氺⺢⺢氺	水边一族三点小	不
	4	44	O	火灬业⺌⺌米广米灬	火变三态广二米	为
	5	45	P	之宀冖辶廴礻衤	之字宝盖补示衣	这
5折起笔类	1	51	N	已己巳⺋乙⺕⺕心忄⺗尸尸羽	已类左框心尸羽	民
	2	52	B	子孑了阝耳⺋卩也乃凵巜⺋	子耳了也乃齿底	了
	3	53	V	女刀九巛彐⺕⺕	女刀九巡录无水	发
	4	54	C	又巴マスムム马	又巴甬矣马失蹄	以
	5	55	X	幺母纟纟⺦弓⺈⺊匕	幺母绞丝弓三匕	经

5.2.2 新世纪版字根在键盘上的分布

与区位号一样，字根在键盘上的分布也是有规律的，与 86 版、98 版一样记位字根的键盘分布规律是练习五笔输入法的基础，是熟练打字的必经阶段。

新世纪五笔字型的键盘分布如图 5-1 所示。

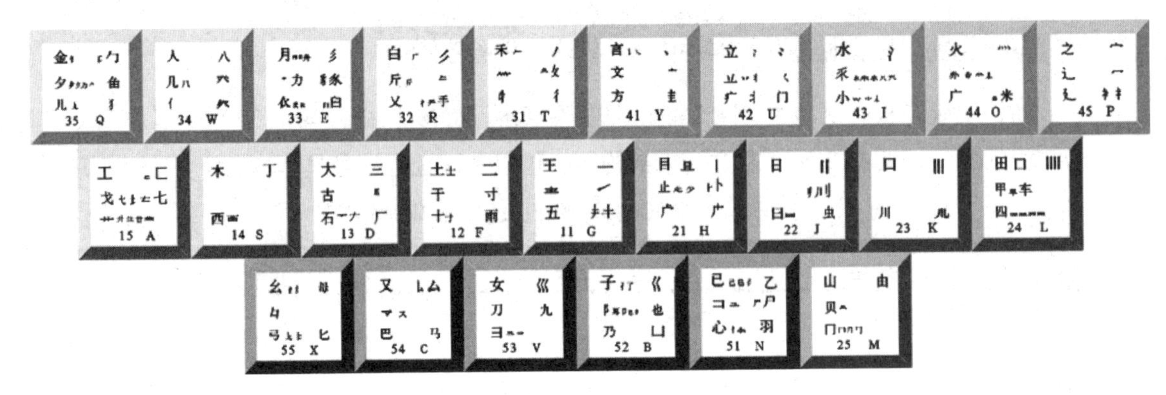

图 5-1　字根在键盘上的分布

5.3 快速记忆新世纪版五笔字型字根

五笔打字需要记忆字根，这是初学者的一个难点。为了方便快捷地记忆字根，王永民教授为每一区的字根编写了一首助记词，帮助字根的记忆。

5.3.1 新世纪版五笔字型助记词

用户在学习字根时，先将助记词背熟，以便于快速记忆字根。助记词表详见表 5-2。

表 5-2　五笔字型助记词

1 区横起笔		2 区竖起笔		3 区撇起笔		4 区点起笔		5 区折起笔	
11 G	王旁青头五一提	21 H	目止具头卜虎皮	31 T	禾竹牛旁卧人立	41 Y	言文方点在四一	51 N	已类左框心尸羽
12 F	土士二干十寸雨	22 J	日曰两竖与虫依	32 R	白斤气头叉手提	42 U	立带两点病门里	52 B	子耳了也乃齿底
13 D	大三肆头古石厂	23 K	口中两川三个竖	33 E	月舟衣力豕豸臼	43 I	水边一族三点小	53 V	女刀九巡录无水
14 S	木丁西边要无女	24 L	田框四车甲单底	34 W	人八登祭风头几	44 O	火变三态广二米	54 C	又巴甬矣马失蹄
15 A	工戈草头右框七	25 M	山由贝骨下框里	35 Q	金夕犭 儿包头鱼	45 P	之字宝盖补示衣	55 X	幺母绞丝弓三匕

5.3.2 新世纪版五笔字型助记词详解

为帮助用户快速了解并且掌握所有字根，下面将对字根进行详细讲解，如表 5-3~表 5-7 所示。

表 5-3 第一分区助记词详解

键位	助记词	助记词详解
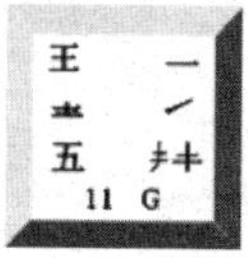 王 一 五 11 G	王旁青头五一提	“王旁”指王字旁；“青头”指“青”字去掉下半部分的“月”；“⺩”、“⺧”是“五”的相似字根；“一”即表示“一”横，又表示 18 个识别码中的识别码㊀，这点会在以后专门讲解。“提”指提笔㇀。
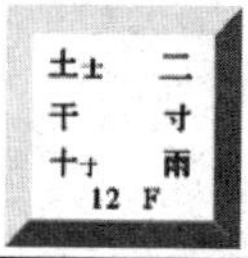 土士 二 干 寸 十 雨 12 F	土士二干十寸雨	“寸”是“十”或“寸”的相似字根；“二”表示“二”横，也表示识别码㊁。
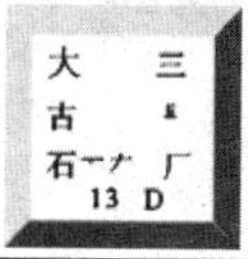 大 三 古 石 厂 13 D	大三肆头古石厂	“三”表示“三”横和识别码㊂；“肆头”指“肆”字的左边上半部“镸”“肆”与“石”的音相近，所以放在这里；“ナ”、“𠂇”是“厂”的相似字根。
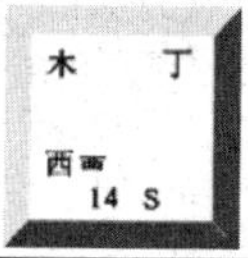 木 丁 西 14 S	木丁西边要五女	“边”是个助记词，指“西”在键位边上；“要无女”指“西”字根没有“要”字下面的“女”。
 工 匚 戈 七 15 A	工戈草头右框七	“草头”有“艹”、“廾”、“廿”、“卄”4 种；“右框”指开口向右的框“𠃊”、“匚”；“七”有“弋”、“七”、“𠂇”、“七”4 种。

表 5-4 第二分区助记词详解

键位	助记词	助记词详解
 目 且 丨 止 卜 广 21 H	目止具头卜虎皮	“⺊”、“少”是“止”的相似字根；“具头”指“具”字的上半部分“且”；“⺊”是“卜”的相似字根；“虎皮”指“虎”字的外围“虍”和“皮”字的外围“广”；①表示“丨”竖、竖钩“亅”和识别码①。
 日 刂 川 日 虫 22 J	日曰两竖与虫依	“两竖”包括“刂”、“刂”、“川”、“刂”和识别码Ⅱ；“与”和“依”是助记词，为了读起来方便。
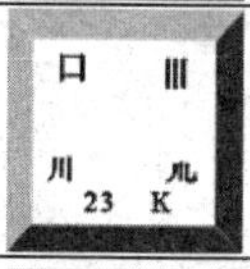 口 川 川 23 K	口中两川三个竖	“中”不是字根，只是为了读起来方便；“两川”指“川”“⺌”，“三个竖”指“Ⅲ”和识别码Ⅲ。
 田 口 Ⅲ 甲 车 四 24 L	田框四车甲单底	“框”是指字的外框“囗”，如“国”字的外框，要与“口”字区别开来；“四”包括“四”、“罒”、“皿”、“罒”、“罒”。“甲单底”表示“甲”和“单”字的底部“甲”。另外，“Ⅲ”也在此键上。
 山 由 贝 冂 25 M	山由贝骨下框里	“骨”指的是“骨”的上半部分“冎”，它形似下框“冂”所以放在这里；“下框”指的是开口向下的框，包括“冂”、“冂”、“冂”、“冂”；“里”是助记词。

表 5-5　第三分区助记词详解

键位	助记词	助记词详解
31 T	禾竹牛旁卧人立	“竹”指的是“竹”字头“⺮”；“牛旁”指的是“牲”字的左半部分“牜”；“卧人立”指的是双人旁“彳”；㉑指的是一撇“丿”、“𠂉”和识别码㉑，没在口诀中。
32 R	白斤气头叉手提	“斤”包括“斤”、“𠂤”、“厂”；“气头”表示“氛”的上半部分“𠂉”；“叉”表示“乂”；“手提”包括“手”、“龵”、“扌”，“龵”是“手”的相似字根，表示“看”字的上半部分和“拜”字的左半部分；㉒表示“彡”和识别码㉒，没在口诀中。
33 E	月舟衣力豕豸臼	“月”包括“月”、“⺝”、“⺼”；“舟”指“舟”字的下半部分，“丹”；“衣”包括“𧘇”、“𠂭”、“⻀”；“豕”包括“豕”、“㣇”，“豸”指“豺”字的左半部分“豸”；“臼”包括“𦥑”和“臼”；㉓表示“彡”、“爱”字的上半部分“爫”和识别码㉓，“爫”之所以放在这里，可以理解为“3个点（灬）的撇（丿）”。
34 W	人八登祭风头几	“登祭”分别表示“登”字的上半部分“癶”和“祭”字的上半部分“𠂎”；“风头几”表示“风”的外部“几”、“机”的右半部分“几”和“朵”的上半部分。千万不要与M键上“下框冂”所代表的如“网”字的外围部分“冂”混淆。
35 Q	金夕犭儿包头鱼	“金”包括“金”、“钅”，“𠂒”看成“钅”的相似字根；“夕”包括“夕”、“⺈”、“𠂊”、“𠂆”、“⺧”，其中“⺧”没有在字根中，要特别注意，如“然”字上半部分的左边；“犭”指的是不带撇的犬旁“犭”；“儿”包括“儿”、“⺃”；“包头”指的是“勹”。“鱼”指的是没有尾巴的“鱼”。

表 5-6　第四分区助记词详解

键位	助记词	助记词详解
41 Y	言文方点在四一	“言”除包括“言”、“讠”之外，还把“⻖”看成“言”的相似字根；“亠”可看成“文”的相似字根；“点”包括“丶”、“㇏”和识别码㉛；“在四一”是助记词，表示“言文方点”这些字根在区位号为41的【Y】键上。
42 U	立带两点病门里	“带”是助记词，“立带两点”意为“立”还有许多“两点”的相似字根“冫”、“丬”、“丷”、“丬”、“㇀”和识别码㉜；“丬”是“北”字的左半部分；“病门”指“病”字旁“疒”和“门”；“里”是助记词。
43 I	水边一族三点小	“水边一族”指的是“水”和“氺”、“⺢”、“氺”、“⺢”、“六”、“⺣”；“三点”指的是“三点水”，如“河、江、湛”等字的左半部分，还包括识别码㉝；“小”指的是“小”、“⺌”、“⺍”、“⺗”。
44 O	火变三态广二米	“火变三态”指的是“火”和“火”的变形“⺣”，并且“⺣”还有“⺌”、“⺣”、“⺗”3种形状；“二米”指的是“米”、“米”；“灬”没有在口诀中，可以看成是“火”的变形字根，要强记。
45 P	之字宝盖补示衣	“之字”是指“之”，并将两种走字旁“辶”、“廴”看成“之”的相似字根；“宝盖”指两种宝盖头“宀”、“冖”；“补示衣”指的是两种“衣”字旁“礻”、“衤”的左半部分礻。

表 5-7　第五分区助记词详解

键位	助记词	助记词详解
51 N	已类左框心尸羽	“已类”指“已”和“己”、“巳”、“㔾”；“左框”指向左开口的框“コ”、“⺕”；“心”指“心”、“忄”、“⺗”；“尸”指“尸”、“尸”；㊁指所有的一折笔画和识别码㊁，没有在口诀中。
52 B	子耳了也乃齿底	“子”包括“孑”和“了”；“耳”包括“阝”、“耳”、“卩”、“㔾”、“㔾”；“齿底”指“齿”字的底部“凵”；㊂指类似“粼”字的右半部分的两折和识别码㊂。
53 V	女刀九巡录无水	“巡”指“巡”字的半包围部分“巛”和识别码㊃；“录无水”指类似“录”字的上半部分“⺕”、“雪”字的下半部分“彐”、“⺺”、“建”等字的“⺕”部分。
54 C	又巴甬矣马失蹄	“甬”指甬字的上半部分“龴”和它的变形“ス”；“矣”指矣字的上半部分“厶”和它的变形“乚”；“马失蹄”指没有蹄子的马“马”。
55 X	幺母绞丝弓三匕	“幺”指“幼”字的左半部分，即“幼无力”；“母”指“母”、“𠃊”；“绞丝”指“纟”、“纟”；“三匕”指“匕”、“匕”、“匕”。

5.4　新世纪版五笔字型录入汉字

随着字根的变化，新世纪版五笔字型输入法中的键名汉字、成字码元、二级简码等内容都有所变化，要采用不同的方法进行录入。

5.4.1　码元汉字的录入

与前两个版本一样，把码元汉字的输入分为 3 种情况，即单笔画的输入、键名码元的输入、成字码元的输入。这 3 种汉字的输入方法与两个版本的输入方法完全相同。

目	21	21	21	21
	目	目	目	目
	H	H	H	H
甫	11	33	21	41
	甫	甫	甫	甫
	G	E	H	Y

5.4.2 合体字的录入

第一字根
第二字根
识别码
补码
分
上下型
最后一笔为丿
W
V
R
第一字根
第二字根
第三字根
识别码
识
左右型
最后一笔为丶
Y
K
W
Y
第一字根
第二字根
第三字根
第四字根
瓣
U
D
R
F
第一字根
第二字根
第三字根
第四字根
读
Y
F
N
D
第一字根
第二字根
第三字根
第四字根
照
J
V
K
O

5.4.3 简码的录入

1．一级简码

一级简码也叫“高频字”，是用一个字母键和一个空格键作为一个汉字的编码。在新世纪五笔字型中挑出了在汉字中在使用频率最高的 28 个汉字，根据每个字母键上的字根形态特征，把它们分布在键盘上的 28 个字根字母键上。表 5−8 所示为“一级简码键盘分布表”，在键盘上将各键敲击一下，再敲击一下空格键，即可打出 28 个最常用的汉字。如：输入“我”字，先击一下所在键【Q】，再击一下空格键，即可输入。

表 5-8　一级简码键盘分布表

区号＼位号	1	2	3	4	5
1	11 G 一	12 F 地	13 D 在	14 S 要	15 A 工
2	21 H 上	22 J 是	23 K 中	24 L 国	25 M 同
3	31 T 和	32 R 的	33 E 有	34 W 人	35 Q 我
4	41 Y 主	42 U 产	43 I 不	44 O 为	45 P 这
5	51 N 民	52 B 了	53 V 发	54 C 以	55 X 经

2．二级简码

新世纪五笔字型二级简码的输入方法是取这个字的第一、第二字根，然后再按下空格键即可，表 5-9 为二级简码表。

例如：

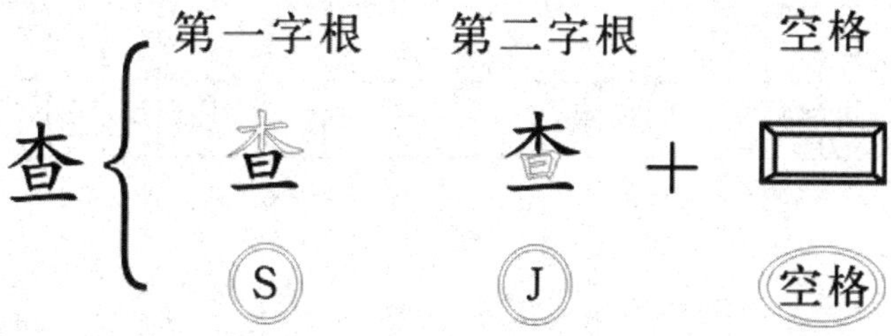

第一字根　第二字根　空格

画 { 画　画 ＋ □
G　L　空格

第一字根　第二字根　空格

查 { 查　查 ＋ □
S　J　空格

表 5-9　二级简码表

		11	12	13	14	15	21	22	23	24	25	31	32	33	34	35	41	42	43	44	45	51	52	53	54	55
		G	F	D	S	A	H	J	K	L	M	T	R	E	W	Q	Y	U	I	O	P	N	B	V	C	X
11	G	五	于	天	末	开	下	理	事	画	现	麦	珠	表	珍	万	玉	平	求	来	琛	与	击	妻	到	互
12	F	二	土	城	霜	域	起	进	喜	载	南	才	垢	协	夫	无	裁	增	示	赤	过	志		雪	去	盏
13	D	三	夺	大	厅	左	还	百	右	奋	面	故	原	胡	春	克	太	磁	耗	矿	达	成	顾	碌	友	龙
14	S	本	村	顶	林	模	相	查	可	楞	贾	格	析	棚	机	构	术	样	档	杰	枕	杨	李	根	权	楷
15	A	七	著	其	苛		牙	划	或	苗	黄	攻	区	功	共	获	芳	蒋	东	蔗	劳	世	节	切	芭	药
21	H		歧	非	盯	虑	止	旧	占	卤	贞	睡	睥	肯	具	餐	眩	瞳	步	眯	瞎	卢		眼	皮	此
22	J	量	时	晨	果	暴	申	日	蝇	曙	遇	昨	蝗	明	蛤	晚	景	暗	晃	显	晕	电	最	归	紧	昆
23	K	号	叶	顺	呆	呀	中	虽	吕	喂	员	吃	听	另	只	兄	咬		吵	嘛	喧	叫	啊	啸	吧	哟
24	L	车	团	因	困	羁	四	辊	回	田	轴	图	斩	男	界	罗	较	圈		辘	连	思	辄	轨	轻	累
25	M	峡	周	央		曲	由	则	迥	崭	山	败	刚	骨	内	见	丹	赠	峭	赃	迪	岂	邮		峻	幽
31	T	生	等	知	条	长	处	得	各	备	向	笔	稀	务	答	物	入	科	秒	秋	管	乐	秀	很	么	第
32	R	后	质	振	打	找	年	提	损	摆	制	手	折	摇	失	换	护	拉	朱	扩	近	气	报	热	把	指
33	E	且	脚	须	采	毁	用	胆	加	舅	觅	胜	貌	月	办	胸	脑	脱	膛	脏	边	力	服	妥	肥	脂
34	W	全	会	做	体	代	个	介	保	佃	仙	八	风	佣	从	你	信	位	偿	伙	伫	假	他	分	公	化
35	Q	印	钱	然	钉	错	外	旬	名	甸	负	儿	铁	解	欠	多	久	匀	销	炙	锭	饭	迎	争	色	锴
41	Y	请	计	诚	订	谋	让	刘	就	谓	市	放	义	衣	六	询	方	说		变	这	记		良	充	率
42	U	着	斗	头	亲	并	站	间	问	单	端	道		前	准	次	门	立	冰	普		决	闻	兼	痛	北
43	I	光	法	尖	河	江	小	温	溃	渐	油	少	派	肖	没	沟	流	洋	水	淡	学	泥	池	当	汉	涨
44	O	业	庄	类	灯	度	店	烛	燥	烟	庙	庭	煌	粗	府	底	广	料	应	火	迷	断	籽	数	序	庇
45	P	定	守	害	宁	宽	官	审	宫	军	宙	客	宾	农	空	冤	社	实	宵	灾	之	密	字	安		它
51	N	那	导	居	怵	展	收	慢	避	惭	届	必	怕		惟	懈	心	习	尿	屡	忱	已	敢	恨	怪	惯
52	B	卫	际	随	阿	陈	耻	阳	职	阵	出	降	孤	阴	队	隐	及	联	孙	耿	院	也	子	限	取	陛
53	V	建	寻	姑	杂	媒		旭	如	姻	姗	九	婢	退		婚	娘	嫌	录	灵	嫁	刀	好	妇	即	姆
54	C	马	对	参		戏			台			矣		能	难	允	叉					巴	邓	艰	又	
55	X	纯	线	顷	缥	红	引	费	强	细	纲	张	缴	组	给	约	统	弱	纱	继	缩	纪	级	绿		比

3．三级简码的录入

三级简码是用单字全码中的前 3 个字根作为该字的代码。选取时，只要该字的前 3 个字根能唯一地代表该字，即可把它选为三级简码。此类汉字输入时不能明显地提高输入速度，因为在输入三码后还需要输入空格键，也要按4键。取码规则如下所示。由于省略了最后的字根码或末笔字型交叉识别码，对提高速度来说还是有一定的帮助。

取码顺序：第1码 → 第2码 → 第3码 → 第4码
取码要素：第1字根 → 第2字根 → 第3字根 → 空格

例如：

5.4.4 词组的录入

在新世纪版五笔字型中，与前两个版本一样也提供了词组输入功能，且两个版本词组的输入编码规则相同，分为二字词组输，三字词组输入，四字词组输入和多字词组输入。

单枪匹马

第一字根	第二字根	第三字根	第四字根
单	枪	匹	马
U	S	A	C

中华人民共和国主席

第一字根	第二字根	第三字根	第四字根
中	华	人	席
K	W	W	Y

第6章 五笔字型编码字典

6.1 汉语拼音检索目录

gan	干	（109）	jian	团	（128）	li	篥	（145）
gang	冈	（109）	jiang	僵	（130）	lia	俩	（147）
gao	篙	（110）	jiao	蕉	（131）	lian	蠊	（147）
ge	猲	（111）	jie	揭	（132）	liang	粮	（148）
gei	给	（112）	jin	噤	（133）	liao	撩	（148）
gen	根	（112）	jing	荆	（135）	lie	列	（149）
geng	耕	（112）	jiong	炯	（136）	lin	麟	（149）
gong	工	（112）	jiu	鹫	（136）	ling	玲	（149）
gou	钩	（114）	ju	惧	（137）	liu	溜	（150）
gu	钴	（114）	juan	捐	（138）	long	龙	（150）
gua	刮	（115）	jue	橛	（138）	lou	楼	（150）
guai	乖	（115）	jun	均	（138）	lu	芦	（151）
guan	棺	（115）				lü	驴	（151）
guang	光	（116）		**K**		luan	峦	（151）
gui	皈	（117）	ka	喀	（139）	lüe	掠	（152）
gun	辊	（117）	kai	开	（139）	lun	抡	（152）
guo	锅	（117）	kan	刊	（139）	luo	萝	（152）
	H		kang	慷	（140）			
			kao	考	（140）		**M**	
ha	哈	（118）	ke	氪	（140）	m	呒	（152）
hai	骸	（118）	ken	肯	（141）	ma	妈	（152）
han	晗	（119）	keng	坑	（141）	mai	埋	（153）
hang	夯	（119）	kong	空	（141）	man	瞒	（153）
hao	壕	（119）	kou	抠	（141）	mang	芒	（153）
he	纥	（120）	ku	枯	（142）	mao	蝥	（154）
hei	嘿	（121）	kua	夸	（142）	me	么	（154）
hen	痕	（121）	kuai	块	（142）	mei	袂	（154）
heng	哼	（121）	kuan	宽	（142）	men	门	（155）
hong	轰	（121）	kuang	匡	（142）	meng	萌	（155）
hou	喉	（121）	kui	聩	（143）	mi	眯	（155）
hu	呼	（122）	kun	坤	（143）	mian	棉	（156）
hua	花	（122）	kuo	括	（143）	miao	苗	（156）
huai	槐	（122）		**L**		mie	蔑	（156）
huan	欢	（123）				min	民	（156）
huang	荒	（123）	la	垃	（143）	ming	明	（157）
hui	灰	（123）	lai	莱	（143）	miu	谬	（157）
hun	荤	（124）	lan	蓝	（144）	mo	殁	（157）
huo	豁	（124）	lang	琅	（144）	mou	谋	（158）
	J		lao	捞	（144）	mu	拇	（158）
			le	勒	（145）			
ji	计	（125）	lei	雷	（145）		**N**	
jia	嘉	（127）	leng	棱	（145）	n	嗯	（159）

na	拿	（159）	pin	拼	（166）	sang	桑	（178）
nai	氖	（159）	ping	乒	（166）	sao	骚	（179）
nan	南	（159）	po	坡	（167）	se	瑟	（179）
nang	囊	（160）	pou	剖	（167）	sen	森	（179）
nao	挠	（160）	pu	扑	（167）	seng	僧	（179）
ne	呢	（160）				sha	莎	（179）
nei	馁	（160）	**Q**			shai	筛	（179）
nen	嫩	（160）	qi	期	（167）	shan	嬗	（179）
neng	能	（160）	qia	掐	（169）	shang	墒	（180）
ni	妮	（160）	qian	牵	（169）	shao	梢	（181）
nian	蔫	（161）	qiang	枪	（170）	she	奢	（181）
niang	娘	（161）	qiao	橇	（171）	shen	蜃	（182）
niao	鸟	（161）	qie	切	（171）	sheng	声	（183）
nie	捏	（161）	qin	钦	（171）	shi	式	（184）
nin	您	（161）	qing	青	（172）	shou	收	（186）
ning	柠	（161）	qiong	琼	（173）	shu	蔬	（187）
niu	牛	（162）	qiu	秋	（173）	shua	刷	（188）
nong	脓	（162）	qu	区	（173）	shuai	率	（188）
nou	耨	（162）	quan	圈	（174）	shuan	栓	（188）
nu	奴	（162）	que	缺	（175）	shuang	霜	（188）
nǚ	女	（162）	qun	裙	（175）	shui	谁	（188）
nuan	暖	（162）				shun	吮	（189）
nüe	虐	（162）	**R**			shuo	说	（189）
nuo	挪	（162）	ran	然	（175）	si	斯	（189）
			rang	瓤	（175）	song	松	（190）
O			rao	饶	（175）	sou	搜	（190）
o	哦	（163）	re	惹	（175）	su	苏	（190）
ou	欧	（163）	ren	壬	（176）	suan	酸	（191）
			reng	扔	（176）	sui	虽	（191）
P			ri	日	（176）	sun	孙	（191）
pa	啪	（163）	rong	戎	（177）	suo	蓑	（191）
pai	拍	（163）	rou	揉	（177）			
pan	攀	（163）	ru	茹	（177）	**T**		
pang	乓	（164）	ruan	软	（178）	ta	塌	（192）
pao	抛	（164）	rui	蕊	（178）	tai	胎	（192）
pei	呸	（164）	run	闰	（178）	tan	坍	（192）
pen	喷	（164）	ruo	若	（178）	tang	汤	（193）
peng	砰	（164）				tao	掏	（193）
pi	丕	（165）	**S**			te	特	（193）
pian	篇	（165）	sa	撒	（178）	teng	藤	（194）
piao	飘	（165）	sai	腮	（178）	ti	梯	（194）
pie	氕	（166）	san	三	（178）

tian 天 (194)
tiao 窕 (195)
tie 贴 (195)
ting 厅 (196)
tong 通 (196)
tou 偷 (197)
tu 凸 (197)
tuan 湍 (198)
tui 推 (198)
tun 吞 (199)
tuo 拖 (199)

W

wa 挖 (199)
wai 歪 (199)
wan 琬 (200)
wang 汪 (201)
wei 畏 (201)
wen 温 (203)
weng 嗡 (204)
wo 挝 (204)
wu 乌 (204)

X

xi 西 (206)
xia 瞎 (208)
xian 掀 (208)
xiang 饷 (209)
xiao 萧 (210)
xie 楔 (211)
xin 薪 (212)
xing 兴 (213)
xiong 凶 (214)
xiu 羞 (214)
xu 盱 (215)
xuan 喧 (215)
xue 靴 (216)
xun 洵 (216)

Y

ya 压 (217)
yan 焉 (217)
yang 央 (219)
yao 邀 (219)
ye 耶 (220)
yi 一 (220)
yin 因 (223)
ying 英 (224)
yo 哟 (225)
yong 拥 (225)
you 幽 (226)
yu 迂 (227)
yuan 冤 (229)
yue 曰 (230)
yun 云 (230)

Z

za 匝 (231)
zai 栽 (231)
zan 咱 (231)
zang 赃 (231)
zao 遭 (232)
ze 责 (232)
zei 贼 (232)
zen 怎 (232)
zeng 增 (232)
zha 扎 (232)
zhai 摘 (233)
zhan 占 (233)
zhang 张 (233)
zhao 招 (234)
zhe 遮 (234)
zhen 贞 (235)
zheng 蒸 (235)
zhi 之 (237)
zhong 中 (239)
zhou 周 (240)
zhu 祝 (241)
zhua 抓 (242)
zhuai 拽 (242)
zhuan 专 (242)
zhuang 庄 (243)
zhui 隹 (243)
zhun 谆 (243)
zhuo 拙 (243)
zi 姿 (244)
zong 宗 (245)
zou 邹 (246)
zu 租 (246)
zuan 钻 (246)
zui 嘴 (246)
zun 尊 (247)
zuo 作 (247)

6.2 编码字典正文

A

a

啊 口阝丁口 KBSK
阿 阝丁口 BSKG
阿姨 BSVG
阿弥陀佛 BXBW
呵 口丁口 KSKG
吖 口丷丨 KUHH
锕 钅阝丁口 QBSK
腌 月大日乙 EDJN
嗄 口丆目夂 KDHT

ai

埃 土厶𠂉大 FCTD
挨 扌厶𠂉大 RCTD
哎 口廾乂 KAQ
哎呀 KAKA
哀 亠𧘇 YEU
哀悼 YENH
哀乐 YEQI
哀求 YEFI
哀伤 YEWT
哀思 YELN
哀叹 YEKC
唉 口厶𠂉大 KCTD
皑 白山己 RMNN
癌 疒口口山 UKKM
癌症 UKUG
蔼 廾讠日乙 AYJN
矮 𠂉大禾女 TDTV
艾 廾乂 AQU
碍 石日一寸 DJGF
爱 爫冖ナ又 EPDC
爱戴 EPFA
爱国 EPLG
爱好 EPVB
爱护 EPRY
爱情 EPNG
爱人 EPWW
爱抚 EPRF
爱民 EPNA
爱慕 EPAJ
爱惜 EPNA
爱国主义 ELYY
爱莫能助 EACE
爱憎分明 ENWJ
隘 阝丷八皿 BUWL
捱 扌厂土土 RDFF
霭 雨讠日乙 FYJN
嗳 口爫冖又 KEPC
嫒 女爫冖又 VEPC
瑷 王爫冖又 GEPC
暧 日爫冖又 JEPC
暧昧 JEJF
砹 石廾乂 DAQY
锿 钅亠𧘇 QYEY

an

鞍 廿串宀女 AFPV
氨 𠂉乙宀女 RNPV
安 宀女 PVF
安定 PVPG
安徽 PVTM
安家 PVPE
安静 PVGE
安排 PVRD
安全 PVWG
安放 PVYT
安危 PVQD
安息 PVTH
安详 PVYU
安葬 PVAG
安慰 PVNF
安心 PVNY
安置 PVLF
安装 PVUF
安徽省 PTIT
安家落户 PPAY
安居乐业 PNQO
安全保密 PWWP
安全检查 PWSS
安全系数 PWTO
安然无恙 PQFU
俺 亻大日乙 WDJN
按 扌宀女 RPVG
按摩 RPYS
按语 RPYG
按期 RPAD
按时 RPJF
按照 RPJV
按规定 RFPG
按劳取酬 RABS
按时完成 RJPD
按需分配 RFWS
暗 日立日 JUJG
暗藏 JUAD
暗淡 JUIO
暗伤 JUWT
暗示 JUFI
暗无天日 JFGJ
岸 山厂干 MDFJ
胺 月宀女 EPVG
案 宀女木 PVSU
案件 PVWR
案情 PVNG
案语 PVYG
谙 讠立日 YUJG
埯 土大日乙 FDJN

字词	拆分	编码
揞	扌立日	RUJG
犴	犭丿干	QTFH
庵	广大日乙	YDJN
桉	木宀女	SPVG
铵	钅宀女	QPVG
鹌	大日乙一	DJNG
鹌鹑		DJYB
黯	四土灬日	LFOJ
黯然		LFQD

ang

字词	拆分	编码
肮	月亠几	EYMN
肮脏		EYEY
昂	日匚卩	JQBJ
昂贵		JQKH
昂首阔步		JUUH
盎	冂大皿	MDLF
盎然		MDQD

ao

字词	拆分	编码
凹	冂冂一	MMGD
敖	龶勹攵	GQTY
熬	龶勹攵灬	GQTO
翱	白大十羽	RDFN
翱翔		RDUD
袄	衤‹丿大	PUTD
傲	亻龶勹攵	WGQT
傲慢		WGNJ
奥	丿冂米大	TMOD
奥秘		TMTN
奥妙		TMVI
奥运会		TFWF
奥林匹克		TSAD
懊	忄丿冂大	NTMD
澳	氵丿冂大	ITMD
澳门		ITUY
澳洲		ITIY
澳大利亚		IDTG
坳	土幺力	FXLN
拗	扌幺力	RXLN
嗷	口龶勹攵	KGQT
岙	丿大山	TDMJ
廒	广龶ク攵	YGQT
遨	龶勹攵辶	GQTP
遨游		GQIY
媪	女日皿	VJLG
骜	龶勹攵马	GQTC
獒	龶勹攵犬	GQTD
聱	龶勹攵耳	GQTB
螯	龶勹攵虫	GQTJ
鏊	龶勹攵金	GQTQ
鳌	龶勹攵一	GQTG
鏖	广コ刂金	YNJQ

B

ba

字词	拆分	编码
芭	艹巴	ACB
芭蕾舞		AARL
捌	扌口力刂	RKLJ
扒	扌八	RWY
叭	口八	KWY
吧	口巴	KCN
笆	竹巴	TCB
八	八丿丶	WTY
八成		WTDN
八股		WTEM
八月		WTEE
八宝山		WPMM
八进制		WFRM
八路军		WKPL
八面玲珑		WDGG
疤	疒巴	UCV
巴	巴乙丨乙	CNHN
巴黎		CNTQ
巴西		CNSG
拔	扌ナ又	RDCY
跋	口止ナ又	KHDC
靶	廿串巴	AFCN
把	扌巴	RCN
把握		RCRN
把戏		RCCA
耙	三小巴	DICN
粑	米巴	OCN
坝	土贝	FMY
霸	雨廿串月	FAFE
霸权		FASC
霸占		FAHK
罢	罒土厶	LFCU
罢工		LFAA
罢课		LFYJ
罢免		LFQK
罢了		LFBN
爸	八乂巴	WQCB
爸爸		WQWQ
菝	艹扌ナ又	ARDC
茇	艹ナ又	ADCU
岜	山巴	MCB
灞	氵雨廿月	IFAE
钯	钅巴	QCN
鲅	鱼一ナ又	QGDC
魃	白儿厶又	RQCC

bai

字词	拆分	编码
白	【键名码】	RRRR
白菜		RRAE
白酒		RRIS
白糖		RROY
白天		RRGD
白发		RRNT
白桦		RRSW
白面		RRDM
白杨		RRSN
白银		RRQV
白求恩		RFLD
白手起家		RRFP
柏	木白	SRG
柏树		SRSC
柏林		SRSS
柏油		SRIM
百	丆日	DJF
百般		DJTE
百倍		DJWU

百分		DJWV
百货		DJWX
百家		DJPE
百科		DJTU
百米		DJOY
百年		DJRH
百日		DJJJ
百姓		DJVT
百分比		DWXX
百分数		DWOV
百分之		DWPP
百家姓		DPVT
百老汇		DFIA
百叶窗		DKPW
百花齐放		DAYY
百货公司		DWWN
百货商店		DWUY
百家争鸣		DPQK
百炼成钢		DODQ
百年大计		DRDY
百发百中		DNDK
百科全书		DTWN
百战百胜		DHDE
百折不挠		DRGR
百闻不如一见		DUGM
百尺竿头更进一步		DNTH
摆	扌罒土厶	RLFC
摆脱		RLEU
摆布		RLDM
摆设		RLYM
摆事实		RGPU
佰	亻丆日	WDJG
败	贝攵	MTY
败坏		MTFG
败类		MTOD
败血病		MTUG
拜	手三十	RDFH
拜访		RDYY
拜会		RDWF
拜见		RDMQ
拜年		RDRH
拜谢		RDYT
稗	禾白丿十	TRTF
捭	扌白丿十	RRTF
掰	手八刀手	RWVR

ban

斑	王文王	GYGG
斑点		GYHK
斑痕		GYUV
斑马		GYCN
班	王丶丿王	GYTG
班车		GYLG
班机		GYSM
班长		GYTA
班次		GYUQ
班组		GYXE
班干部		GFUK
班门弄斧		GUGW
搬	扌丿舟又	RTEC
搬运		RTFC
搬起石头砸自己的脚		RFDE
扳	扌厂又	RRCY
般	丿舟几又	TEMC
颁	八刀丆贝	WVDM
颁发		WVNT
颁奖		WVUQ
板	木厂又	SRCY
板报		SRRB
板车		SRLG
板凳		SRWG
版	丿丨一又	THGC
版本		THSG
版面		THDM
版权		THSC
版式		THAA
版税		THTU
版图		THLT
版权法		TSIF
扮	扌八刀	RWVN
扮演		RWIP
拌	扌丷十	RUFH
伴	亻丷十	WUFH
伴侣		WUWK
伴随		WUBD
伴奏		WUDW
瓣	辛厂厶辛	URCU
半	丷十	UFK
半边		UFLP
半岛		UFQY
半点		UFHK
半价		UFWW
半截		UFFA
半径		UFTC
半路		UFKH
半年		UFRH
半球		UFGF
半日		UFJJ
半响		UFKT
半夜		UFYW
半天		UFGD
半边天		ULGD
半成品		UDKK
半导体		UNWS
半封建		UFVF
半月谈		UEYO
半工半续		UAUX
半路出家		UKBP
半途而废		UWDY
办	力八	LWI
办法		LWIF
办公		LWWC
办事		LWGK
办学		LWIP
办公楼		LWSO
办公室		LWPG
办公厅		LWDS
办事处		LGTH
办事员		LGKM

绊	纟丷十	XUFH
阪	阝厂又	BRCY
坂	土厂又	FRCY
钣	钅厂又	QRCY
瘢	疒丿舟又	UTEC
癍	疒王文王	UGYG
舨	丿舟厂又	TERC
bang		
邦	三丿阝	DTBH
帮	三丿阝丨	DTBH
帮忙		DTNY
帮派		DTIR
帮助		DTEG
梆	木三丿阝	SDTB
榜	木立冖方	SUPY
榜样		SUSU
膀	月立冖方	EUPY
绑	纟三丿阝	XDTB
绑架		XDLK
棒	木三人丨	SDWH
磅	石立冖方	DUPY
蚌	虫三丨	JDHH
镑	钅立冖方	QUPY
傍	亻立冖方	WUPY
傍晚		WUJQ
谤	讠立冖方	YUPY
蒡	廾立冖方	AUPY
浜	氵斤一八	IRGW
bao		
苞	廾勹巳	AQNB
胞	月勹巳	EQNN
包	勹巳	QNV
包产		QNUT
包工		QNAA
包括		QNRT
包办		QNLW
包庇		QNYX
包袱		QNPU
包裹		QNYJ
包含		QNWY
包围		QNLF
包修		QNWH
包装箱		QUTS
包产到户		QUGY
褒	亠亻口𧘇	YWKE
雹	雨勹巳	FQNB
保	亻口木	WKSY
保安		WKPV
保持		WKRF
保存		WKDH
保管		WKTP
保护		WKRY
保健		WKWV
保留		WKQY
保密		WKPN
保姆		WKVX
保养		WKUD
保佑		WKWD
保守		WKPF
保卫		WKBG
保温		WKIJ
保险		WKBW
保修		WKWH
保障		WKBU
保证		WKYG
保重		WKTG
保守党		WPIP
保险金		WBQQ
保健操		WWRK
保守派		WPIR
保温瓶		WIUA
保卫祖国		WBPL
堡	亻口木土	WKSF
饱	𠂉乙勹巳	QNQN
饱满		QNIA
饱食终日		QWXJ
宝	宀王丶	PGYU
宝宝		PGPG
宝贝		PGMH
宝钢		PGQM
宝贵		PGKH
宝剑		PGWG
宝库		PGYL
宝石		PGDG
抱	扌勹巳	RQNN
抱负		RQQM
抱歉		RQUV
抱怨		RQQB
报	扌卩又	RBCY
报表		RBGE
报偿		RBWI
报酬		RBSG
报答		RBTW
报导		RBNF
报到		RBGC
报道		RBUT
报废		RBYN
报复		RBTJ
报告		RBTF
报国		RBLG
报刊		RBFJ
报考		RBFT
报名		RBQK
报批		RBRX
报社		RBPY
报送		RBUD
报务		RBTL
报销		RBQI
报纸		RBXQ
报告会		RTWF
报告团		RTLF
报务员		RTKM
报告文学		RTYI
报仇雪恨		RWFN
暴	日龷八氺	JAWI
暴动		JAFC
暴发		JANT
暴风		JAMQ
暴光		JAIQ
暴露		JAFK

暴利		JATJ
暴乱		JATD
暴徒		JATF
暴跳如雷		JKVF
暴风骤雨		JMCF
暴露无遗		JFFK
豹	爫⺕勹丶	EEQY
豹子		EEBB
鲍	鱼一勹巳	QGQN
爆	火日龷水	OJAI
爆发		OJNT
爆破		OJDH
爆竹		OJTT
爆炸		OJOT
爆炸性		OONT
葆	艹亻口木	AWKS
孢	子勹巳	BQNN
煲	亻口木火	WKSO
鸨	匕十勹一	XFQG
褓	礻⺀亻木	PUWS
趵	口止勹丶	KHQY
龅	止人凵巳	HWBN

bei

杯	木一小	SGIY
杯子		SGBB
杯水车薪		SILA
碑	石白丿十	DRTF
悲	三刂三心	DJDN
悲哀		DJYE
悲惨		DJNC
悲愤		DJNF
悲观		DJCM
悲剧		DJND
悲伤		DJWT
悲痛		DJUC
悲壮		DJUF
悲欢离合		DCYW
卑	白丿十	RTFJ
卑鄙		RTKF
卑劣		RTIT
北	丬匕	UXN
北边		UXLP
北方		UXYY
北风		UXMQ
北国		UXLG
北海		UXIT
北极		UXSE
北京		UXYI
北美		UXUG
北欧		UXAQ
北约		UXXQ
北面		UXDM
北纬		UXXF
北部		UXUK
北极星		USJT
北半球		UUGF
北冰洋		UUIU
北朝鲜		UFQG
北斗星		UUJT
北京市		UYYM
北美洲		UUIY
北京人		UYWW
北京时间		UYJU
辈	三刂三车	DJDL
背	丬匕月	UXEF
背后		UXRG
背离		UXYB
背诵		UXYC
背心		UXNY
背景		UXJY
背叛		UXUD
背道而驰		UUDC
背井离乡		UFYX
背信弃义		UWYY
贝	贝丨乙丶	MHNY
贝壳		MHFP
贝多芬		MQAW
钡	钅贝	QMY
倍	亻立口	WUKG
倍数		WUOV
狈	犭丿贝	QTMY
备	夂田	TLF
备案		TLPV
备件		TLWR
备荒		TLAY
备料		TLOU
备战		TLHK
备注		TLIY
备考		TLFT
备课		TLYJ
备用		TLET
备忘录		TYVI
惫	夂田心	TLNU
焙	火立口	OUKG
被	礻⺀广又	PUHC
被动		PUFC
被子		PUBB
被迫		PURP
邶	丬匕阝	UXBH
埤	土白丿十	FRTF
萆	艹白丿十	ARTF
蓓	艹亻立口	AWUK
呗	口贝	KMY
悖	忄十冖子	NFPB
碚	石立口	DUKG
鹎	白丿十一	RTFG
褙	礻⺀丬月	PUUE
鐾	尸口辛金	NKUQ
鞴	廿串艹用	AFAE

ben

奔	大十廾	DFAJ
奔驰		DFCB
奔流		DFIY
奔波		DFIH
奔放		DFYT
奔赴		DFFH
奔腾		DFEU
奔跑		DFKH
苯	艹木一	ASGF
本	木一	SGD

本国		SGLG
本来		SGGO
本领		SGWY
本末		SGGS
本能		SGCE
本钱		SGQG
本报		SGRB
本港		SGIA
本家		SGPE
本年		SGRH
本文		SGYY
本息		SGTH
本子		SGBB
本色		SGQC
本身		SGTM
本事		SGGK
本位		SGWU
本乡		SGXT
本性		SGNT
本义		SGYQ
本月		SGEE
本着		SGUD
本职		SGBK
本质		SGRF
本报讯		SRYN
本单位		SUWU
本地区		SFAQ
本学科		SITU
本科生		STTG
本年度		SRYA
本世纪		SAXN
本系统		STXY
本专业		SFOG
本报记者		SRYF
本来面目		SGDH
本位主义		SWYY
本职工作		SBAW
本报特约记者		SRTF
笨	竹木一	TSGF
笨蛋		TSNH
笨重		TSTG
畚	厶大田	CDLF
坌	八刀土	WVFF
贲	十卄贝	FAMU
锛	钅大十廾	QDFA
beng		
崩	山月月	MEEF
崩溃		MEIK
绷	纟月月	XEEG
甭	一小用	GIEJ
泵	石水	DIU
蹦	口止山月	KHME
迸	丷廾辶	UAPK
迸发		UANT
嘣	口山月月	KMEE
甏	士口丷乙	FKUN
bi		
陛	阝匕匕土	BXXF
陛下		BXGH
匕	匕丿乙	XTN
匕首		XTUT
俾	亻白丿十	WRTF
荜	廾匕匕十	AXXF
荸	廾十冖子	AFPB
薜	廾尸口辛	ANKU
吡	口匕匕	KXXN
哔	口匕匕十	KXXF
狴	犭丿匕土	QTXF
庳	广白丿十	YRTF
愎	忄𠂉日夂	NTJT
滗	氵竹丿乙	ITTN
濞	氵丿目川	ITHJ
弼	弓丆日弓	XDJX
妣	女匕匕	VXXN
婢	女白丿十	VRTF
璧	尸口辛、	NKUY
畀	田一川	LGJJ
铋	钅心丿	QNTT
秕	禾匕匕	TXXN
裨	礻丶白十	PURF
嬖	尸口辛女	NKUV
筚	竹匕匕十	TXXF
箅	竹田一川	TLGJ
篦	竹丿口匕	TTLX
舭	丿舟匕匕	TEXX
襞	尸口辛𧘇	NKUE
跸	口止匕十	KHXF
髀	冎月白十	MERF
逼	一口田辶	GKLP
逼真		GKFH
逼上梁山		GHIM
鼻	丿目田川	THLJ
鼻涕		THIU
鼻炎		THOO
鼻祖		THPY
比	匕匕	XXN
比方		XXYY
比分		XXWV
比划		XXAJ
比价		XXWW
比较		XXLU
比例		XXWG
比率		XXYX
比拟		XXRN
比如		XXVK
比赛		XXPF
比喻		XXKW
比值		XXWF
比重		XXTG
比利时		XTJF
比例尺		XWNY
鄙	口十口阝	KFLB
鄙视		KFPY
笔	竹丿二乙	TTFN
笔调		TTYM
笔记		TTYN
笔名		TTQK
笔锋		TTQT
笔迹		TTYO
笔直		TTFH

笔墨 TTLF
笔试 TTYA
笔者 TTFT
笔记本 TYSG
彼 彳广又 THCY
彼岸 THMD
彼此 THHX
碧 王白石 GRDF
碧绿 GRXV
蓖 艹丿口匕 ATLX
蔽 艹丷冂攵 AUMT
毕 匕匕十 XXFJ
毕竟 XXUJ
毕业 XXOG
毕业生 XOTG
毕恭毕敬 XAXA
毙 匕匕一匕 XXGX
毖 匕匕心丿 XXNT
币 丿冂丨 TMHK
庇 广匕匕 YXXV
庇护 YXRY
痹 疒田一川 ULGJ
闭 门十丿 UFTE
闭会 UFWF
闭幕 UFAJ
闭幕词 UAYN
闭幕式 UAAA
闭路电视 UKJP
闭门思过 UULF
闭目塞听 UHPK
闭门造车 UUTL
敝 丷冂小攵 UMIT
弊 丷冂小廾 UMIA
弊病 UMUG
弊端 UMUM
必 心丿 NTE
必定 NTPG
必将 NTUQ
必然 NTQD
必须 NTED
必需 NTFD
必要 NTSV
必然性 NQNT
必修课 NWYJ
必需品 NFKK
必要性 NSNT
辟 尸口辛 NKUH
壁 尸口辛土 NKUF
臂 尸口辛月 NKUE
避 尸口辛辶 NKUP
避开 NKGA
避免 NKQK
避孕 NKEB
避雷针 NFQF
避孕药 NEAX

bian

褊 衤‹、艹 PUYA
蝙 虫、尸艹 JYNA
蝙蝠 JYJG
笾 竹力辶 TLPU
鳊 鱼一、艹 QGYA
鞭 廿串亻乂 AFWQ
鞭策 AFTG
鞭长莫及 ATAE
边 力辶 LPV
边防 LPBY
边疆 LPXF
边界 LPLW
边陲 LPBT
边际 LPBF
边区 LPAQ
边远 LPFQ
边境 LPFU
边缘 LPXX
边防军 LBPL
边境证 LFYG
边缘科学 LXTI
边缘学科 LXIT
编 纟、尸艹 XYNA
编导 XYNF
编队 XYBW
编号 XYKG
编辑 XYLK
编剧 XYND
编码 XYDC
编排 XYRD
编审 XYPJ
编委 XYTV
编写 XYPG
编程 XYTK
编外 XYQH
编译 XYYC
编印 XYQG
编造 XYTF
编者 XYFT
编制 XYRM
编著 XYAF
编组 XYXE
编纂 XYTH
编辑室 XLPG
编辑部 XLUK
编者按 XFRP
贬 贝丿之 MTPY
贬低 MTWQ
贬值 MTWF
扁 、尸冂艹 YNMA
便 亻一日乂 WGJQ
便服 WGEB
便函 WGBI
便衣 WGYE
便宜 WGPE
便于 WGGF
便利 WGTJ
便条 WGTS
变 亠小又 YOCU
变成 YODN
变革 YOAF
变更 YOGJ
变化 YOWX
变幻 YOXN

变换		YORQ
变迁		YOTF
变得		YOTJ
变动		YOFC
变法		YOIF
变量		YOJG
变速		YOGK
变通		YOCE
变种		YOTK
变色		YOQC
变相		YOSH
变形		YOGA
变质		YORF
变压器		YDKK
变电站		YJUH
变色镜		YQQU
变速器		YGKK
变本加厉		YSLD
卞	亠卜	YHU
辨	辛、丿辛	UYTU
辨别		UYKL
辨识		UYYK
辩	辛讠辛	UYUH
辩护		UYRY
辩解		UYQE
辩论		UYYW
辩证		UYYG
辩护人		URWW
辩证法		UYIF
辩证唯物主义		UYKY
辫	辛纟辛	UXUH
辫子		UXBB
遍	、尸冂辶	YNMP
遍地		YNFB
遍布		YNDM
遍及		YNEY
遍地开花		YFGA
匾	匚、尸艹	AYNA
弁	厶廾	CAJ
苄	艹亠卜	AYHU
忭	忄亠卜	NYHY
汴	氵亠卜	IYHY
缏	纟亻一乂	XWGQ
煸	火、尸艹	OYNA
砭	石丿之	DTPY
碥	石、尸艹	DYNA
窆	宀八丿之	PWTP

biao

标	木二小	SFIY
标本		SFSG
标兵		SFRG
标点		SFHK
标记		SFYN
标签		SFTW
标题		SFJG
标榜		SFSU
标价		SFWW
标明		SFJE
标语		SFYG
标致		SFGC
标准		SFUW
标准化		SUWX
标志着		SFUD
标点符号		SHTK
标新立异		SUUN
彪	广七几彡	HAME
膘	月西二小	ESFI
表	龶𧘇	GEU
表达		GEDP
表哥		GESK
表格		GEST
表决		GEUN
表妹		GEVF
表面		GEDM
表明		GEJE
表情		GENG
表示		GEFI
表白		GERR
表功		GEAL
表露		GEFK
表率		GEYX
表语		GEYG
表态		GEDY
表现		GEGM
表演		GEIP
表扬		GERN
表彰		GEUJ
表决权		GUSC
表达式		GDAA
表面化		GDWX
表兄弟		GKUX
表里如一		GJVG
婊	女龶𧘇	VGEY
骠	马西二小	CSFI
飑	几乂勹巳	MQQN
飚	几乂火火	MQOO
飙	犬犬犬乂	DDDQ
镖	钅西二小	QSFI
镳	钅广コ灬	QYNO
瘭	疒西二小	USFI
裱	衤⺀龶𧘇	PUGE
鳔	鱼一西小	QGSI
髟	镸彡	DET

bie

鳖	丷冂小一	UMIG
憋	丷冂小心	UMIN
别	口力刂	KLJH
别名		KLQK
别扭		KLRN
别墅		KLJF
别出心裁		KBNF
别开生面		KGTD
别有用心		KDEN
瘪	疒丿目匕	UTHX
蹩	丷冂小龰	UMIH

bin

彬	木木彡	SSET
斌	文一弋止	YGAH
濒	氵止小贝	IHIM
濒临		IHJT

滨	氵宀斤八	IPRW
宾	宀斤一八	PRGW
宾馆		PRQN
宾客		PRPT
宾主		PRYG
宾至如归		PGVJ
摈	扌宀斤八	RPRW
傧	亻宀斤八	WPRW
豳	豕豕山	EEMK
缤	纟宀斤八	XPRW
槟	木宀斤八	SPRW
殡	一夕宀八	GQPW
膑	月宀斤八	EPRW
镔	钅宀斤八	QPRW
髌	冎月宀八	MEPW
鬓	镸彡宀八	DEPW
	bing	
兵	斤一八	RGWU
兵力		RGLT
兵团		RGLF
兵种		RGTK
兵士		RGFG
兵工厂		RADG
兵马俑		RCWC
兵贵神速		RKPG
兵荒马乱		RACT
冰	冫水	UIY
冰冻		UIUA
冰霜		UIFS
冰箱		UITS
冰雹		UIFQ
冰棍		UISJ
冰冷		UIUW
冰山		UIMM
冰糖		UIOY
冰雪		UIFV
柄	木一冂人	SGMW
丙	一冂人	GMWI
秉	丿一彐小	TGVI
饼	⺈乙丷廾	QNUA

炳	火一冂人	OGMW
病	疒一冂人	UGMW
病变		UGYO
病毒		UGGX
病房		UGYN
病故		UGDT
病号		UGKG
病假		UGWN
病菌		UGAL
病历		UGDL
病例		UGWG
病情		UGNG
病人		UGWW
病害		UGPD
病况		UGUK
病理		UGGJ
病痛		UGUC
病休		UGWS
病症		UGUG
病逝		UGRR
病死		UGGQ
病态		UGDY
病危		UGQD
病因		UGLD
病虫害		UJPD
病入膏肓		UTYY
并	丷廾	UAJ
并非		UADJ
并举		UAIW
并列		UAGQ
并联		UABU
并且		UAEG
并于		UAGF
并行		UATF
并重		UATG
并驾齐驱		ULYC
并行不悖		UTGN
禀	亠口口小	YLKI
禀报		YLRB
邴	一冂人阝	GMWB

摒	扌尸丷廾	RNUA
	bo	
饽	⺈乙十子	QNFB
擘	尸口辛手	NKUR
檗	尸口辛木	NKUS
礴	石艹氵寸	DAIF
钹	钅ナ又	QDCY
鹁	十冖子一	FPBG
簸	竹艹三又	TADC
跛	口止广又	KHHC
踣	口止立口	KHUK
剥	彐氺刂	VIJH
剥夺		VIDF
剥削		VIIE
玻	王广又	GHCY
玻璃		GHGY
玻璃钢		GGQM
菠	艹氵广又	AIHC
菠菜		AIAE
播	扌丿米田	RTOL
播放		RTYT
播送		RTUD
播音		RTUJ
播种		RTTK
拨	扌乙攵丶	RNTY
拨款		RNFF
钵	钅木一	QSGG
波	氵广又	IHCY
波长		IHTA
波动		IHFC
波段		IHWD
波澜		IHIU
波浪		IHIY
波涛		IHID
波折		IHRR
波纹		IHXY
波士顿		IFGB
波斯湾		IAIY
波澜壮阔		IIUU
博	十一月寸	FGEF

博士	FGFG
博览	FGJT
博学	FGIP
博物馆	FTQN
博物院	FTBP
博古通今	FDCW
博闻强记	FUXY
勃 十冖子力	FPBL
搏 扌一月寸	RGEF
搏斗	RGUF
薄 廿氵一寸	AIGF
薄弱	AIXU
铂 钅白	QRG
箔 竹氵白	TIRF
伯 亻白	WRG
伯伯	WRWR
伯父	WRWQ
伯乐	WRQI
伯母	WRXG
帛 白冂丨	RMHJ
舶 丿舟白	TERG
脖 月十冖子	EFPB
脖子	EFBB
膊 月一月寸	EGEF
渤 氵十冖力	IFPL
渤海湾	IIIY
泊 氵白	IRG
驳 马㐅㐅	CQQY
驳斥	CQRY
驳倒	CQWG
驳回	CQLK
孛 十冖子	FPBF
毫 亠冖丿七	YPTA
啵 口氵广又	KIHC
bu	
捕 扌一月丶	RGEY
捕获	RGAQ
捕捞	RGRA
捕鱼	RGQG
捕捉	RGRK
捕风捉影	RMRJ
卜 卜丨丶	HHY
哺 口一月丶	KGEY
哺育	KGYC
补 礻‹卜	PUHY
补充	PUYC
补救	PUFI
补贴	PUMH
补助	PUEG
埠 土亻コ十	FWNF
不 一小	GII
不安	GIPV
不比	GIXX
不必	GINT
不便	GIWG
不曾	GIUL
不成	GIDN
不错	GIQA
不大	GIDD
不但	GIWJ
不当	GIIV
不得	GITJ
不断	GION
不对	GICF
不多	GIQQ
不妨	GIVY
不分	GIWV
不该	GIYY
不敢	GINB
不够	GIQK
不顾	GIDB
不管	GITP
不过	GIFP
不解	GIQE
不禁	GISS
不仅	GIWC
不久	GIQY
不觉	GIIP
不可	GISK
不利	GITJ
不良	GIYV
不料	GIOU
不满	GIIA
不难	GICW
不能	GICE
不怕	GINR
不平	GIGU
不然	GIQD
不容	GTPW
不如	GIVK
不是	GIJG
不时	GIJF
不慎	GINF
不停	GIWY
不同	GIMG
不息	GITH
不惜	GINA
不懈	GINQ
不行	GITF
不幸	GIFU
不许	GIYT
不易	GIJQ
不用	GIET
不知	GITD
不止	GIHH
不只	GIKN
不准	GIUW
不足	GIKH
不必要	GNSV
不得不	GTGI
不得已	GTNN
不定期	GPAD
不能不	GCGI
不由得	GMTJ
不在乎	GDTU
不见得	GMTJ
不打自招	GRTR
不卑不亢	GRGY
不耻下问	GBGU
不动声色	GFFQ

不甘落后		GAAR
不可分离		GSWY
不可否认		GSGY
不可救药		GSFA
不可开交		GSGU
不可思议		GSLY
不可一世		GSGA
不劳而获		GADA
不谋而合		GYDW
不切实际		GAPB
不求甚解		GFAQ
不屈不挠		GNGR
不入虎穴		GTHP
不胜枚举		GESI
不受欢迎		GECQ
不闻不问		GUGU
不相上下		GSHG
不学无术		GIFS
不言而喻		GYDK
不遗余力		GKWL
不翼而飞		GNDN
不约而同		GXDM

不择手段		GRRW
不折不扣		GRGR
不正之风		GGPM
不知所措		GTRR
不知所云		GTRF
不置可否		GLSG
布	ナ冂丨	DMHJ
布告		DMTF
布景		DMJY
布局		DMNN
布料		DMOU
布匹		DMAQ
布什		DMWF
布鞋		DMAF
布置		DMLF
步	止小	HIR
步兵		HIRG
步伐		HIWA
步履		HINT
步枪		HISW
步行		HITF
步骤		HICB

步子		HIBB
簿	竹氵一寸	TIGF
部	立口阝	UKBH
部标		UKSF
部队		UKBW
部分		UKWV
部份		UKWW
部件		UKWR
部门		UKUY
部首		UKUT
部署		UKLF
部下		UKGH
部委		UKTV
部位		UKWU
部长		UKTA
怖	忄ナ冂丨	NDMH
卟	口卜	KHY
逋	一月丨辶	GEHP
瓿	立口一乙	UKGN
晡	日一月丶	JGEY
钸	钅ナ冂丨	QDMH
醭	西一业㇏	SGOY

C

ca

擦	扌宀癶小	RPWI
擦拭		RPRA
嚓	口宀癶小	KPWI
礤	石廾癶小	DAWI

cai

猜	犭丿龶月	QTGE
猜想		QTSH
猜测		QTIM
裁	十戈亠𧘇	FAYE
裁定		FAPG
裁剪		FAUE
裁决		FAUN
裁军		FAPL
裁判		FAUD
裁判员		FUKM
材	木十丿	SFTT

材料		SFOU
才	十丿	FT
才干		FTFG
才华		FTWX
才能		FTCE
才智		FTTD
财	贝十丿	MFTT
财产		MFUT
财富		MFPG
财经		MFXC
财会		MFWF
财贸		MFQY
财权		MFSC
财务		MFTL
财物		MFTR
财主		MFYG
财政		MFGH

财政部		MGUK
财政厅		MGDS
睬	目爫木	HESY
踩	口止爫木	KHES
采	爫木	ESU
采访		ESYY
采购		ESMQ
采集		ESWY
采矿		ESDY
采纳		ESXM
采取		ESBC
采购员		EMKM
彩	爫木彡	ESET
彩电		ESJN
彩灯		ESOS
彩虹		ESJA
彩霞		ESFN

彩色		ESQC
彩照		ESJV
菜	艹爫木	AESU
菜场		AEFN
菜刀		AEVN
菜市场		AYFN
蔡	艹癶二小	AWFI

can

餐	卜夕又𠆢	HQCE
餐费		HQXJ
餐馆		HQQN
餐具		HQHW
参	厶大彡	CDER
参观		CDCM
参加		CDLK
参见		CDMQ
参军		CDPL
参看		CDRH
参考		CDFT
参谋		CDYA
参赛		CDPF
参预		CDCB
参与		CDGN
参阅		CDUU
参赞		CDTF
参展		CDNA
参战		CDHK
参政		CDGH
参照		CDJV
参观团		CCLF
参观者		CCFT
参加者		CLFT
参议院		CYBP
参考书		CFNN
参谋长		CYTA
参考消息		CFIT
蚕	一大虫	GDJU
残	一夕戋	GQGT
残酷		GQSG
残暴		GQJA
残废		GQYN
残疾		GQUT
残忍		GQVY
残余		GQWT
残渣		GQIS
惭	忄车斤	NLRH
惭愧		NLNR
灿	火山	OMH
灿烂		OMOU
骖	马厶大彡	CCDE
璨	王卜夕米	GHQO
惨	忄厶大彡	NCDE
惨案		NCPV
惨淡		NCIO
惨痛		NCUC
惨遭		NCGM
惨淡经营		NIXA
粲	卜夕又米	HQCO
黪	罒土灬彡	LFOE

cang

苍	艹人㔾	AWBB
苍白		AWRR
苍劲		AWCA
苍茫		AWAI
苍蝇		AWJK
舱	丿舟人㔾	TEWB
仓	人㔾	WBB
仓促		WBWK
仓皇		WBRG
仓库		WBYL
沧	氵人㔾	IWBN
沧海		IWIT
藏	艹厂乙丿	ADNT
藏族		ADYT
藏龙卧虎		ADAH
伧	亻人㔾	WWBN

cao

操	扌口口木	RKKS
操练		RKXA
操纵		RKXW
操作		RKWT
操作员		RWKM
操作规程		RWFT
操作系统		RWTX
糙	米丿土辶	OTFP
槽	木一冂日	SGMJ
曹	一冂廿日	GMAJ
草	艹早	AJJ
草案		AJPV
草地		AJFB
草帽		AJMH
草拟		AJRN
草图		AJLT
草鞋		AJAF
草药		AJAX
草率		AJYX
草木皆兵		ASXR
嘈	口一冂日	KGMJ
漕	氵一冂日	IGMJ
螬	虫一冂日	JGMJ
艚	丿舟一日	TEGJ

ce

厕	厂贝刂	DMJK
厕所		DMRN
策	竹一冂小	TGMI
策略		TGLT
侧	亻贝刂	WMJH
侧面		WMDM
侧重		WMTG
册	冂冂一	MMGD
册子		MMBB
测	氵贝刂	IMJH
测定		IMPG
测绘		IMXW
测量		IMJG
测试		IMYA
测验		IMCW
恻	忄贝刂	NMJH

cen

岑	山人丶乙	MWYN

涔 氵山人乙 IMWN

ceng

层 尸二厶 NFCI
层次 NFUQ
层出不穷 NBGP
蹭 口止丷日 KHUJ
噌 口丷罒日 KULJ

cha

插 扌丿十臼 RTFV
插曲 RTMA
插队 RTBW
插入 RTTY
插页 RTDM
插图 RTLT
叉 又丶 CYI
茬 艹ナ丨土 ADHF
茶 艹人木 AWSU
茶杯 AWSG
茶馆 AWQN
茶花 AWAW
茶座 AWYW
茶具 AWHW
茶叶 AWKF
查 木日一 SJGF
查对 SJCF
查处 SJTH
查获 SJAQ
查看 SJRH
查明 SJJE
查清 SJIG
查问 SJUK
查询 SJYQ
查阅 SJUU
查找 SJRA
查证 SJYG
查办 SJLW
查抄 SJRI
查房 SJYN
查封 SJFF
查收 SJNH
查号台 SKCK
搽 扌艹人木 RAWS
察 宀癶二小 PWFI
察言观色 PYCQ
岔 八刀山 WVMJ
差 䒑𡗗工 UDAF
差别 UDKL
差错 UDQA
差额 UDPT
差距 UDKH
差异 UDNA
差不多 UGQQ
差点儿 UHQT
差一点 UGHK
刹 乂木刂 QSJH
诧 讠宀丿七 YPTA
诧异 YPNA
猹 犭丿木一 QTSG
馇 ⺈乙木一 QNSG
汊 氵又丶 ICYY
姹 女宀丿七 VPTA
杈 木又丶 SCYY
槎 木䒑𡗗工 SUDA
檫 木宀癶小 SPWI
锸 钅丿十臼 QPWI
镲 钅宀癶小 QPWI
衩 衤⺀又丶 PUCY

chai

拆 扌斤丶 RRYY
拆建 RRVF
拆卸 RRRH
拆除 RRBW
拆毁 RRVA
拆洗 RRIT
柴 止匕木 HXSU
柴油 HXIM
柴油机 HISM
豺 爫豸十丿 EEFT
豺狼 EEQT
侪 亻文川 WYJH
钗 钅又丶 QCYY
瘥 疒丷𡗗工 UUDA
虿 丆乙虫 DNJU

chan

搀 扌⺈口⺀ RQKU
掺 扌厶大彡 RCDE
蝉 虫丷日十 JUJF
蝉联 JUBU
馋 ⺈乙⺈⺀ QNQU
谗 讠⺈口⺀ YQKU
缠 纟广日土 XYJF
缠绵 XYXR
铲 钅立丿 QUTT
产 立丿 UTE
产地 UTFB
产妇 UTVV
产假 UTWN
产量 UTJG
产品 UTKK
产区 UTAQ
产权 UTSC
产生 UTTG
产物 UTTR
产销 UTQI
产业 UTOG
产值 UTWF
产供销 UWQI
产品税 UKTU
产业革命 UOAW
阐 门丷日十 UUJF
阐明 UUJE
阐述 UUSY
颤 亠口口贝 YLKM
颤动 YLFC
颤抖 YLRU
冁 丷日十𧘇 UJFE
谄 讠⺈臼 YQVG
蒇 艹厂贝丿 ADMT
廛 广日土土 YJFF
忏 忄丿十 NTFH

忏悔		NTNT
潺	氵尸子子	INBB
澶	氵亠口一	IYLG
孱	尸子子子	NBBB
羼	尸丷手手	NUDD
婵	女丷日十	VUJF
婵娟		VUVK
骣	马尸子子	CNBB
觇	卜口冂儿	HKMQ
禅	礻丶丷十	PYUF
蟾	虫⺈厂言	JQDY
躔	口止广土	KHYF

chang

昌	日日	JJF
昌盛		JJDN
猖	犭丿日日	QTJJ
场	土乙彡	FNRT
场地		FNFB
场合		FNWG
场面		FNDM
场所		FNRN
场院		FNBP
尝	⺌冖二厶	IPFC
常	⺌冖口丨	IPKH
常规		IPFW
常年		IPRH
常任		IPWT
常常		IPIP
常数		IPOV
常有		IPDE
常识		IPYK
常委		IPTV
常务		IPTL
常用		IPET
常驻		IPCY
常委会		ITWF
常务委员会		ITTW
长	丿七㇏	TAYI
长安		TAPV
长城		TAFD
长处		TATH
长度		TAYA
长短		TATD
长江		TAIA
长方		TAYY
长工		TAAA
长年		TARH
长跑		TAKH
长篇		TATY
长久		TAQY
长期		TAAD
长沙		TAII
长寿		TADT
长途		TAWT
长远		TAFQ
长征		TATG
长春市		TDYM
长沙市		TIYM
长方体		TYWS
长时期		TJAD
长远利益		TFTU
长年累月		TRLE
偿	亻⺌冖厶	WIPC
偿还		WIGI
肠	月乙彡	ENRT
肠胃		ENLE
厂	厂一丿	DGT
厂家		DGPE
厂矿		DGDY
厂商		DGUM
厂长		DGTA
厂址		DGFH
厂主		DGYG
敞	⺌冂口攵	IMKT
畅	日丨乙彡	JHNR
畅通		JHCE
畅销		JHQI
畅销货		JQWX
畅销书		JQNN
畅通无阻		JCFB
唱	口日日	KJJG
唱歌		KJSK
唱片		KJTH
倡	亻日日	WJJG
倡导		WJNF
倡议		WJYY
伥	亻丿七㇏	WTAY
鬯	乂灬凵匕	QOBX
苌	艹丿七㇏	ATAY
菖	艹日日	AJJF
徜	彳⺌冂口	TIMK
怅	忄丿七㇏	NTAY
阊	门日日	UJJD
娼	女日日	VJJG
娼妓		VJVF
嫦娥		VIVT
嫦	女⺌冖丨	VIPH
昶	丶乙八日	YNIJ
氅	⺌冂口乙	IMKN
鲳	鱼一日日	QGJJ

chao

超	土走刀口	FHVK
超导		FHNF
超产		FHUT
超额		FHPT
超过		FHFP
超级		FHXE
超龄		FHHW
超期		FHAD
超前		FHUE
超速		FHGK
超脱		FHEU
超员		FHKM
超载		FHFA
超重		FHTG
超出		FHBM
超群		FHVT
超时		FHJF
超支		FHFC
超产奖		FUUQ

超负荷		FQAW
超高频		FYHI
超大型		FDGA
超声波		FFIH
超级大国		FXDL
超级市场		FXYF
抄	扌小丿	RITT
抄报		RIRB
抄件		RIWR
抄录		RIVI
抄送		RIUD
抄袭		RIDX
抄写		RIPG
钞	钅小丿	QITT
钞票		QISF
朝	十早月	FJEG
朝鲜		FJQG
朝气		FJRN
朝霞		FJFN
朝阳		FJBJ
朝代		FJWA
朝晖		FJJP
朝夕		FJQT
朝向		FJTM
朝鲜族		FQYT
朝气蓬勃		FRAF
朝三暮四		FDAL
嘲	口十早月	KFJE
嘲笑		KFTT
潮	氵十早月	IFJE
潮流		IFIY
潮湿		IFIJ
巢	巛日木	VJSU
吵	口小丿	KITT
吵架		KILK
吵闹		KIUY
炒	火小丿	OITT
炒菜		OIAE
怊	忄刀口	NVKG
晁	日㐅儿	JIQB

焯	火⺊早	OHJH
耖	三小小丿	DIIT
che		
车	车一	LG
车次		LGUQ
车队		LGBW
车费		LGXJ
车工		LGAA
车间		LGUJ
车辆		LGLG
车皮		LGHC
车床		LGYS
车夫		LGFW
车轮		LGLW
车厢		LGDS
车票		LGSF
车速		LGGK
车站		LGUH
车船费		LTXJ
车旅费		LYXJ
扯	扌止	RHG
撤	扌亠厶攵	RYCT
撤换		RYRQ
撤回		RYLK
撤离		RYYB
撤退		RYVE
撤消		RYII
撤销		RYQI
撤职		RYBK
掣	𠂉冂丨手	RMHR
彻	彳七刀	TAVN
彻底		TAYQ
彻头彻尾		TUTN
澈	氵亠厶攵	IYCT
坼	土斤丶	FRYY
砗	石车	DLH
chen		
郴	木木阝	SSBH
臣	匚丨コ丨	AHNH
辰	厂二𠄌	DFEI

尘	小土	IFF
尘土		IFFF
晨	日厂二𠄌	JDFE
晨光		JDIQ
晨曦		JDJU
忱	忄冖儿	NPQN
沉	氵冖几	IPMN
沉静		IPGE
沉没		IPIM
沉闷		IPUN
沉默		IPLF
沉痛		IPUC
沉着		IPUD
陈	阝七小	BAIY
陈旧		BAHJ
陈列		BAGQ
陈设		BAYM
陈述		BASY
陈列室		BGPG
陈词滥调		BYIY
趁	土龰人彡	FHWE
趁机		FHSM
衬	衤㇏寸	PUFY
衬衫		PUPU
衬托		PURT
衬衣		PUYE
谌	讠卄三乙	YADN
谶	讠人人一	YWWG
抻	扌日丨	RJHH
嗔	口十且八	KFHW
宸	宀厂二𠄌	PDFE
琛	王冖八木	GPWS
榇	木立木	SUSY
碜	石厶大彡	DCDE
龀	止人凵匕	HWBX
cheng		
蛏	虫又土	JCFG
酲	西一口王	SGKG
撑	扌⺌冖手	RIPR
撑船		RITE

撑腰		RIES
称	禾⺈小	TQIY
称号		TQKG
称呼		TQKT
称赞		TQTF
称霸		TQFA
称谓		TQYL
称职		TQBK
城	土厂乙丿	FDNT
城关		FDUD
城建		FDVF
城里		FDJF
城区		FDAQ
城市		FDYM
城乡		FDXT
城镇		FDQF
城郊		FDUQ
城楼		FDSO
城门		FDUY
城内		FDMW
城建局		FVNN
城乡差别		FXUK
橙	木癶一丷	SWGU
成	厂乙乙丿	DNNT
成败		DNMT
成倍		DNWU
成本		DNSG
成材		DNSF
成都		DNFT
成份		DNWW
成功		DNAL
成果		DNJS
成婚		DNVQ
成绩		DNXG
成就		DNYI
成立		DNUU
成名		DNQK
成年		DNRH
成品		DNKK
成才		DNFT
成对		DNCF
成亲		DNUS
成全		DNWG
成人		DNWW
成天		DNGD
成文		DNYY
成熟		DNYB
成套		DNDD
成效		DNUQ
成为		DNYL
成因		DNLD
成语		DNYG
成员		DNKM
成长		DNTA
成都市		DFYM
成绩单		DXUJ
成交额		DUPT
成年人		DRWW
成品率		DKYX
成本核算		DSST
成千上万		DTHD
成人之美		DWPU
呈	口王	KGF
呈报		KGRB
呈请		KGYG
呈现		KGGM
呈现出		KGBM
乘	禾丬匕	TUXV
乘车		TULG
乘船		TUTE
乘机		TUSM
乘客		TUPT
乘除		TUBW
乘法		TUIF
乘方		TUYY
乘积		TUTK
乘务员		TTKM
乘风破浪		TMDI
程	禾口王	TKGG
程度		TKYA
程式		TKAA
程控		TKRP
程序		TKYC
程序包		TYQN
程序控制		TYRR
程序变换		TYYR
程序结构		TYXS
程序逻辑		TYLL
程序设计		TYYY
惩	彳一止心	TGHN
惩罚		TGLY
惩办		TGLW
惩治		TGIC
惩前毖后		TUXR
澄	氵癶一丷	IWGU
澄清		IWIG
诚	讠厂乙丿	YDNT
诚恳		YDVE
诚然		YDQD
诚实		YDPU
诚心		YDNY
诚意		YDUJ
诚挚		YDRV
诚心诚意		YNYU
承	了三八	BDII
承办		BDLW
承诺		BDYA
承包		BDQN
承担		BDRJ
承建		BDVF
承认		BDYW
承前启后		BUYR
逞	口王辶	KGPD
骋	马由一乙	CMGN
秤	禾一丷丨	TGUH
丞	子八一	BIGF
埕	土口王	FKGG
枨	木丿七㇏	STAY
柽	木又土	SCFG
塍	月丷大土	EUDF

瞠	目⺌冖土	HIPF
铖	钅厂乙丿	QDNT
裎	礻⺀口王	PUKG

chi

彳	彳丿丿丨	TTTH
饬	⺈乙𠂉力	QNTL
媸	女凵丨虫	VBHJ
敕	一口小攵	GKIT
眵	目夕夕	HQQY
鸱	𠃊七丶一	QAYG
瘛	疒三丨心	UDHN
褫	礻⺀厂几	PURM
蚩	凵丨一虫	BHGJ
蛭	虫一厶土	JGCF
螭	虫文凵厶	JYBC
笞	竹厶口	TCKF
篪	竹厂⺁几	TRHM
豉	一口⺍又	GKUC
踟	口止𠂉口	KHTK
魑	白儿厶厶	RQCC
吃	口𠂉乙	KTNN
吃饭		KTQN
吃喝		KTKJ
吃惊		KTNY
吃苦		KTAD
吃亏		KTFN
吃力		KTLT
吃得开		KTGA
吃苦头		KAUD
吃老本		KFSG
吃闲饭		KUQN
吃一堑		KGLR
痴	疒𠂉大口	UTDK
痴心妄想		UNYS
持	扌土寸	RFFY
持久		RFQY
持续		RFXF
持久战		RQHK
持之以恒		RPNN
匙	日一𤴓匕	JGHX
池	氵也	IBN
池塘		IBFY
迟	尸丶辶	NYPI
迟早		NYJH
迟到		NYGC
迟钝		NYQG
迟缓		NYXE
弛	弓也	XBN
耻	耳止	BHG
耻辱		BHDF
齿	止人凵	HWBJ
齿轮		HWLW
侈	亻夕夕	WQQY
尺	尸丿㇏	NYI
尺寸		NYFG
赤	土𣥂	FOU
赤诚		FOYD
赤道		FOUT
赤子		FOBB
赤字		FOPB
赤膊上阵		FEHB
驰	马也	CBN
驰骋		CBCM
翅	十又羽	FCND
翅膀		FCEU
斥	斤丶	RYI
斥责		RYGM
炽	火口八	OKWY
炽热		OKRV
傺	亻癶二小	WWFI
墀	土尸水丨	FNIH
茌	艹亻士	AWFF
叱	口匕	KXN
哧	口土𣥂	KFOY
啻	六冖冂口	UPMK
嗤	口凵丨虫	KBHJ

chong

充	亠厶儿	YCQB
充当		YCIV
充电		YCJN
充分		YCWV
充满		YCIA
充实		YCPU
充足		YCKH
充耳不闻		YBGU
冲	冫口丨	UKHH
冲淡		UKIO
冲锋		UKQT
冲击		UKFM
冲破		UKDH
冲突		UKPW
冲动		UKFC
冲剂		UKYJ
冲刷		UKNM
冲洗		UKIT
冲锋枪		UQSW
冲锋陷阵		UQBB
虫	虫丨乙丶	JHNY
崇	山宀二小	MPFI
虫害		JHPD
虫灾		JHPO
虫子		JHBB
崇拜		MPRD
崇高		MPYM
崇敬		MPAQ
宠	宀ナ匕	PDXB
宠爱		PDEP
茺	艹亠厶儿	AYCQ
忡	忄口丨	NKHH
憧	忄立日土	NUJF
憧憬		NUNJ
铳	钅亠厶儿	QYCQ
舂	三人臼	DWVF
艟	丿舟立土	TEUF

chou

抽	扌由	RMG
抽空		RMPW
抽查		RMSJ
抽签		RMTW
抽屉		RMNA

抽象		RMQJ
抽烟		RMOL
酬	西一丶丨	SGYH
酬金		SGQQ
酬谢		SGYT
畴	田三丿寸	LDTF
踌	口止三寸	KHDF
稠	禾冂土口	TMFK
稠密		TMPN
愁	禾火心	TONU
筹	竹三丿寸	TDTF
筹办		TDLW
筹备		TDTL
筹措		TDRA
筹划		TDAJ
筹建		TDVF
筹备会		TTWF
筹备组		TTXE
筹建处		TVTH
筹委会		TTWF
仇	亻九	WVN
仇恨		WVNV
仇人		WVWW
仇敌		WVTD
仇视		WVPY
绸	纟冂土口	XMFK
瞅	目禾火	HTOY
丑	乙土	NFD
丑恶		NFGO
丑陋		NFBG
臭	丿目犬	THDU
臭虫		THJH
臭氧		THRN
臭名昭著		TQJA
俦	亻三丿寸	WDTF
惆	忄冂土口	NMFK
瘳	疒羽人彡	UNWE
雠	亻圭讠圭	WYYY

chu

樗	木雨二乙	SFFN
褚	礻丶土日	PUFJ
蜍	虫人禾	JWTY
蹰	口止厂寸	KHDF
黜	四土灬凵	LFOM
初	礻丶刀	PUVN
初步		PUHI
初级		PUXE
初恋		PUYO
初稿		PUTY
初中		PUKH
初衷		PUYK
初期		PUAD
初学者		PIFT
出	凵山	BMK
出版		BMTH
出差		BMUD
出产		BMUT
出厂		BMDG
出错		BMQA
出动		BMFC
出发		BMNT
出工		BMAA
出国		BMLG
出嫁		BMVP
出境		BMFU
出口		BMKK
出来		BMGO
出力		BMLT
出门		BMUY
出路		BMKH
出卖		BMFN
出面		BMDM
出名		BMQK
出纳		BMXM
出钱		BMQG
出勤		BMAK
出去		BMFC
出入		BMTY
出色		BMQC
出身		BMTM
出生		BMTG
出世		BMAN
出事		BMGK
出售		BMWY
出台		BMCK
出题		BMJG
出庭		BMYT
出外		BMQH
出席		BMYA
出现		BMGM
出游		BMIY
出于		BMGF
出院		BMBP
出诊		BMYW
出众		BMWW
出资		BMUQ
出租		BMTE
出版社		BTPY
出厂价		BDWW
出成果		BDJS
出发点		BNHK
出勤率		BAYX
出入境		BTFU
出入证		BTYG
出生地		BTFB
出生率		BTYX
出租车		BTLG
出尔反尔		BQRQ
出类拔萃		BORA
出谋划策		BYAT
出其不意		BAGU
出奇制胜		BDRE
出人头地		BWUF
出租汽车		BTIL
橱	木厂一寸	SDGF
橱窗		SDPW
厨	厂一口寸	DGKF
厨房		DGYN
厨师		DGJG
躇	口止艹日	KHAJ

锄	钅月一力	QEGL
锄头		QEUD
雏	勹彐亻圭	QVWY
滁	氵阝人禾	IBWT
楚	木木乙龰	SSNH
础	石凵山	DBMH
储	亻讠土日	WYEJ
储备		WYTL
储藏		WYAD
储存		WYDH
储蓄		WYAY
储蓄所		WARN
矗	十且十且	FHFH
搐	扌亠幺田	RYXL
触	勹用虫	QEJY
触景生情		QJTN
触类旁通		QOUC
触目惊心		QHNN
处	夂卜	THI
处处		THTH
处罚		THLY
处方		THYY
处分		THWV
处境		THFU
处理		THGJ
处女		THVV
处长		THTA
处理品		TGKK
处女地		TVFB
处世哲学		TARI
亍	二丨	FHK
刍	勹彐	QVF
怵	忄木丶	NSYY
憷	忄木木龰	NSSH
绌	纟凵山	XBMH
杵	木𠂉十	STFH
楮	木土丿日	SFTJ
除	阝人禾	BWTY
除法		BWIF
除非		BWDJ
除名		BWQK
除外		BWQH
除夕		BWQT
除此之外		BHPQ

chuai

揣	扌山𠂆刂	RMDJ
搋	扌厂广几	RRHM
膪	月六冖口	EUPK
踹	口止山刂	KHMJ

chuan

川	川丿丨丨	KTHH
川流不息		KIGT
穿	宀八匚丿	PWAT
穿插		PWRT
穿梭		PWSC
椽	木彑豕	SXEY
传	亻二乙丶	WFNY
传遍		WFYN
传播		WFRT
传达		WFDP
传单		WFUJ
传导		WFNF
传递		WFUX
传动		WFFC
传呼		WFKT
传记		WFYN
传教		WFFT
传奇		WFDS
传染		WFIV
传授		WFRE
传说		WFYU
传颂		WFWC
传送		WFUD
传统		WFXY
传闻		WFUB
传阅		WFUU
传真		WFFH
传记		WFYN
传略		WFLT
传家宝		WPPG
传输线		WLXG
传达室		WDPG
传染病		WIUG
船	丿舟几口	TEMK
船长		TETA
船头		TEUD
船员		TEKM
船主		TEYG
船舶		TETE
船厂		TEDG
船票		TESF
船只		TEKW
喘	口山𠂆刂	KMDJ
串	口口丨	KKHK
串连		KKLP
串联		KKBU
舛	夕匚丨	QAHH
遄	山𠂆冂辶	MDMP
巛	巛乙乙乙	VNNN
氚	𠂉乙川	RNKJ
钏	钅川	QKH
舡	丿舟工	TEAG

chuang

疮	疒人㔾	UWBV
疮疤		UWUC
窗	宀八丿夕	PWTQ
窗户		PWYN
窗口		PWKK
窗帘		PWPW
窗台		PWCK
窗子		PWBB
幢	冂丨立土	MHUF
床	广木	YSI
床铺		YSQG
床位		YSWU
闯	门马	UCD
创	人㔾刂	WBJH
创办		WBLW
创汇		WBIA
创见		WBMQ

创建		WBVF
创举		WBIW
创刊		WBFJ
创立		WBUU
创伤		WBWT
创始		WBVC
创收		WBNH
创新		WBUS
创业		WBOG
创造		WBTF
创作		WBWT
创造性		WTNT
怆	忄人㔾	NWBN

chui

吹	口𠂊人	KQWY
吹风		KQMQ
吹牛		KQRH
吹捧		KQRD
吹嘘		KQKH
吹风机		KMSM
吹鼓手		KFRT
吹牛皮		KRHC
吹毛求疵		KTFU
炊	火𠂊人	OQWY
炊事		OQGK
炊事员		OGKM
炊事班		OGGY
捶	扌丿一士	RTGF
锤	钅丿一士	QTGF
垂	丿一艹士	TGAF
垂直		TGFH
垂手而得		TRDT
垂头丧气		TUFR
陲	阝丿一士	BTGF
棰	木丿一士	STGF
槌	木亻コ辶	SWNP

chun

春	三人日	DWJF
春播		DWRT
春风		DWMQ
春耕		DWDI
春光		DWIQ
春季		DWTB
春节		DWAB
春联		DWBU
春秋		DWTO
春色		DWQC
春游		DWIY
春雨		DWFG
春秋战国		DTHL
椿	木三人日	SDWJ
椿树		SDSC
醇	西一亩子	SGYB
唇	厂二𧘇口	DFEK
淳	氵亩子	IYBG
纯	纟一凵乙	XGBN
纯粹		XGOY
纯洁		XGIF
纯净		XGUQ
纯利		XGTJ
纯毛		XGTF
纯朴		XGSH
纯利润		XTIU
蠢	三人日虫	DWJJ
莼	艹纟一乙	AXGN
鹑	亩子勹一	YBQG
蝽	虫三人日	JDWJ

chuo

戳	羽亻主戈	NWYA
戳穿		NWPW
绰	纟卜早	XHJH
绰号		XHKG
啜	口又又又	KCCC
辍	车又又又	LCCC
踔	口止卜早	KHHJ
龊	止人凵止	HWBH

ci

疵	疒止匕	UHXV
茨	艹冫𠂊人	AUQW
磁	石丷幺幺	DUXX
磁带		DUGK
磁场		DUFN
磁力		DULT
磁铁		DUQR
磁头		DUUD
磁性		DUNT
磁针		DUQF
磁疗		DUUB
磁盘		DUTE
雌	止匕亻主	HXWY
雌性		HXNT
雌雄		HXDC
辞	丿古辛	TDUH
辞别		TDKL
辞典		TDMA
辞海		TDIT
辞退		TDVE
辞职		TDBK
慈	丷幺幺心	UXXN
慈爱		UXEP
慈善		UXUD
慈祥		UXPY
瓷	冫𠂊人乙	UQWN
词	讠乙一口	YNGK
词汇		YNIA
词句		YNQK
词库		YNYL
词类		YNOD
词义		YNYQ
词语		YNYG
词组		YNXE
词不达意		YGDU
此	止匕	HXN
此处		HXTH
此地		HXFB
此后		HXRG
此刻		HXYN
此时		HXJF
此事		HXGK
此外		HXQH

此致 HXGC
刺 一冂小刂 GMIJ
刺刀 GMVN
刺激 GMIR
赐 贝日勹彡 MJQR
次 冫⺈人 UQWY
次数 UQOV
次序 UQYC
次要 UQSV
茈 艹止匕 AHXB
呲 口止匕 KHXN
祠 礻丶乙口 PYNK
鹚 丷幺幺一 UXXG
糍 米丷幺幺 OUXX

cong

聪 耳丷口心 BUKN
聪明 BUJE
聪明才智 BJFT
葱 艹勹彡心 AQRN
囱 丿口夕 TLQI
匆 勹彡丶 QRYI
匆匆 QRQR
匆忙 QRNY
从 人人 WWY
从此 WWHX
从而 WWDM
从简 WWTU
从今 WWWY
从军 WWPL
从宽 WWPA
从来 WWGO
从略 WWLT
从命 WWWG
从前 WWUE
从轻 WWLC
从容 WWPW
从商 WWUM
从事 WWGK
从属 WWNT
从头 WWUD
从小 WWIH
从严 WWGO
从优 WWWD
从政 WWGH
从容不迫 WPGR
丛 人人一 WWGF
丛刊 WWFJ
丛林 WWSS
丛书 WWNN
苁 艹人人 AWWU
淙 氵宀二小 IPFI
骢 马丿口心 CTLN
琮 王宀二小 GPFI
璁 王丿口心 GTLN
枞 木人人 SWWY

cou

凑 冫三人大 UDWD
凑合 UDWG
凑巧 UDAG
楱 木三人大 SDWD
腠 月三人大 EDWD
辏 车三人大 LDWD

cu

粗 米月一 OEGG
粗暴 OEJA
粗犷 OEQT
粗鲁 OEQG
粗细 OEXL
粗心 OENY
粗糙 OEOT
粗壮 OEUF
粗枝大叶 OSDK
粗制滥造 ORIT
醋 西一艹日 SGAJ
簇 竹方𠂉大 TYTD
促 亻口龰 WKHY
促成 WKDN
促进 WKFJ
促使 WKWG
促进派 WFIR
蔟 艹方𠂉大 AYTD
徂 彳月一 TEGG
猝 犭亠十 QTYF
殂 一夕月一 GQEG
蹙 厂止小龰 DHIH
蹴 口止亠乙 KHYN

cuan

蹿 口止宀丨 KHPH
篡 竹目大厶 THDC
篡夺 THDF
篡位 THWU
窜 宀八口丨 PWKH
汆 丿乀水 TYIU
撺 扌宀八丨 RPWH
爨 亻二冂火 WFMO
镩 钅宀八丨 QPWH

cui

摧 扌山亻圭 RMWY
摧残 RMGQ
摧毁 RMVA
崔 山亻圭 MWYF
催 亻山亻圭 WMWY
催促 WMWK
催还 WMGI
催款 WMFF
催眠 WMHN
催化剂 WWYJ
脆 月⺈厂㔾 EQDB
脆弱 EQXU
瘁 疒亠人十 UYWF
粹 米亠人十 OYWF
淬 氵亠人十 IYWF
翠 羽亠人十 NYWF
萃 艹亠人十 AYWF
啐 口亠人十 KYWF
悴 忄亠人十 NYWF
璀 王山亻圭 GMWY
榱 木亠口𧘇 SYKE
毳 丿二乙乙 TFNN

cun

村	木寸	SFY
村办		SFLW
村长		SFTA
村庄		SFYF
村子		SFBB
存	ナ丨子	DHBD
存储		DHWY
存档		DHSI
存放		DHYT
存根		DHSV
存货		DHWX
存款		DHFF
存在		DHDH
存折		DHRR
存贮		DHMP
存储器		DWKK
寸	寸一丨丶	FGHY
忖	忄寸	NFY
皴	厶八夂又	CWTC

cuo

磋	石丷⺶工	DUDA
磋商		DUUM
撮	扌日耳又	RJBC
搓	扌丷⺶工	RUDA
措	扌艹日	RAJG
措辞		RATD
措施		RAYT
挫	扌人人土	RWWF
挫折		RWRR
错	钅艹日	QAJG
错觉		QAIP
错误		QAYK
错综复杂		QXTV
厝	厂艹日	DAJD
嵯	山丷⺶工	MUDA
脞	月人人土	EWWF
锉	钅人人土	QWWF
矬	𠂉大人土	TDWF
痤	疒人人土	UWWF
鹾	⺊囗乂工	HLQA
蹉	口止丷工	KHUA

D

da

搭	扌艹人口	RAWK
搭救		RAFI
搭配		RASG
达	大辶	DPI
达成		DPDN
达到		DPGC
答	竹人一口	TWGK
答案		TWPV
答辩		TWUY
答复		TWTJ
答卷		TWUD
答谢		TWYT
答应		TWYI
瘩	疒艹人口	UAWK
打	扌丁	RSH
打败		RSMT
打扮		RSRW
打倒		RSWG
打动		RSFC
打赌		RSMF
打断		RSON
打架		RSLK
打击		RSFM
打开		RSGA
打垮		RSFD
打捞		RSRA
打猎		RSQT
打骂		RSKK
打破		RSDH
打气		RSRN
打枪		RSSW
打球		RSGF
打拳		RSUD
打扰		RSRD
打扫		RSRV
打手		RSRT
打算		RSTH
打听		RSKR
打印		RSQG
打渔		RSIQ
打杂		RSVS
打仗		RSWD
打针		RSQF
打字		RSPB
打电话		RJYT
打火机		ROSM
打基础		RADB
打扑克		RRDQ
打保票		RWSF
打电报		RJRB
打官司		RPNG
打交道		RUUT
打手势		RRRV
打砸抢		RDRW
打印机		RQSM
打招呼		RRKT
打主意		RYUJ
打字机		RPSM
打抱不平		RRGG
打草惊蛇		RANJ
打破常规		RDIF
打破沙锅问到底		RDIY
大	【键名码】	DDDD
大半		DDUF
大笔		DDTT
大伯		DDWR
大部		DDUK
大车		DDLG
大臣		DDAH
大胆		DDEJ
大地		DDFB
大队		DDBW
大多		DDQQ

大方		DDYY
大夫		DDFW
大概		DDSV
大海		DDIT
大会		DDWF
大家		DDPE
大将		DDUQ
大街		DDTF
大局		DDNN
大军		DDPL
大力		DDLT
大量		DDJG
大楼		DDSO
大陆		DDBF
大路		DDKH
大妈		DDVC
大米		DDOY
大脑		DDEY
大娘		DDVY
大炮		DDOQ
大批		DDRX
大气		DDRN
大庆		DDYD
大嫂		DDVV
大使		DDWG
大事		DDGK
大叔		DDHI
大肆		DDDV
大体		DDWS
大同		DDMG
大象		DDQJ
大小		DDIH
大校		DDSU
大写		DDPG
大型		DDGA
大学		DDIP
大爷		DDWQ
大衣		DDYE
大意		DDUJ
大雨		DDFG
大约		DDXQ
大战		DDHK
大致		DDGC
大众		DDWW
大专		DDFN
大宗		DDPF
大罢工		DLAA
大兵团		DRLF
大辩论		DUYW
大部分		DUWV
大多数		DQOV
大发展		DNNA
大幅度		DMYA
大革命		DAWG
大工业		DAOG
大功率		DAYX
大规模		DFSA
大会堂		DWIP
大伙儿		DWQT
大集体		DWWS
大家庭		DPYT
大检查		DSSJ
大奖赛		DUPF
大老粗		DFOE
大理石		DGDG
大面积		DDTK
大脑炎		DEOO
大批量		DRJG
大气压		DRDF
大气层		DRNF
大团结		DLXF
大扫除		DRBW
大师傅		DJWG
大使馆		DWQN
大踏步		DKHI
大体上		DWHH
大无畏		DFLG
大西北		DSUX
大西洋		DSIU
大熊猫		DCQT
大学生		DITG
大循环		DTGG
大洋洲		DIIY
大跃进		DKFJ
大杂烩		DVOW
大中型		DKGA
大众化		DWWX
大专生		DFTG
大自然		DTQD
大字报		DPRB
大刀阔斧		DVUW
大风大浪		DMDI
大公无私		DWFT
大快人心		DNWN
大声疾呼		DFUK
大腹便便		DEWW
大江东去		DIAF
大逆不道		DUGU
大器晚成		DKJD
大千世界		DTAL
大兴安岭		DIPM
大势所趋		DRRF
大庭广众		DYYW
大同小异		DMIN
大显身手		DJTR
大有可为		DDSY
大有作为		DDWY
大张旗鼓		DXYF
大智若愚		DTAJ
耷	大耳	DBF
哒	口大辶	KDPY
嗒	口艹人口	KAWK
怛	忄日一	NJGG
妲	女日一	VJGG
褡	衤 ‹ 廾口	PUAK
笪	竹日一	TJGF
靼	廿串日一	AFJG
鞑	廿串大辶	AFDP

dai

呆	口木	KSU

字词	字根	编码
歹	一夕	GQI
傣	亻三人氺	WDWI
戴	十戈田八	FALW
带	一川冖丨	GKPH
带动		GKFC
带来		GKGO
带头		GKUD
带鱼		GKQG
殆	一夕厶口	GQCK
代	亻弋	WAY
代办		WALW
代表		WAGE
代词		WAYN
代沟		WAIQ
代购		WAMQ
代号		WAKG
代管		WATP
代价		WAWW
代理		WAGJ
代码		WADC
代数		WAOV
代替		WAFW
代销		WAQI
代表团		WGLF
代表性		WGNT
代办处		WLTH
代理人		WGWW
代名词		WQYN
代销店		WQYH
贷	亻弋贝	WAMU
袋	亻弋亠𧘇	WAYE
待	彳土寸	TFFY
待查		TFSJ
待业		TFOG
待续		TFXF
待遇		TFJM
待业者		TOFT
待人接物		TWRT
待业青年		TOGR
逮	彐水辶	VIPI
逮捕		VIRG
怠	厶口心	CKNU
怠慢		CKNJ
埭	土彐水	FVIY
甙	弋艹二	AAFD
岱	亻弋山	WAMJ
迨	厶口辶	CKPD
骀	马厶口	CCKG
绐	纟厶口	XCKG
玳	王亻弋	GWAY
黛	亻弋罒灬	WALO

dan

字词	字根	编码
耽	耳冖儿	BPQN
耽搁		BPRU
耽误		BPYK
担	扌日一	RJGG
担保		RJWK
担当		RJ IV
担负		RJQM
担搁		RJRU
担架		RJLK
担任		RJWT
担心		RJNY
担忧		RJND
担子		RJBB
丹	冂亠	MYD
单	丷日十	UJFJ
单产		UJUT
单纯		UJXG
单词		UJYN
单调		UJYM
单独		UJQT
单价		UJWW
单间		UJUJ
单据		UJRN
单日		UJJJ
单数		UJOV
单位		UJWU
单一		UJGG
单衣		UJYE
单元		UJFQ
单字		UJPB
单板机		USSM
单方面		UYDM
单身汉		UTIC
单刀直入		UVFT
单枪匹马		USAC
郸	丷日十阝	UJFB
掸	扌丷日十	RUJF
胆	月日一	EJGG
胆量		EJJG
胆略		EJLT
胆怯		EJNF
胆识		EJYK
胆固醇		ELSG
旦	日一	JGF
氮	𠂉乙火火	RNOO
氮肥		RNEC
但	亻日一	WJGG
但愿		WJDR
惮	忄丷日十	NUJF
淡	氵火火	IOOY
淡薄		IOAI
淡淡		IOIO
淡化		IOWX
淡季		IOTB
诞	讠丿止廴	YTHP
弹	弓丷日十	XUJF
弹道		XUUT
弹劾		XUYN
弹药		XUAX
弹簧		XUTA
弹力		XULT
弹琴		XUGG
弹性		XUNT
弹头		XUUD
弹子		XUBB
弹奏		XUDW
蛋	乙龰虫	NHJU
蛋白		NHRR

蛋糕		NHOU
蛋类		NHOD
蛋白质		NRRF
儋	亻⺈厂言	WQDY
萏	艹⺈臼	AQVF
啖	口火火	KOOY
澹	氵⺈厂言	IQDY
殚	一夕丷十	GQUF
赕	贝火火	MOOY
眈	目冖儿	HPQN
疸	疒日一	UJGD
瘅	疒丷日十	UUJF
聃	耳冂土	BMFG
箪	竹丷日十	TUJF

dang

当	小彐	IVF
当场		IVFN
当成		IVDN
当初		IVPU
当代		IVWA
当地		IVFB
当即		IVVC
当家		IVPE
当今		IVWY
当局		IVNN
当面		IVDM
当年		IVRH
当前		IVUE
当然		IVQD
当时		IVJF
当日		IVJJ
当天		IVGD
当心		IVNY
当选		IVTF
当中		IVKH
当作		IVWT
当做		IVWD
当事人		IGWW
当机立断		ISUO
当仁不让		IWGY
当务之急		ITPQ
当一天和尚撞一天钟		IGGQ
挡	扌⺌彐	RIVG
党	小冖口儿	IPKQ
党费		IPXJ
党纲		IPXM
党籍		IPTD
党课		IPYJ
党龄		IPHW
党内		IPMW
党派		IPIR
党旗		IPYT
党外		IPQH
党委		IPTV
党校		IPSU
党性		IPNT
党章		IPUJ
党组		IPXE
党代表		IWGE
党代会		IWWF
党内外		IMQH
党委会		ITWF
党小组		IIXE
党政军		IGPL
党支部		IFUK
党中央		IKMD
党纪国法		IXLI
党委书记		ITNY
党政机关		IGSU
党的十一届三中全会		IRFW
荡	艹氵乙彡	AINR
荡漾		AIIU
档	木⺌彐	SIVG
档案		SIPV
档案袋		SPWA
档案室		SPPG
谠	讠⺌冖儿	YIPQ
凼	水凵	IBK
菪	艹宀石	APDF
宕	宀石	PDF
砀	石乙彡	DNRT
铛	钅⺌彐	QIVG
裆	衤⺀⺌彐	PUIV

dao

刀	刀乙丿	VNT
刀具		VNHW
刀枪		VNSW
刀子		VNBB
捣	扌勹丶山	RQYM
捣蛋		RQNH
捣鬼		RQRQ
捣毁		RQVA
捣乱		RQTD
蹈	口止爫臼	KHEV
倒	亻一厶刂	WGCJ
倒闭		WGUF
倒挂		WGRF
倒流		WGIY
倒卖		WGFN
倒霉		WGFT
倒数		WGOV
倒塌		WGFJ
倒台		WGCK
倒退		WGVE
倒爷		WGWQ
岛	勹丶乙山	QYNM
岛屿		QYMG
祷	礻丶三寸	PYDF
导	巳寸	NFU
导弹		NFXU
导电		NFJN
导航		NFTE
导论		NFYW
导师		NFJG
导体		NFWS
导线		NFXG
导向		NFTM
导言		NFYY

导演		NFIP
导游		NFIY
导致		NFGC
导火线		NOXG
到	一厶土刂	GCFJ
到达		GCDP
到底		GCYQ
到场		GCFN
到处		GCTH
到点		GCHK
到会		GCWF
到家		GCPE
到来		GCGO
到期		GCAD
到时候		GJWH
到此为止		GHYH
稻	禾爫臼	TEVG
稻草		TEAJ
稻谷		TEWW
稻米		TEOY
稻田		TELL
悼	忄卜早	NHJH
悼词		NHYN
道	丷丿目辶	UTHP
道德		UTTF
道理		UTGJ
道路		UTKH
道歉		UTUV
道谢		UTYT
道义		UTYQ
道貌岸然		UEMQ
道听途说		UKWY
盗	氵⺈人皿	UQWL
盗卖		UQFN
盗用		UQET
盗贼		UQMA
盗窃		UQPW
盗窃案		UPPV
盗窃犯		UPQT
叨	口刀	KVN
帱	冂丨三寸	MHDF
忉	忄刀	NVN
氘	𠂉乙刂	RNJJ
纛	龶ㄐ十小	GXFI
de		
德	彳十四心	TFLN
德国		TFLG
德文		TFYY
德行		TFTF
德语		TFYG
德育		TFYC
德意志		TUFN
德智体		TTWS
得	彳日一寸	TJGF
得出		TJBM
得当		TJIV
得到		TJGC
得法		TJIF
得分		TJWV
得奖		TJUQ
得力		TJLT
得失		TJRW
得体		TJWS
得以		TJNY
得意		TJUJ
得知		TJTD
得志		TJFN
得罪		TJLD
得寸进尺		TFFN
得过且过		TFEF
得天独厚		TGQD
得心应手		TNYR
得意忘形		TUYG
的	白勹丶	RQYY
的确		RQDQ
的士		RQFG
的确良		RDYV
锝	钅日一寸	QJGF
deng		
蹬	口止癶䒑	KHWU
灯	火丁	OSH
灯光		OSIQ
灯火		OSOO
灯笼		OSTD
灯泡		OSIQ
灯具		OSHW
登	癶一口䒑	WGKU
登报		WGRB
登高		WGYM
登记		WGYN
登录		WGVI
登陆		WGBF
登山		WGMM
登记处		WYTH
登峰造极		WMTS
等	竹土寸	TFFU
等待		TFTF
等到		TFGC
等等		TFTF
等候		TFWH
等级		TFXE
等价		TFWW
等外		TFQH
等效		TFUQ
等于		TFGF
等比例		TXWG
等距离		TKYB
等外品		TQKK
等价交换		TWUR
等量齐观		TJYC
瞪	目癶一䒑	HWGU
凳	癶一口几	WGKM
邓	又阝	CBH
邓小平		CIGU
噔	口癶一䒑	KWGU
嶝	山癶一䒑	MWGU
戥	日丿龶戈	JTGA
磴	石癶一䒑	DWGU
镫	钅癶一䒑	QWGU
簦	竹癶一䒑	TWGU

di

邸	匚七丶阝	QAYB
坻	土匚七丶	FQAY
荻	艹犭丿火	AQTO
娣	女丷弓丿	VUXT
柢	木匚七丶	SQAY
棣	木彐水	SVIY
觌	十乙冫儿	FNUQ
砥	石匚七丶	DQAY
碲	石立冖丨	DUPH
睇	目丷弓丿	HUXT
镝	钅立冂古	QUMD
羝	丷手匚丶	UDQY
骶	冎月匚丶	MEQY
堤	土日一止	FJGH
堤坝		FJFM
低	亻匚七丶	WQAY
低产		WQUT
低潮		WQIF
低沉		WQIP
低档		WQSI
低等		WQTF
低度		WQYA
低级		WQXE
低价		WQWW
低廉		WQYU
低劣		WQIT
低落		WQAI
低能		WQCE
低频		WQHI
低温		WQIJ
低薪		WQAU
低压		WQDF
滴	氵立冂古	IUMD
迪	由辶	MPD
迪斯科		MATU
敌	丿古攵	TDTY
敌对		TDCF
敌机		TDSM
敌军		TDPL
敌情		TDNG
敌人		TDWW
敌视		TDPY
敌我		TDTR
敌意		TDUJ
笛	竹由	TMF
狄	犭丿火	QTOY
涤	氵夂木	ITSY
涤纶		ITXW
翟	羽亻圭	NWYF
嘀	口立冂古	KUMD
嘀咕		KUKD
嫡	女立冂古	VUMD
嫡系		VUTX
抵	扌匚七丶	RQAY
抵触		RQQE
抵达		RQDP
抵挡		RQRI
抵抗		RQRY
抵赖		RQGK
抵消		RQII
抵押		RQRL
抵御		RQTR
抵债		RQWG
底	广匚七丶	YQAY
底版		YQTH
底层		YQNF
底稿		YQTY
底片		YQTH
底细		YQXL
底下		YQGH
底座		YQYW
地	土也	FBN
地板		FBSR
地步		FBHI
地产		FBUT
地带		FBGK
地点		FBHK
地方		FBYY
地基		FBAD
地雷		FBFL
地理		FBGJ
地面		FBDM
地名		FBQK
地球		FBGF
地皮		FBHC
地勤		FBAK
地区		FBAQ
地势		FBRV
地毯		FBTF
地铁		FBQR
地图		FBLT
地委		FBTV
地位		FBWU
地下		FBGH
地线		FBXG
地形		FBGA
地狱		FBQT
地震		FBFD
地址		FBFH
地质		FBRF
地主		FBYG
地面站		FDUH
地区性		FANT
地下室		FGPG
地县级		FEXE
地质学		FRIP
地中海		FKIT
地大物博		FDTF
地下铁路		FGQK
蒂	艹立冖丨	AUPH
第	竹弓丨丿	TXHT
第二		TXFG
第三		TXDG
第四		TXLH
第六		TXUY
第七		TXAG
第八		TXWT
第九		TXVT
第十		TXFG

第一流 TGIY
第一线 TGXG
第三者 TDFT
第三产业 TDUO
帝 立冖冂丨 UPMH
帝国 UPLG
帝王 UPGG
帝制 UPRM
帝国主义 ULYY
帝王将相 UGUS
弟 丷弓丨 UXHT
弟弟 UXUX
弟妹 UXVF
弟兄 UXKQ
递 丷弓丨丿 UXHP
递补 UXPU
递交 UXUQ
递增 UXFU
缔 纟立冖丨 XUPH
缔交 XUUQ
缔结 XUXF
缔约 XUXQ
缔造 XUTF
氐 ⺁七丶 QAYI
籴 丿乀米 TYOU
诋 讠⺁七丶 YQAY
谛 讠立冖丨 YUPH

dia

嗲 口八乂夕 KWQQ

dian

颠 十且八贝 FHWM
颠簸 FHTA
颠倒 FHWG
颠覆 FHST
掂 扌广卜口 RYHK
滇 氵十且八 IFHW
碘 石冂艹八 DMAW
点 卜口灬 HKOU
点燃 HKOQ
点头 HKUD
点心 HKNY
点缀 HKXC
典 冂艹八 MAWU
典范 MAAI
典礼 MAPY
典型 MAGA
靛 龶月宀龰 GEPH
垫 扌九丶土 RVYF
垫付 RVWF
电 日乙 JNV
电报 JNRB
电表 JNGE
电波 JNIH
电场 JNFN
电车 JNLG
电池 JNIB
电磁 JNDU
电大 JNDD
电灯 JNOS
电动 JNFC
电镀 JNQY
电告 JNTF
电工 JNAA
电焊 JNOJ
电话 JNYT
电汇 JNIA
电机 JNSM
电教 JNFT
电缆 JNXJ
电力 JNLT
电疗 JNUB
电料 JNOU
电流 JNIY
电炉 JNOY
电路 JNKH
电码 JNDC
电脑 JNEY
电能 JNCE
电气 JNRN
电器 JNKK
电容 JNPW
电扇 JNYN
电视 JNPY
电台 JNCK
电梯 JNSU
电网 JNMQ
电文 JNYY
电线 JNXG
电讯 JNYN
电压 JNDF
电影 JNJY
电源 JNID
电站 JNUH
电阻 JNBE
电子 JNBB
电报局 JRNN
电冰箱 JUTS
电唱机 JKSM
电传机 JWSM
电磁波 JDIH
电磁场 JDFN
电灯泡 JOIQ
电动机 JFSM
电风扇 JMYN
电话机 JYSM
电话间 JYUJ
电烙铁 JOQR
电气化 JRWX
电热器 JRKK
电视机 JPSM
电视剧 JPND
电视台 JPCK
电信局 JWNN
电讯稿 JYTY
电业局 JONN
电影机 JJSM
电影片 JJTH
电影院 JJBP
电子表 JBGE
电子管 JBTP

电子学		JBIP
电子琴		JBGG
电报挂号		JRRK
电话号码		JYKD
电子技术		JBRS
佃	亻田	WLG
甸	勹田	QLD
店	广⺊口	YHKD
店铺		YHQG
店员		YHKM
惦	忄广⺊口	NYHK
惦记		NYYN
奠	丷西一大	USGD
奠定		USPG
奠基		USAD
淀	氵宀一龰	IPGH
殿	尸龷八又	NAWC
阽	阝⺊口	BHKG
坫	土⺊口	FHKG
巅	山十且贝	MFHM
玷	王⺊口	GHKG
钿	钅田	QLG
癜	疒尸龷又	UNAC
癫	疒十且贝	UFHM
簟	竹西早	TSJJ
踮	口止广口	KHYK

diao

貂	爫豸刀口	EEVK
貂皮		EEHC
碉	石冂土口	DMFK
碉堡		DMWK
叼	口乙一	KNGG
雕	冂土口隹	MFKY
雕刻		MFYN
雕塑		MFUB
雕像		MFWQ
雕虫小技		MJIR
凋	冫冂土口	UMFK
凋谢		UMYT
刁	乙一	NGD
刁难		NGCW
掉	扌⺊早	RHJH
掉以轻心		RNLN
吊	口冂丨	KMHJ
吊唁		KMKY
钓	钅勹丶	QQYY
钓鱼台		QQCK
调	讠冂土口	YMFK
调拨		YMRN
调查		YMSJ
调动		YMFC
调换		YMRQ
调离		YMYB
调任		YMWT
调用		YMET
调研		YMDG
调和		YMTK
调价		YMWW
调节		YMAB
调解		YMQE
调理		YMGJ
调配		YMSG
调料		YMOU
调戏		YMCA
调谐		YMYX
调养		YMUD
调职		YMBK
调皮		YMHC
调频		YMHI
调遣		YMKH
调协		YMFL
调整		YMGK
调兵遣将		YRKU
调查研究		YSDP
调虎离山		YHYM
铞	钅口冂丨	QKMH
鲷	鱼一冂口	QGMK

die

跌	口止𠂉人	KHRW
爹	八乂夕夕	WQQQ
爹妈		WQVC
碟	石廿乙木	DANS
蝶	虫廿乙木	JANS
蝶恋花		JYAW
迭	𠂉人辶	RWPI
谍	讠廿乙木	YANS
叠	又又又一	CCCG
垤	土一厶土	FGCF
堞	土廿乙木	FANS
揲	扌廿乙木	RANS
喋	口廿乙木	KANS
牒	丿丨一木	THGS
瓞	厂厶乀人	RCYW
耋	土丿匕土	FTXF
蹀	口止廿木	KHAS
鲽	鱼一廿木	QGAS

ding

丁	丁一丨	SGH
盯	目丁	HSH
叮	口丁	KSH
叮咛		KSKP
叮嘱		KSKN
钉	钅丁	QSH
钉子		QSBB
顶	丁𠂆贝	SDMY
顶点		SDHK
顶峰		SDMT
顶替		SDFW
鼎	目乙𠂆乙	HNDN
锭	钅宀一龰	QPGH
定	宀一龰	PGHU
定产		PGUT
定单		PGUJ
定额		PGPT
定稿		PGTY
定货		PGWX
定价		PGWW
定居		PGND
定局		PGNN
定理		PGGJ

定律		PGTV
定期		PGAD
定时		PGJF
定位		PGWU
定向		PGTM
定型		PGGA
定性		PGNT
定义		PGYQ
定于		PGGF
订	讠丁	YSH
订单		YSUJ
订婚		YSVQ
订货		YSWX
订阅		YSUU
订书机		YNSM
仃	亻丁	WSH
啶	口宀一龰	KPGH
玎	王丁	GSH
腚	月宀一龰	EPGH
碇	石宀一龰	DPGH
町	田丁	LSH
疔	疒丁	USK
耵	耳丁	BSH
酊	西一丁	SGSH

diu

丢	丿土厶	TFCU
丢失		TFRW
丢卒保车		TYWL
铥	钅丿土厶	QTFC

dong

东	七小	AII
东北		AIUX
东边		AILP
东部		AIUK
东方		AIYY
东风		AIMQ
东京		AIYI
东面		AIDM
东南		AIFM
东欧		AIAQ
东西		AISG
东半球		AUGF
东北风		AUMQ
东道主		AUYG
东南风		AFMQ
东南亚		AFGO
东西方		ASYY
东山再起		AMGF
东施效颦		AYUH
冬	夂⺀	TUU
冬瓜		TURC
冬季		TUTB
冬眠		TUHN
冬天		TUGD
冬小麦		TIGT
董	艹丿一土	ATGF
董事		ATGK
董事长		AGTA
董事会		AGWF
懂	忄艹丿土	NATF
懂得		NATJ
懂事		NAGK
动	二厶力	FCLN
动词		FCYN
动荡		FCAI
动工		FCAA
动机		FCSM
动静		FCGE
动力		FCLT
动脉		FCEY
动身		FCTM
动手		FCRT
动态		FCDY
动听		FCKR
动物		FCTR
动摇		FCRE
动员		FCKM
动作		FCWT
动力学		FLIP
动脑筋		FETE
动手术		FRSY
动物园		FTLF
动植物		FSTR
动脉硬化		FEDW
栋	木七小	SAIY
栋梁		SAIV
侗	亻冂一口	WMGK
恫	忄冂一口	NMGK
冻	冫七小	UAIY
冻结		UAXF
洞	氵冂一口	IMGK
洞庭湖		IYID
垌	土冂一口	FMGK
咚	口夂⺀	KTUY
岽	山七小	MAIU
峒	山冂一口	MMGK
氡	𠂉乙夂⺀	RNTU
胨	月七小	EAIY
硐	石冂一口	DMGK
鸫	七小勹一	AIQG

dou

兜	⺊白コ儿	QRNQ
斗	⺀十	UFK
斗争		UFQV
斗志		UFFN
斗志昂扬		UFJR
抖	扌⺀十	RUFH
抖动		RUFC
陡	阝土龰	BFHY
豆	一口丷	GKUF
豆腐		GKYW
豆子		GKBB
豆制品		GRKK
逗	一口丷辶	GKUP
逗号		GKKG
逗留		GKQY
痘	疒一口丷	UGKU
都	土丿日阝	FTJB
都城		FTFD
都督		FTHI

都市 FTYM
都要 FTSV
都有 FTDE
蔸 艹匚白儿 AQRQ
钭 钅⺀十 QUFH
窦 宀八十大 PWFD
蚪 虫⺀十 JUFH
篼 竹匚白儿 TQRQ

du

督 上小又目 HICH
督促 HIWK
毒 龶口一⺀ GXGU
毒草 GXAJ
毒害 GXPD
毒辣 GXUG
毒素 GXGX
毒性 GXNT
犊 丿扌十大 TRFD
独 犭丿虫 QTJY
独白 QTRR
独裁 QTFA
独创 QTWB
独立 QTUU
独特 QTTR
独自 QTTH
独创性 QWNT
独生女 QTVV
独生子 QTBB
独立核算 QUST
独立自主 QUTY
独生子女 QTBV
独树一帜 QSGM
独出心裁 QBNF
独断专行 QOFT
独立王国 QUGL
独占鳌头 QHGU
读 讠十乙大 YFND
读报 YFRB
读书 YFNN
读物 YFTR
读音 YFUJ
读者 YFFT
读后感 YRDG
读者来信 YFGW
读者论坛 YFYF
堵 土土丿日 FFTJ
堵塞 FFPF
睹 目土丿日 HFTJ
赌 贝土丿日 MFTJ
赌博 MFFG
赌徒 MFTF
杜 木土 SFG
杜甫 SFGE
杜鹃 SFKE
杜绝 SFXQ
镀 钅广廿又 QYAC
镀金 QYQQ
镀锌 QYQU
肚 月土 EFG
肚皮 EFHC
肚子 EFBB
度 广廿又 YACI
度过 YAFP
度假 YAWN
度数 YAOV
度量衡 YJTQ
渡 氵广廿又 IYAC
渡口 IYKK
渡过 IYFP
渡海 IYIT
渡河 IYIS
渡假 IYWN
渡江 IYIA
妒 女丶尸 VYNT
妒忌 VYNN
芏 艹土 AFF
嘟 口土丿阝 KFTB
渎 氵十乙大 IFND
渎职 IFBK
椟 木十乙大 SFND
牍 丿丨一大 THGD
蠹 一口丨虫 GKHJ
笃 竹马 TCF
髑 冎月罒虫 MELJ
黩 罒土灬大 LFOD

duan

端 立山𠂆刂 UMDJ
端详 UMYU
端正 UMGH
短 𠂉大一丷 TDGU
短波 TDIH
短程 TDTK
短促 TDWK
短短 TDTD
短路 TDKH
短工 TDAA
短评 TDYG
短期 TDAD
短文 TDYY
短暂 TDLR
短训班 TYGY
短小精悍 TION
锻 钅亻三又 QWDC
锻炼 QWOA
锻造 QWTF
段 亻三几又 WDMC
段落 WDAI
断 米乙斤 ONRH
断定 ONPG
断绝 ONXQ
断然 ONQD
断送 ONUD
断断续续 OOXX
断章取义 OUBY
缎 纟亻三又 XWDC
椴 木亻三又 SWDC
煅 火亻三又 OWDC
簖 竹米乙斤 TONR

dui

堆 土亻主 FWYG

字词	字根	编码
堆栈		FWSG
兑	丷口儿	UKQB
兑换		UKRQ
兑现		UKGM
队	阝人	BWY
队部		BWUK
队列		BWGQ
队伍		BWWG
队形		BWGA
队员		BWKM
队长		BWTA
对	又寸	CFY
对岸		CFMD
对比		CFXX
对策		CFTG
对称		CFTQ
对待		CFTF
对敌		CFTD
对方		CFYY
对付		CFWF
对话		CFYT
对抗		CFRY
对换		CFRQ
对立		CFUU
对联		CFBU
对流		CFIY
对门		CFUY
对面		CFDM
对内		CFMW
对手		CFRT
对外		CFQH
对象		CFQJ
对于		CFGF
对於		CFYW
对照		CFJV
对不起		CGFH
对得起		CTFH
对角线		CQXG
对立面		CUDM
对内搞活		CMRI
对牛弹琴		CRXG
对外开放		CQGY
对外贸易		CQQJ
对症下药		CUGA
怼	又寸心	CFNU
憝	亠子攵心	YBTN
碓	石亻主	DWYG
镦	钅亠子攵	QYBT
dun		
墩	土亠子攵	FYBT
砘	石一凵乙	DGBN
蹲	口止丷寸	KHUF
敦	亠子攵	YBTY
敦促		YBWK
顿	一凵乙贝	GBNM
顿号		GBKG
顿时		GBJF
囤	囗一凵乙	LGBN
钝	钅一凵乙	QGBN
盾	厂十目	RFHD
遁	厂十目辶	RFHP
遁词		RFYN
沌	氵一凵乙	IGBN
炖	火一凵乙	OGBN
吨	口一凵乙	KGBN
吨位		KGWU
礅	石亠子攵	DYBT
盹	目一凵乙	HGBN
趸	丆乙口龰	DNKH
duo		
掇	扌又又又	RCCC
哆	口夕夕	KQQY
哆嗦		KQKF
多	夕夕	QQU
多半		QQUF
多变		QQYO
多彩		QQES
多次		QQUQ
多久		QQQY
多么		QQTC
多年		QQRH
多少		QQIT
多数		QQOV
多谢		QQYT
多余		QQWT
多种		QQTK
多方面		QYDM
多方位		QYWU
多功能		QACE
多面手		QDRT
多年来		QRGO
多学科		QITU
多样化		QSWX
多样性		QSNT
多元化		QFWX
多才多艺		QFQA
多愁善感		QTUD
多此一举		QHGI
多多益善		QQUU
多种多样		QTQS
多种经营		QTXA
夺	大寸	DFU
夺标		DFSF
夺冠		DFPF
夺权		DFSC
夺取		DFBC
垛	土几木	FMSY
躲	丿冂三木	TMDS
躲避		TMNK
躲藏		TMAD
朵	几木	MSU
跺	口止几木	KHMS
舵	丿舟宀匕	TEPX
剁	几木刂	MSJH
惰	忄𠂇工月	NDAE
堕	阝𠂇月土	BDEF
堕落		BDAI
堕入		BDTY
堕胎		BDEC
咄	口凵山	KBMH

咄咄怪事 KKNG
哚 口几木 KMSY
沲 氵𠂉也 ITBN
缍 纟丿一土 XTGF
铎 钅又二丨 QCFH
裰 衤‹又又 PUCC
踱 口止广又 KHYC

E

e

轭 车厂㔾 LDBN
腭 月口口乙 EKKN
锇 钅丿扌丿 QTRT
锷 钅口口乙 QKKN
鹗 口口二一 KKFG
颚 口口二贝 KKFM
鳄 鱼一口乙 QGKN
蛾 虫丿扌丿 JTRT
峨 山丿扌丿 MTRT
峨眉山 MNMM
鹅 丿扌乙一 TRNG
俄 亻丿扌丿 WTRT
俄国 WTLG
俄文 WTYY
俄语 WTYG
俄罗斯 WLAD
额 宀夂口贝 PTKM
额定 PTPG
额头 PTUD
额外 PTQH
额外负担 PQQR
讹 讠亻匕 YWXN
讹诈 YWYT
娥 女丿扌丿 VTRT
恶 一业一心 GOGN
恶霸 GOFA
恶毒 GOGX
恶果 GOJS
恶化 GOWX
恶劣 GOIT
恶习 GONU
恶意 GOUJ
恶性循环 GNTG
厄 厂㔾 DBV
厄运 DBFC
扼 扌厂㔾 RDBN
扼杀 RDQS
扼要 RDSV
遏 日勹人辶 JQWP
鄂 口口二阝 KKFB
饿 𠂉乙丿丿 QNTT
噩 王口口口 GKKK
噩耗 GKDI
谔 讠口口乙 YKKN
垩 一业一土 GOGF
苊 艹厂㔾 ADBB
莪 艹丿扌丿 ATRT
萼 艹口口乙 AKKN
呃 口厂㔾 KDBN
愕 忄口口乙 NKKN
屙 尸阝丁口 NBSK
婀 女阝丁口 VBSK

ei

诶 讠厶𠂉大 YCTD

en

恩 口大心 LDNU
恩爱 LDEP
恩赐 LDMJ
恩情 LDNG
恩怨 LDQB
恩格斯 LSAD
蒽 艹口大心 ALDN
摁 扌口大心 RLDN
嗯 口口大心 KLDN

er

而 丆门刂 DMJJ
而后 DMRG
而且 DMEG
儿 儿丿乙 QTN
儿科 QTTU
儿女 QTVV
儿子 QTBB
儿童节 QUAB
儿媳妇 QVVV
耳 耳一丨一 BGHG
耳朵 BGMS
耳环 BGGG
耳机 BGSM
耳目 BGHH
耳闻 BGUB
耳语 BGYG
耳闻目睹 BUHH
尔 𠂊小 QIU
饵 𠂉乙耳 QNBG
洱 氵耳 IBG
二 二一一 FGG
二进 FGFJ
二月 FGEE
二把手 FRRT
二进制 FFRM
二氧化碳 FRWD
贰 弋二贝 AFMI
迩 𠂊小辶 QIPI
珥 王耳 GBG
铒 钅耳 QBG
鸸 丆门刂一 DMJG
鲕 鱼一丆刂 QGDJ

F

fa

发 乙丿又丶 NTCY
发报 NTRB
发表 NTGE
发布 NTDM
发财 NTMF

发出 NTBM
发达 NTDP
发电 NTJN
发抖 NTRU
发放 NTYT
发愤 NTNF
发疯 NTUM
发稿 NTTY
发光 NTIQ
发挥 NTRP
发回 NTLK
发火 NTOO
发货 NTWX
发觉 NTIP
发家 NTPE
发酵 NTSG
发亮 NTYP
发明 NTJE
发票 NTSF
发热 NTRV
发烧 NTOA
发愁 NTTO
发射 NTTM
发生 NTTG
发誓 NTRR
发问 NTUK
发泄 NTIA
发现 NTGM
发信 NTWY
发型 NTGA
发行 NTTF
发言 NTYY
发扬 NTRN
发音 NTUJ
发育 NTYC
发源 NTID
发展 NTNA
发作 NTWT
发报机 NRSM
发病率 NUYX

发电机 NJSM
发电量 NJJG
发动机 NFSM
发货票 NWSF
发刊词 NFYN
发明家 NJPE
发明奖 NJUQ
发明者 NJFT
发脾气 NERN
发起人 NFWW
发行量 NTJG
发行人 NTWW
发言权 NYSC
发言人 NYWW
发源地 NIFB
发展史 NNKQ
发达国家 NDLP
发奋图强 NDLX
发号施令 NKYW
发明创造 NJWT
发人深省 NWII
发扬光大 NRID
发展生产 NNTU
发明家分会 NJPW
发展中国家 NNKP
罚 罒讠刂 LYJJ
罚款 LYFF
筏 竹亻戈 TWAR
伐 亻戈 WAT
乏 丿之 TPI
阀 门亻戈 UWAE
法 氵土厶 IFCY
法案 IFPV
法办 IFLW
法宝 IFPG
法定 IFPG
法官 IFPN
法规 IFFW
法国 IFLG
法纪 IFXN

法律 IFTV
法郎 IFYV
法令 IFWY
法权 IFSC
法人 IFWW
法庭 IFYT
法文 IFYY
法语 IFYG
法院 IFBP
法则 IFMJ
法制 IFRM
法治 IFIC
法兰西 IUSG
法西斯 ISAD
法律顾问 ITDU
珐 王土厶 GFCY
垡 亻戈土 WAFF
砝 石土厶 DFCY

fan

藩 艹氵丿田 AITL
帆 冂丨几丶 MHMY
帆船 MHTE
番 丿米田 TOLF
番茄 TOAL
翻 丿米田羽 TOLN
翻案 TOPV
翻版 TOTH
翻滚 TOIU
翻身 TOTM
翻腾 TOEU
翻新 TOUS
翻译 TOYC
翻阅 TOUU
翻译片 TYTH
翻天覆地 TGSF
翻江倒海 TIWI
樊 木乂乂大 SQQD
矾 石几丶 DMYY
钒 钅几丶 QMYY
繁 𠂉⺟一小 TXGI

词条	字根	编码
繁多		TXQQ
繁华		TXWX
繁忙		TXNY
繁荣		TXAP
繁体		TXWS
繁杂		TXVS
繁重		TXTG
繁简共容		TTAP
繁荣昌盛		TAJD
繁荣富强		TAPX
繁琐哲学		TGRI
凡	几丶	MYI
凡例		MYWG
凡事		MYGK
凡是		MYJG
烦	火丆贝	ODMY
烦闷		ODUN
烦恼		ODNY
烦琐		ODGI
烦躁		ODKH
反	厂又	RCI
反比		RCXX
反驳		RCCQ
反常		RCIP
反帝		RCUP
反动		RCFC
反对		RCCF
反而		RCDM
反复		RCTJ
反感		RCDG
反攻		RCAT
反共		RCAW
反华		RCWX
反悔		RCNT
反击		RCFM
反抗		RCRY
反馈		RCQN
反面		RCDM
反思		RCLN
反响		RCKT
反向		RCTM
反叛		RCUD
反省		RCIT
反映		RCJM
反正		RCGH
反之		RCPP
反比例		RXWG
反对派		RCIR
反动派		RFIR
反封建		RFVF
反革命		RAWG
反过来		RFGO
反浪费		RIXJ
反民主		RNYG
反贪污		RWIF
反应堆		RYFW
反义词		RYYN
反作用		RWET
反唇相讥		RDSY
反复无常		RTFI
反攻倒算		RAWT
返	厂又辶	RCPI
返航		RCTE
返回		RCLK
返乡		RCXT
返销		RCQI
返修		RCWH
返老还童		RFGU
范	艹氵㔾	AIBB
范畴		AILD
范例		AIWG
范围		AILF
贩	贝厂又	MRCY
贩卖		MRFN
贩运		MRFC
犯	犭丿㔾	QTBN
犯病		QTUG
犯法		QTIF
犯规		QTFW
犯人		QTWW
犯罪		QTLD
犯错误		QQYK
饭	⺈乙厂又	QNRC
饭菜		QNAE
饭店		QNYH
饭后		QNRG
饭前		QNUE
饭厅		QNDS
饭碗		QNDP
泛	氵丿之	ITPY
泛滥		ITIJ
蕃	艹丿米田	ATOL
蘩	艹𠂉ㄣ小	ATXI
幡	冂丨丿田	MHTL
梵	木木几丶	SSMY
燔	火丿米田	OTOL
畈	田厂又	LRCY
蹯	口止丿田	KHTL

fang

词条	字根	编码
坊	土方	FYN
芳	艹方	AYB
芳菲		AYAD
芳龄		AYHW
芳香		AYTJ
方	方丶一乙	YYGN
方案		YYPV
方便		YYWG
方法		YYIF
方面		YYDM
方式		YYAA
方位		YYWU
方向		YYTM
方圆		YYLK
方针		YYQF
方便面		YWDM
方块字		YFPB
方框图		YSLT
方括号		YRKG
方面军		YDPL
方向盘		YTTE

方兴未艾		YIFA
方针政策		YQGT
肪	月方	EYN
房	丶尸方	YNYV
房产		YNUT
房东		YNAI
房间		YNUJ
房客		YNPT
房屋		YNNG
房子		YNBB
房租		YNTE
房产科		YUTU
房地产		YFUT
房管科		YTTU
房租费		YTXJ
防	阝方	BYN
防备		BYTL
防病		BYUG
防潮		BYIF
防弹		BYXU
防盗		BYUQ
防范		BYAI
防洪		BYIA
防护		BYRY
防火		BYOO
防空		BYPW
防守		BYPF
防线		BYXG
防汛		BYIN
防疫		BYUM
防御		BYTR
防震		BYFD
防止		BYHH
防治		BYIC
防护林		BRSS
防疫站		BUUH
妨	女方	VYN
妨碍		VYDJ
妨害		VYPD
仿	亻方	WYN
仿佛		WYWX
仿制		WYRM
仿宋体		WPWS
访	讠方	YYN
访问		YYUK
访华团		YWLF
纺	纟方	XYN
纺纱		XYXI
纺织		XYXK
纺织厂		XXDG
纺织品		XXKK
放	方攵	YTY
放大		YTDD
放荡		YTAI
放电		YTJN
放火		YTOO
放假		YTWN
放开		YTGA
放空		YTPW
放宽		YTPA
放弃		YTYC
放慢		YTNJ
放牧		YTTR
放炮		YTOQ
放射		YTTM
放手		YTRT
放肆		YTDV
放松		YTSW
放心		YTNY
放学		YTIP
放映		YTJM
放置		YTLF
放纵		YTXW
放大镜		YDQU
放射线		YTXG
放映机		YJSM
放任自流		YWTI
邡	方阝	YBH
枋	木方	SYN
钫	钅方	QYN
舫	丿丹方	TEYN
鲂	鱼一方	QGYN

fei

痱	疒三刂三	UDJD
蜚	三刂三虫	DJDJ
篚	竹匚三三	TADD
翡	三刂三羽	DJDN
霏	雨三刂三	FDJD
鲱	鱼一三三	QGDD
菲	艹三刂三	ADJD
菲律宾		ATPR
非	三刂三	DJDD
非常		DJIP
非法		DJIF
非凡		DJMY
非洲		DJIY
非党员		DIKM
非金属		DQNT
非同小可		DMIS
啡	口三刂三	KDJD
飞	乙冫	NUI
飞奔		NUDF
飞船		NUTE
飞机		NUSM
飞快		NUNN
飞速		NUGK
飞舞		NURL
飞翔		NUUD
飞行		NUTF
飞跃		NUKH
飞机场		NSFN
飞行员		NTKM
飞黄腾达		NAED
飞扬跋扈		NRKY
肥	月巴	ECN
肥大		ECDD
肥厚		ECDJ
肥料		ECOU
肥胖		ECEU
肥肉		ECMW

肥瘦		ECUV
肥沃		ECIT
肥皂		ECRA
肥猪		ECQT
肥胖症		EEUG
匪	匚三‖三	ADJD
诽	讠三‖三	YDJD
诽谤		YDYU
吠	口犬	KDY
肺	月一冂丨	EGMH
肺病		EGUG
肺部		EGUK
废	广乙丿丶	YNTY
废除		YNBW
废话		YNYT
废料		YNOU
废品		YNKK
废气		YNRN
废弃		YNYC
废铁		YNQR
废物		YNTR
废纸		YNXQ
废品率		YKYX
废寝忘食		YPYW
沸	氵弓‖	IXJH
沸腾		IXEU
费	弓‖贝	XJMU
费话		XJYT
费用		XJET
费尽心机		XNNS
芾	艹一冂丨	AGMH
狒	犭丿弓‖	QTXJ
悱	忄三‖三	NDJD
淝	氵月巴	IECN
妃	女己	VNN
绯	纟三‖三	XDJD
榧	木匚三三	SADD
腓	月三‖三	EDJD
斐	三‖三文	DJDY
扉	丶尸三三	YNDD
镄	钅弓‖贝	QXJM

fen

芬	艹八刀	AWVB
芬芳		AWAY
酚	西一八刀	SGWV
吩	口八刀	KWVN
吩咐		KWKW
氛	𠂉乙八刀	RNWV
分	八刀	WVB
分贝		WVMH
分泌		WVIN
分辨		WVUY
分别		WVKL
分兵		WVRG
分部		WVUK
分成		WVDN
分厂		WVDG
分寸		WVFG
分担		WVRJ
分档		WVSI
分店		WVYH
分队		WVBW
分工		WVAA
分割		WVPD
分行		WVTF
分化		WVWX
分会		WVWF
分解		WVQE
分界		WVLW
分开		WVGA
分离		WVYB
分裂		WVGQ
分类		WVOD
分米		WVOY
分秒		WVTI
分明		WVJE
分配		WVSG
分批		WVRX
分期		WVAD
分歧		WVHF
分清		WVIG
分散		WVAE
分数		WVOV
分头		WVUD
分外		WVQH
分为		WVYL
分析		WVSR
分钟		WVQK
分子		WVBB
分辩率		WUYX
分阶段		WBWD
分理处		WGTH
分数线		WOXG
分水岭		WIMW
分道扬镳		WURQ
分秒必争		WTNQ
纷	纟八刀	XWVN
纷纷		XWXW
纷纭		XWXF
纷至沓来		XGIG
坟	土文	FYY
坟墓		FYAJ
焚	木木火	SSOU
焚毁		SSVA
焚烧		SSOA
汾	氵八刀	IWVN
粉	米八刀	OWVN
粉笔		OWTT
粉刷		OWNM
粉碎		OWDY
粉身碎骨		OTDM
奋	大田	DLF
奋斗		DLUF
奋力		DLLT
奋起		DLFH
奋勇		DLCE
奋战		DLHK
奋不顾身		DGDT
奋发图强		DNLX
奋勇当先		DCIT

份	亻八刀	WWVN
忿	八刀心	WVNU
忿恨		WVNV
愤	忄十艹贝	NFAM
愤愤		NFNF
愤恨		NFNV
愤慨		NFNV
愤怒		NFVC
粪	米艹八	OAWU
粪便		OAWG
瀵	氵米田八	IOLW
偾	亻十艹贝	WFAM
玢	王八刀	GWVN
棼	木木八刀	SSWV
鲼	鱼一十贝	QGFM
鼢	臼乙⺀刀	VNUV

feng

丰	三丨	DHK
丰碑		DHDR
丰采		DHES
丰产		DHUT
丰富		DHPG
丰厚		DHDJ
丰满		DHIA
丰年		DHRH
丰收		DHNH
丰硕		DHDD
丰姿		DHUQ
丰富多彩		DPQE
丰衣足食		DYKW
封	土土寸	FFFY
封闭		FFUF
封存		FFDH
封底		FFYQ
封建		FFVF
封面		FFDM
封锁		FFQI
封建主义		FVYY
枫	木几㐅	SMQY
枫叶		SMKF
蜂	虫夂三丨	JTDH
蜂蜜		JTPN
峰	山夂三丨	MTDH
锋	钅夂三丨	QTDH
锋芒毕露		QAXF
风	几㐅	MQI
风暴		MQJA
风波		MQIH
风采		MQES
风尘		MQIF
风度		MQYA
风格		MQST
风光		MQIQ
风华		MQWX
风景		MQJY
风雷		MQFL
风力		MQLT
风流		MQIY
风靡		MQYS
风气		MQRN
风趣		MQFH
风骚		MQCC
风沙		MQII
风扇		MQYN
风尚		MQIM
风声		MQFN
风湿		MQIJ
风霜		MQFS
风俗		MQWW
风味		MQKF
风险		MQBW
风行		MQTF
风雨		MQFG
风云		MQFC
风韵		MQUJ
风灾		MQPO
风景区		MJAQ
风湿病		MIUG
风尘仆仆		MIWW
风吹草动		MKAF
风调雨顺		MYFK
风华正茂		MWGA
风靡一时		MYGJ
风雨同舟		MFMT
风起云涌		MFFI
风马牛不相及		MCRE
疯	疒几㐅	UMQI
疯狂		UMQT
疯人院		UWBP
烽	火夂三丨	OTDH
逢	夂三丨辶	TDHP
冯	冫马	UCG
缝	纟夂三辶	XTDP
缝纫		XTXV
缝隙		XTBI
缝纫机		XXSM
讽	讠几㐅	YMQY
讽刺		YMGM
奉	三人二丨	DWFH
奉承		DWBD
奉命		DWWG
奉劝		DWCL
奉送		DWUD
奉献		DWFM
奉行		DWTF
凤	几又	MCI
凤凰		MCMR
俸	亻三人丨	WDWH
酆	三丨三阝	DHDB
葑	艹土土寸	AFFF
唪	口三人丨	KDWH
沣	氵三丨	IDHH
砜	石几㐅	DMQY

fo

佛	亻弓‖	WXJH
佛教		WXFT

fou

否	一小口	GIKF
否定		GIPG
否认		GIYW
否则		GIMJ
缶	𠂉山	RMK

fu

黼	业一丷丶	OGUY
罘	罒一小	LGIU
稃	禾爫子	TEBG
馥	禾日𠂉夂	TJTT
蚨	虫二人	JFWY
蜉	虫爫子	JEBG
蝠	虫一口田	JGKL
蝮	虫𠂉日夂	JTJT
麸	龶夕二人	GQFW
趺	口止二人	KHFW
跗	口止亻寸	KHWF
鲋	鱼一亻寸	QGWF
鳆	鱼一𠂉夂	QGTT
夫	二人	FWI
夫妇		FWVV
夫妻		FWGV
敷	一月丨攵	GEHT
敷衍		GETI
肤	月二人	EFWY
肤色		EFQC
孵	ㄈ丶丿子	QYTB
扶	扌二人	RFWY
扶持		RFRF
拂	扌弓‖	RXJH
拂晓		RXJA
辐	车一口田	LGKL
幅	冂丨一田	MHGL
幅度		MHYA
氟	𠂉乙弓‖	RNXJ
符	竹亻寸	TWFU
符号		TWKG
符合		TWWG
伏	亻犬	WDY
伏特		WDTR
伏尔加		WQLK
俘	亻爫子	WEBG
俘虏		WEHA
服	月卩又	EBCY
服从		EBWW
服气		EBRN
服饰		EBQN
服务		EBTL
服用		EBET
服装		EBUF
服务部		ETUK
服务费		ETXJ
服务台		ETCK
服务业		ETOG
服务员		ETKM
服务站		ETUH
服役期		ETAD
服装厂		EUDG
服务态度		ETDY
浮	氵爫子	IEBG
浮雕		IEMF
浮动		IEFC
浮浅		IEIG
浮现		IEGM
浮夸风		IDMQ
涪	氵立口	IUKG
福	礻丶一田	PYGL
福建		PYVF
福利		PYTJ
福州		PYYT
福建省		PVIT
福州市		PYYM
袱	衤亻犬	PUWD
弗	弓‖	XJK
甫	一月丨丶	GEHY
抚	扌二儿	RFQN
抚摸		RFRA
抚养		RFUD
抚恤金		RNQQ
辅	车一月丶	LGEY
辅导		LGNF
辅助		LGEG
辅导员		LNKM
俯	亻广亻寸	WYWF
俯瞰		WYHN
俯视		WYPY
釜	八乂干丷	WQFU
釜底抽薪		WYRA
斧	八乂斤	WQRJ
斧头		WQUD
斧正		WQGH
脯	月一月丶	EGEY
腑	月广亻寸	EYWF
府	广亻寸	YWFI
腐	广亻寸人	YWFW
腐败		YWMT
腐化		YWWX
腐烂		YWOU
腐蚀		YWQN
腐朽		YWSG
赴	土龰卜	FHHI
赴宴		FHPJ
副	一口田刂	GKLJ
副本		GKSG
副词		GKYN
副刊		GKFJ
副食		GKWY
副手		GKRT
副职		GKBK
副标题		GSJG
副产品		GUKK
副教授		GFRE
副经理		GXGJ
副局长		GNTA
副省长		GITA
副食店		GWYH
副县长		GETA
副总理		GUGJ
副主席		GYYA
覆	西彳𠂉夂	STTT
覆盖		STUG
覆灭		STGO
覆盖率		SUYX
赋	贝一弋止	MGAH
赋予		MGCB
复	𠂉日夂	TJTU
复辟		TJNK
复查		TJSJ

复合		TJWG
复活		TJIT
复习		TJNU
复写		TJPG
复兴		TJIW
复印		TJQG
复员		TJKM
复杂		TJVS
复制		TJRM
复写纸		TPXQ
复印机		TQSM
复印件		TQWR
复杂性		TVNT
傅	亻一月寸	WGEF
付	亻寸	WFY
付出		WFBM
付款		WFFF
付清		WFIG
付印		WFQG
阜	亻ココ十	WNNF
父	八乂	WQU
父辈		WQDJ
父老		WQFT
父母		WQXG
父亲		WQUS
父兄		WQKQ
父子		WQBB
腹	月𠂉日夂	ETJT
腹腔		ETEP
腹痛		ETUC
腹泻		ETIP
负	⺈贝	QMU
负担		QMRJ
负荷		QMAW
负伤		QMWT
负数		QMOV
负载		QMFA
负责		QMGM
负责人		QGWW
负责任		QGWT
负责制		QGRM
富	宀一口田	PGKL
富丽		PGGM
富强		PGXK
富饶		PGQN
富有		PGDE
富裕		PGPU
讣	讠卜	YHY
讣告		YHTF
附	阝亻寸	BWFY
附带		BWGK
附和		BWTK
附加		BWLK
附件		BWWR
附近		BWRP
附录		BWVI
附属		BWNT
附图		BWLT
附言		BWYY
附注		BWIY
附加费		BLXJ
附加税		BLTU
妇	女彐	VVG
妇科		VVTU
妇联		VVBU
妇女节		VVAB
妇女界		VVLW
缚	纟一月寸	XGEF
咐	口亻寸	KWFY
匐	勹一口田	QGKL
凫	勹丶乙几	QYNM
郛	爫子阝	EBBH
芙	艹二人	AFWU
芙蓉		AFAP
苻	艹亻寸	AWFU
茯	艹亻犬	AWDU
莩	艹爫子	AEBF
菔	艹月卩又	AEBC
拊	扌亻寸	RWFY
呋	口二人	KFWY
幞	冂丨业乀	MHOY
怫	忄弓丨	NXJH
滏	氵八乂䒑	IWQU
艴	弓丨⺈巴	XJQC
孚	爫子	EBF
驸	马亻寸	CWFY
绂	纟𠂇又	XDCY
绋	纟弓丨	XXJH
桴	木爫子	SEBG
赙	贝一月寸	MGEF
祓	礻丶𠂇又	PYDC
砩	石弓丨	DXJH
黻	业一丷又	OGUC

G

ga

噶	口艹日乙	KAJN
嘎	口𠂆目戈	KDHA
伽	亻力口	WLKG
尬	𠂇乙人丨	DNWJ
尕	乃小	EIU
尜	小大小	IDIU
旮	九日	VJF
钆	钅乙	QNN

gai

该	讠亠乙人	YYNW
改	己攵	NTY
改编		NTXY
改变		NTYO
改革		NTAF
改建		NTVF
改进		NTFJ
改良		NTYV
改期		NTAD
改善		NTUD
改造		NTTF
改正		NTGH
改装		NTUF
改组		NTXE

改革派 NAIR
改革者 NAFT
改朝换代 NFRW
改革开放 NAGY
改头换面 NURD
概 木彐厶儿 SVCQ
概况 SVUK
概括 SVRT
概率 SVYX
概论 SVYW
概貌 SVEE
概念 SVWY
概略 SVLT
概述 SVSY
概算 SVTH
钙 钅一卜乙 QGHN
盖 丷王皿 UGLF
盖印 UGQG
盖章 UGUJ
盖子 UGBB
溉 氵彐厶儿 IVCQ
丐 一止乙 GHNV
陔 阝亠乙人 BYNW
垓 土亠乙人 FYNW
戤 乃又皿戈 ECLA
赅 贝亠乙人 MYNW

gan

干 干一一丨 FGGH
干杯 FGSG
干部 FGUK
干脆 FGEQ
干旱 FGJF
干活 FGIT
干劲 FGCA
干净 FGUQ
干扰 FGRD
干涉 FGIH
干事 FGGK
干线 FGXG
干校 FGSU
干预 FGCB
干燥 FGOK
干电池 FJIB
干革命 FAWG
干什么 FWTC
干着急 FUQV
干劲十足 FCFK
甘 廿二 AFD
甘草 AFAJ
甘露 AFFK
甘肃 AFVI
甘心 AFNY
甘愿 AFDR
甘蔗 AFAY
甘肃省 AVIT
甘拜下风 ARGM
杆 木干 SFH
杆菌 SFAL
柑 木廿二 SAFG
竿 竹干 TFJ
肝 月干 EFH
肝癌 EFUK
肝胆 EFEJ
肝火 EFOO
肝炎 EFOO
肝脏 EFEY
肝硬化 EDWX
肝胆相照 EESJ
赶 土龰干 FHFK
赶集 FHWY
赶紧 FHJC
赶快 FHNN
感 厂一口心 DGKN
感动 DGFC
感激 DGIR
感觉 DGIP
感慨 DGNV
感冒 DGJH
感情 DGNG
感染 DGIV
感受 DGEP
感叹 DGKC
感想 DGSH
感谢 DGYT
感应 DGYI
感兴趣 DIFH
感激涕零 DIIF
秆 禾干 TFH
敢 乙耳攵 NBTY
敢干 NBFG
敢想 NBSH
敢于 NBGF
敢做 NBWD
赣 立早夂贝 UJTM
坩 土廿二 FAFG
苷 艹廿二 AAFF
尴 尢乙刂皿 DNJL
尴尬 DNDN
擀 扌十早干 RFJF
泔 氵廿二 IAFG
淦 氵金 IQG
澉 氵乙耳攵 SNBT
绀 纟廿二 XAFG
橄 木乙耳攵 SNBT
旰 日干 JFH
矸 石干 DFH
疳 疒廿二 UAFD
酐 西一干 SGFH

gang

冈 冂乂 MQI
刚 冂乂刂 MQJH
刚才 MQFT
刚刚 MQMQ
刚好 MQVB
刚强 MQXK
刚巧 MQAG
刚愎自用 MNTE
钢 钅冂乂 QMQY
钢板 QMSR
钢笔 QMTT

钢材 QMSF
钢管 QMTP
钢筋 QMTE
钢琴 QMGG
钢丝 QMXX
钢铁 QMQR
钢结构 QXSQ
缸 𠂉山工 RMAG
肛 月工 EAG
肛门 EAUY
纲 纟冂乂 XMQY
纲要 XMSV
纲举目张 XIHX
岗 山冂乂 MMQU
岗位 MMWU
港 氵龷八巳 IAWN
港澳 IAIT
港币 IATM
港督 IAHI
港府 IAYW
港客 IAPT
港口 IAKK
港商 IAUM
港务 IATL
港元 IAFQ
港澳同胞 IIME
杠 木工 SAG
戆 立早夂心 UJTN
罡 罒一止 LGHF
筻 竹一日乂 TGJQ

gao

篙 竹亠冂口 TYMK
皋 白大十 RDFJ
高 亠冂口 YMKF
高昂 YMJQ
高傲 YMWG
高产 YMUT
高超 YMFH
高潮 YMIF
高层 YMNF
高大 YMDD
高档 YMSI
高等 YMTF
高低 YMWQ
高度 YMYA
高峰 YMMT
高干 YMFG
高歌 YMSK
高喊 YMKD
高呼 YMKT
高级 YMXE
高价 YMWW
高考 YMFT
高空 YMPW
高粱 YMIV
高龄 YMHW
高炉 YMOY
高明 YMJE
高能 YMCE
高攀 YMSQ
高频 YMHI
高山 YMMM
高尚 YMIM
高烧 YMOA
高深 YMIP
高速 YMGK
高位 YMWU
高温 YMIJ
高效 YMUQ
高校 YMSU
高薪 YMAU
高兴 YMIW
高雄 YMDC
高压 YMDF
高原 YMDR
高涨 YMIX
高招 YMRV
高中 YMKH
高标准 YSUW
高材生 YSTG
高层次 YNUQ
高产田 YULL
高蛋白 YNRR
高分子 YWBB
高加索 YLFP
高精尖 YOID
高利贷 YTWA
高利率 YTYX
高密度 YPYA
高难度 YCYA
高年级 YRXE
高气压 YRDF
高强度 YXYA
高水平 YIGU
高消费 YIXJ
高效能 YUCE
高效益 YUUW
高血压 YTDF
高压锅 YDQK
高质量 YRJG
高中生 YKTG
高姿态 YUDY
高尔夫球 YQFG
高等学校 YTIS
高等院校 YTBS
高官厚禄 YPDP
高深莫测 YIAI
高谈阔论 YYUY
高屋建瓴 YNVW
高瞻远瞩 YHFH
膏 亠冖口月 YPKE
膏药 YPAX
羔 丷王灬 UGOU
糕 米丷王灬 OUGO
糕点 OUHK
搞 扌亠冂口 RYMK
搞到 RYGC
搞好 RYVB
搞活 RYIT
搞清 RYIG

搞垮		RYFD
搞通		RYCE
搞活经济		RIXI
镐	钅亠冂口	QYMK
稿	禾亠冂口	TYMK
稿费		TYXJ
稿件		TYWR
稿纸		TYXQ
稿子		TYBB
告	丿土口	TFKF
告别		TFKL
告诫		TFYA
告急		TFQV
告辞		TFTD
告示		TFFI
告诉		TFYR
告状		TFUD
睾	丿罒土十	TLFF
诰	讠丿土口	YTFK
郜	丿土口阝	TFKB
藁	廾亠冂木	AYMS
缟	纟亠冂口	XYMK
槔	木白大十	SRDF
槁	木亠冂口	SYMK
杲	日木	JSU
锆	钅丿土口	QTFK

ge

搿	手人一手	RWGR
膈	月一口丨	EGKH
硌	石夂口	DTKG
镉	钅一口丨	QGKH
袼	衤冫夂口	PUTK
虼	虫𠂉乙	JTNN
舸	丿舟丁口	TESK
骼	冎月夂口	METK
哥	丁口丁口	SKSK
哥们		SKWU
歌	丁口丁人	SKSW
歌唱		SKKJ
歌词		SKYN
歌剧		SKND
歌曲		SKMA
歌声		SKFN
歌颂		SKWC
歌舞		SKRL
歌星		SKJT
歌唱家		SKPE
歌舞团		SRLF
歌功颂德		SAWT
歌舞升平		SRTG
搁	扌门夂口	RUTK
戈	戈一乙丿	AGNT
戈壁		AGNK
戈壁滩		ANIC
戈尔巴乔夫		AQCF
鸽	人一口一	WGKG
胳	月夂口	ETKG
胳臂		ETNK
胳膊		ETEG
疙	疒𠂉乙	UTNV
疙瘩		UTUA
割	宀三丨刂	PDHJ
革	廿中	AFJ
革命		AFWG
革新		AFUS
革命化		AWWX
革命家		AWPE
革委会		ATWF
革新派		AUIR
革命战争		AWHQ
葛	廾日勹乙	AJQN
格	木夂口	STKG
格调		STYM
格局		STNN
格律		STTV
格式		STAA
格外		STQH
格言		STYY
格格不入		SSGT
蛤	虫人一口	JWGK
阁	门夂口	UTKD
阁下		UTGH
阁员		UTKM
隔	阝一口丨	BGKH
隔壁		BGNK
隔断		BGON
隔阂		BGUY
隔绝		BGXQ
隔离		BGYB
铬	钅夂口	QTKG
个	人丨	WHJ
个别		WHKL
个数		WHOV
个体		WHWS
个性		WHNT
个体户		WWYN
个人成分		WWDW
个人利益		WWTU
各	夂口	TKF
各处		TKTH
各地		TKFB
各方		TKYY
各个		TKWH
各国		TKLG
各级		TKXE
各族		TKYT
各界		TKLW
各类		TKOD
各位		TKWU
各项		TKAD
各种		TKTK
各自		TKTH
各部分		TUWV
各部委		TUTV
各处室		TTPG
各单位		TUWU
各地区		TFAQ
各方面		TYDM
各行业		TTOG
各阶层		TBNF

各民族		TNYT
各省市		TIYM
各市地		TYFB
各市县		TYEG
各县区		TEAQ
各学科		TITU
各院校		TBSU
各总部		TUUK
各大军区		TDPA
各行各业		TTTO
各行其是		TTAJ
各级党委		TXIT
各级领导		TXWN
各尽所能		TNRC
各式各样		TATS
各抒己见		TRNM
各种各样		TTTS
各自为政		TTYG
鬲	一口冂丨	GKMH
仡	亻𠂉乙	FTNN
哿	力口丁口	LKSK
圪	土𠂉乙	FTNN
塥	土一口丨	FGKH
嗝	口一口丨	KGKH

gei

给	纟人一口	XWGK
给养		XWUD
给予		XWCB
给与		XWGN

gen

根	木彐𠄌	SVEY
根本		SVSG
根除		SVBW
根号		SVKG
根据		SVRN
根源		SVID
根子		SVBB
根本上		SSHH
根据地		SRFB
根深蒂固		SIAL
跟	口止彐𠄌	KHVE
跟前		KHUE
跟随		KHBD
跟着		KHUD
跟踪		KHKH
亘	一日一	GJGF
茛	廾彐𠄌	AVEU
哏	口彐𠄌	KVEY
艮	彐𠄌	VEI

geng

耕	三小二丨	DIFJ
耕地		DIFB
耕种		DITK
耕作		DIWT
更	一日乂	GJQI
更多		GJQQ
更好		GJVB
更换		GJRQ
更加		GJLK
更新		GJUS
更何况		GWUK
更年期		GRAD
更衣室		GYPG
更新换代		GURW
更上一层楼		GHGS
庚	广彐人	YVWI
羹	丷王灬大	UGOD
埂	土一日乂	FGJQ
耿	耳火	BOY
耿直		BOFH
梗	木一日乂	SGJQ
哽	口一日乂	KGJQ
哽咽		KGKL
赓	广彐人贝	YVWM
绠	纟一日乂	XGJQ
鲠	鱼一一乂	QGGQ

gong

工	【键名码】	AAAA
工本		AASG
工兵		AARG
工场		AAFN
工厂		AADG
工程		AATK
工党		AAIP
工地		AAFB
工段		AAWD
工分		AAWV
工夫		AAFW
工会		AAWF
工件		AAWR
工匠		AAAR
工具		AAHW
工龄		AAHW
工农		AAPE
工钱		AAQG
工期		AAAD
工区		AAAQ
工人		AAWW
工商		AAUM
工时		AAJF
工事		AAGK
工委		AATV
工序		AAYC
工业		AAOG
工艺		AAAN
工友		AADC
工种		AATK
工装		AAUF
工资		AAUQ
工作		AAWT
工本费		ASXJ
工程兵		ATRG
工程师		ATJG
工具书		AHNN
工农兵		APRG
工农业		APOG
工商户		AUYN
工商业		AUOG
工学院		AIBP
工业国		AOLG

工业化	AOWX
工业局	AONN
工业品	AOKK
工业区	AOAQ
工艺品	AAKK
工作服	AWEB
工作间	AWUJ
工作量	AWJG
工作台	AWCK
工作站	AWUH
工作者	AWFT
工作证	AWYG
工作组	AWXE
工矿企业	ADWO
工农联盟	APBJ
工人阶级	AWBX
工商银行	AUQT
工资级别	AUXK
工作人员	AWWK
工作总结	AWUX
攻 工攵	ATY
攻打	ATRS
攻读	ATYF
攻关	ATUD
攻击	ATFM
攻克	ATDQ
攻势	ATRV
攻占	ATHK
功 工力	ALN
功臣	ALAH
功夫	ALFW
功课	ALYJ
功劳	ALAP
功率	ALYX
功名	ALQK
功能	ALCE
功效	ALUQ
功勋	ALKM
功败垂成	AMTD
恭 艹八小	AWNU
恭贺	AWLK
恭候	AWWH
恭敬	AWAQ
恭听	AWKR
恭维	AWXW
恭喜	AWFK
龚 ナ匕艹八	DXAW
供 亻艹八	WAWY
供电	WAJN
供给	WAXW
供暖	WAJE
供求	WAFI
供水	WAII
供销	WAQI
供需	WAFD
供应	WAYI
供电站	WJUH
供销科	WQTU
供销社	WQPY
供不应求	WGYF
躬 丿冂三弓	TMDX
公 八厶	WCU
公安	WCPV
公报	WCRB
公尺	WCNY
公道	WCUT
公德	WCTF
公费	WCXJ
公分	WCWV
公告	WCTF
公共	WCAW
公馆	WCQN
公家	WCPE
公斤	WCRT
公开	WCGA
公款	WCFF
公里	WCJF
公理	WCGJ
公历	WCDL
公粮	WCOY
公路	WCKH
公民	WCNA
公亩	WCYL
公平	WCGU
公顷	WCXD
公然	WCQD
公认	WCYW
公社	WCPY
公升	WCTA
公式	WCAA
公署	WCLF
公私	WCTC
公司	WCNG
公文	WCYY
公物	WCTR
公务	WCTL
公休	WCWS
公演	WCIP
公寓	WCPJ
公元	WCFQ
公园	WCLF
公约	WCXQ
公用	WCET
公有	WCDE
公债	WCWG
公章	WCUJ
公正	WCGH
公证	WCYG
公职	WCBK
公制	WCRM
公众	WCWW
公主	WCYG
公安部	WPUK
公安处	WPTH
公安厅	WPDS
公检法	WSIF
公里数	WJOV
公使馆	WWQN
公务员	WTKM
公有制	WDRM

公费医疗		WXAU
公共场所		WAFR
公共汽车		WAIL
宫	宀口口	PKKF
宫殿		PKNA
弓	弓乙一乙	XNGN
巩	工几丶	AMYY
巩固		AMLD
汞	工水	AIU
拱	扌艹八	RAWY
贡	工贝	AMU
贡献		AMFM
共	艹八	AWU
共处		AWTH
共存		AWDH
共和		AWTK
共建		AWVF
共进		AWFJ
共鸣		AWKQ
共商		AWUM
共事		AWGK
共同		AWMG
共享		AWYB
共性		AWNT
共需		AWFD
共用		AWET
共有		AWDE
共产党		AUIP
共和国		ATLG
共和制		ATRM
共患难		AKCW
共青团		AGLF
共同社		AMPY
共同体		AMWS
共产党员		AUIK
共产主义		AUYY
肱	月𠂇厶	EDCY
蚣	虫八厶	JWCY
觥	⺈用小儿	QEIQ

gou

钩	钅勹厶	QQCY
勾	勹厶	QCI
勾当		QCIV
勾结		QCXF
勾通		QCCE
沟	氵勹厶	IQCY
沟壑		IQHP
沟通		IQCE
苟	艹勹口	AQKF
狗	犭丿勹口	QTQK
垢	土厂一口	FRGK
构	木勹厶	SQCY
构成		SQDN
构件		SQWR
构思		SQLN
构图		SQLT
构造		SQTF
购	贝勹厶	MQCY
购买		MQNU
购物		MQTR
购置		MQLF
购买力		MNLT
够	勹口夕夕	QKQQ
佝	亻勹口	WQKG
诟	讠厂一口	YRGK
岣	山勹口	MQKG
遘	二刂一辶	FJGP
媾	女二刂土	VFJF
缑	纟亻乙大	XWND
枸	木勹口	SQKG
觏	二刂一儿	FJGQ
彀	士冖一又	FPGC
笱	竹勹口	TQKF
篝	竹二刂土	TFJF
鞲	廿串二土	AFFF

gu

轱	车古	LDG
牯	丿扌古	TRDG
牿	丿扌丿口	TRTK
臌	月土口又	EFKC
毂	士冖车又	FPLC
瞽	士口䒑目	FKUH
罟	罒古	LDF
钴	钅古	QDG
锢	钅口古	QLDG
鸪	古勹丶一	DQYG
鹄	丿土口一	TFKG
痼	疒口古	ULDD
蛄	虫古	JDG
酤	西一古	SGDG
觚	⺈用厂㇏	QERY
鲴	鱼一口古	QGLD
鹘	冎月勹一	MEQG
辜	古辛	DUJ
辜负		DUQM
菇	艹女古	AVDF
咕	口古	KDG
箍	竹扌匚丨	TRAH
估	亻古	WDG
估计		WDYF
估价		WDWW
估算		WDTH
沽	氵古	IDG
孤	子厂厶㇏	BRCY
孤单		BRUJ
孤独		BRQT
孤立		BRUU
孤儿院		BQBP
孤芳自赏		BATI
孤家寡人		BPPW
孤陋寡闻		BBPU
孤注一掷		BIGR
姑	女古	VDG
姑表		VDGE
姑父		VDWQ
姑姑		VDVD
姑妈		VDVC
姑娘		VDVY
姑且		VDEG

鼓	士口⺌又	FKUC
鼓吹		FKKQ
鼓动		FKFC
鼓励		FKDD
鼓舞		FKRL
鼓掌		FKIP
古	古一丨一	DGHG
古巴		DGCN
古代		DGWA
古典		DGMA
古董		DGAT
古籍		DGTD
古迹		DGYO
古老		DGFT
古人		DGWW
古书		DGNN
古文		DGYY
古物		DGTR
古装		DGUF
古色古香		DQDT
蛊	虫皿	JLF
骨	冎月	MEF
骨干		MEFG
骨科		METU
骨气		MERN
骨肉		MEMW
骨头		MEUD
谷	八人口	WWKF
谷物		WWTR
谷子		WWBB
股	月几又	EMCY
股长		EMTA
股东		EMAI
股分		EMWV
股份		EMWW
股金		EMQQ
股票		EMSF
股市		EMYM
股息		EMTH
故	古攵	DTY
故地		DTFB
故宫		DTPK
故国		DTLG
故居		DTND
故里		DTJF
故事		DTGK
故土		DTFF
故乡		DTXT
故意		DTUJ
故障		DTBU
故事片		DGTH
故弄玄虚		DGYH
顾	厂㔾丆贝	DBDM
顾及		DBEY
顾客		DBPT
顾虑		DBHA
顾全		DBWG
顾委		DBTV
顾问		DBUK
顾此失彼		DHRT
顾名思义		DQLY
顾全大局		DWDN
固	口古	LDD
固定		LDPG
固化		LDWX
固然		LDQD
固态		LDDY
固体		LDWS
固有		LDDE
固执		LDRV
固步自封		LHTF
固定资产		LPUU
雇	丶尸亻圭	YNWY
雇用		YNET
雇员		YNKM
诂	讠古	YDG
菰	艹子厂㇏	ABRY
崮	山口古	MLDF
汩	氵日	IJG
牿	木丿土口	STFK

gua

刮	丿古刂	TDJH
刮目相看		THSR
瓜	厂厶㇏	RCYI
瓜分		RCWV
瓜果		RCJS
瓜子		RCBB
瓜熟蒂落		RYAA
剐	口冂人刂	KMWJ
寡	宀丆月刀	PDEV
寡妇		PDVV
挂	扌土土	RFFG
挂靠		RFTF
挂历		RFDL
挂牌		RFTH
挂帅		RFJM
挂号费		RKXJ
挂号信		RKWY
挂一漏万		RGID
褂	礻⺀土卜	PUFH
卦	土土卜	FFHY
呱	口厂厶㇏	KRCY
胍	月厂厶㇏	ERCY
鸹	丿古勹一	TDQG

guai

乖	丿十丬匕	TFUX
拐	扌口力	RKLN
拐骗		RKCY
拐弯抹角		RYRQ
怪	忄又土	NCFG
怪事		NCGK
怪物		NCTR

guan

棺	木宀ココ	SPNN
棺材		SPSF
关	丷大	UDU
关闭		UDUF
关键		UDQV
关节		UDAB
关联		UDBU

关门		UDUY
关切		UDAV
关税		UDTU
关头		UDUD
关系		UDTX
关心		UDNY
关于		UDGF
关於		UDYW
关照		UDJV
关注		UDIY
关系户		UTYN
官	宀コ丨コ	PNHN
官办		PNLW
官兵		PNRG
官场		PNFN
官方		PNYY
官府		PNYW
官僚		PNWD
官气		PNRN
官腔		PNEP
官商		PNUM
官司		PNNG
官衔		PNTQ
官员		PNKM
官职		PNBK
冠	冖二儿寸	PFQF
冠军		PFPL
冠心病		PNUG
冠冕堂皇		PJIR
观	又冂儿	CMQN
观测		CMIM
观察		CMPW
观点		CMHK
观感		CMDG
观光		CMIQ
观看		CMRH
观礼		CMPY
观摩		CMYS
观念		CMWY
观赏		CMIP
观望		CMYN
观众		CMWW
观察家		CPPE
观察员		CPKM
管	竹宀ココ	TPNN
管道		TPUT
管家		TPPE
管理		TPGJ
管辖		TPLP
管制		TPRM
管子		TPBB
管理费		TGXJ
管理体制		TGWR
馆	饣乙宀コ	QNPN
馆长		QNTA
罐	𠂉山卄圭	RMAY
惯	忄毌十贝	NXFM
惯例		NXWG
惯用		NXET
惯用语		NEYG
灌	氵卄口圭	IAKY
灌溉		IAIV
灌木		IASS
灌输		IALW
贯	毌十贝	XFMU
贯彻		XFTA
贯穿		XFPW
贯彻执行		XTRT
倌	亻宀ココ	WPNN
掼	扌毌十贝	RXFM
涫	氵宀ココ	IPNN
盥	⺽一水皿	QGIL
鹳	卄口口一	AKKG
鳏	鱼一罒氺	QGLI

guang

光	⺌儿	IQB
光彩		IQES
光电		IQJN
光顾		IQDB
光华		IQWX
光滑		IQIM
光辉		IQIQ
光景		IQJY
光亮		IQYP
光临		IQJT
光芒		IQAY
光明		IQJE
光荣		IQAP
光线		IQXG
光学		IQIP
光阴		IQBE
光泽		IQIC
光洁度		IIYA
光彩夺目		IEDH
光怪陆离		INBY
光明磊落		IJDA
光明日报		IJJR
光明正大		IJGD
光天化日		IGWJ
广	广丶一丿	YYGT
广播		YYRT
广场		YYFN
广大		YYDD
广东		YYAI
广度		YYYA
广泛		YYIT
广柑		YYSA
广告		YYTF
广阔		YYUI
广西		YYSG
广义		YYYQ
广州		YYYT
广东省		YAIT
广告牌		YTTH
广交会		YUWF
广州市		YYYM
广播电台		YRJC
广大群众		YDVW
广西壮族自治区		YSUA
逛	犭丿王辶	QTGP

逛公园		QWLF
逛商店		QUYH
咣	口⺌儿	KIQN
犷	犭丿广	QTYT
桄	木⺌儿	SIQN
胱	月⺌儿	EIQN
gui		
皈	白厂又	RRCY
簋	竹彐⺄皿	TVEL
鲑	鱼一土土	QGFF
鳜	鱼一厂人	QGDW
瑰	王白儿厶	GRQC
规	二人冂儿	FWMQ
规程		FWTK
规定		FWPG
规范		FWAI
规格		FWST
规划		FWAJ
规矩		FWTD
规律		FWTV
规模		FWSA
规则		FWMJ
规章		FWUJ
规格化		FSWX
规律性		FTNT
规章制度		FURY
圭	土土	FFF
硅	石土土	DFFG
硅谷		DFWW
归	刂彐	JVG
归并		JVUA
归档		JVSI
归队		JVBW
归功		JVAL
归公		JVWC
归国		JVLG
归还		JVGI
归类		JVOD
归纳		JVXM
归侨		JVWT
归属		JVNT
归宿		JVPW
归于		JVGF
归功于		JAGF
归根到底		JSGY
龟	⺈日乙	QJNB
闺	门土土	UFFD
闺女		UFVV
轨	车九	LVN
轨道		LVUT
轨迹		LVYO
鬼	白儿厶	RQCI
鬼神		RQPY
鬼斧神工		RWPA
诡	讠⺈厂㔾	YQDB
诡辩		YQUY
诡计		YQYF
癸	癶一大	WGDU
桂	木土土	SFFG
桂冠		SFPF
桂花		SFAW
桂林		SFSS
柜	木匚コ	SANG
柜子		SABB
跪	口止⺈㔾	KHQB
贵	口丨一贝	KHGM
贵宾		KHPR
贵客		KHPT
贵姓		KHVT
贵阳		KHBJ
贵州		KHYT
贵阳市		KBYM
贵州省		KYIT
刽	人二厶刂	WFCJ
匦	匚车九	ALVV
刿	山夕刂	MQJH
庋	广十又	YFCI
宄	宀九	PVB
妫	女丶力丶	VYLY
炅	日火	JOU
晷	日夂卜口	JTHK
gun		
辊	车日匕匕	LJXX
滚	氵六厶𧘇	IUCE
滚蛋		IUNH
滚动		IUFC
滚滚		IUIU
滚珠		IUGR
滚瓜烂熟		IROY
棍	木日匕匕	SJXX
棍子		SJBB
衮	六厶𧘇	UCEU
绲	纟日匕匕	XJXX
磙	石六厶𧘇	DUCE
鲧	鱼一丿小	QGTI
guo		
锅	钅口冂人	QKMW
锅炉		QKOY
郭	亠口子阝	YBBH
国	囗王丶	LGYI
国宝		LGPG
国宾		LGPR
国策		LGTG
国产		LGUT
国都		LGFT
国法		LGIF
国防		LGBY
国歌		LGSK
国画		LGGL
国徽		LGTM
国会		LGWF
国货		LGWX
国籍		LGTD
国际		LGBF
国家		LGPE
国境		LGFU
国军		LGPL
国君		LGVT
国库		LGYL
国力		LGLT

国民		LGNA	
国旗		LGYT	
国情		LGNG	
国庆		LGYD	
国体		LGWS	
国土		LGFF	
国外		LGQH	
国王		LGGG	
国务		LGTL	
国宴		LGPJ	
国营		LGAP	
国语		LGYG	
国葬		LGAG	
国债		LGWG	
国宾馆		LPQN	
国防部		LBUK	
国际法		LBIF	
国际歌		LBSK	
国际性		LBNT	
国库券		LYUD	
国民党		LNIP	
国内外		LMQH	
国庆节		LYAB	
国务卿		LTQT	
国务院		LTBP	
国有化		LDWX	
国防大学		LBDI	
国计民生		LYNT	
国际货币		LBWT	
国际市场		LBYF	
国际主义		LBYY	
国家机关		LPSU	
国家利益		LPTU	
国内市场		LMYF	
国民经济		LNXI	
国民收入		LNNT	
国务委员		LTTK	
国务院总理		LTBG	
果	日木	JSI	
果断		JSON	
果敢		JSNB	
果木		JSSS	
果品		JSKK	
果然		JSQD	
果实		JSPU	
果树		JSSC	
果园		JSLF	
果真		JSFH	
果子		JSBB	
裹	亠日木𧘇	YJSE	
过	寸辶	FPI	
过程		FPTK	
过错		FPQA	
过度		FPYA	
过渡		FPIY	
过分		FPWV	
过后		FPRG	
过节		FPAB	
过境		FPFU	
过来		FPGO	
过滤		FPIH	
过敏		FPTX	
过年		FPRH	
过期		FPAD	
过去		FPFC	
过时		FPJF	
过问		FPUK	
过细		FPXL	
过瘾		FPUB	
过硬		FPDG	
过于		FPGF	
过去时		FFJF	
馘	䒑丿目一	UTHG	
埚	土口冂人	FKMW	
掴	扌口王丶	RLGY	
呙	口冂人	DMWU	
帼	冂丨口丶	MHLY	
崞	山亠子	MYBG	
猓	犭丿日木	QTJS	
椁	木亠子	SYBG	
虢	爫寸虍几	EFHM	
聒	耳丿古	BTDG	
蜾	虫日木	JJSY	
蝈	虫口王丶	JLGY	

H

ha

哈	口人一口	KWGK
哈尔滨		KQIP
哈蜜瓜		KPRC
哈尔滨市		KQIY
铪	钅人一口	QWGK

hai

骸	冎月亠人	MEYW
孩	子亠乙人	BYNW
孩子		BYBB
孩儿		BYQT
海	氵𠂉母	ITXU
海拔		ITRD
海报		ITRB
海豹		ITEE
海边		ITLP
海滨		ITIP
海参		ITCD
海产		ITUT
海潮		ITIF
海带		ITGK
海岛		ITQY
海防		ITBY
海风		ITMQ
海港		ITIA
海关		ITUD
海疆		ITXF
海军		ITPL
海浪		ITIY
海里		ITJF
海面		ITDM
海内		ITMW
海鸟		ITQY

海鸥 ITAQ
海上 ITHH
海水 ITII
海外 ITQH
海湾 ITIY
海峡 ITMG
海鲜 ITQG
海洋 ITIU
海域 ITFA
海战 ITHK
海岸线 IMXG
海口市 IKYM
海陆空 IBPW
海南岛 IFQY
海南省 IFIT
海内外 IMQH
海阔天空 IUGP
海市蜃楼 IYDS
海外侨胞 IQWE
海峡两岸 IMGM
氦 𠂉乙亠人 RNYW
亥 亠乙丿人 YNTW
害 宀三丨口 PDHK
害病 PDUG
害虫 PDJH
害处 PDTH
害怕 PDNR
骇 马亠乙人 CYNW
骇人听闻 CWKU
还 一小辶 GIPI
还会 GIWF
还将 GIUQ
还是 GIJG
还想 GISH
还需 GIFD
还须 GIED
还要 GISV
还应 GIYI
还有 GIDE
还必须 GNED
还不错 GGQA
还不够 GGQK
还不能 GGCE
还将有 GUDE
还可能 GSCE
还可以 GSNY
还需要 GFSV
嗨 口氵𠂉氵 KITU
胲 月亠乙人 EYNW
醢 西一ナ皿 SGDL

han

晗 日人丶口 JWYK
焓 火人丶口 OWYK
顸 干𠂆贝 FDMY
颔 人丶乙贝 WYNM
蚶 虫廿二 JAFG
鼾 丿目田干 THLF
憨 乙耳攵心 NBTN
邯 廿二阝 AFBH
韩 十早二丨 FJFH
含 人丶乙口 WYNK
含糊 WYOD
含义 WYYQ
含有 WYDE
含金量 WQJG
含水量 WIJG
含沙射影 WITJ
涵 氵了㇇凵 IBIB
寒 宀二川㇀ PFJU
寒风 PFMQ
寒冷 PFUW
寒流 PFIY
寒暑假 PJWN
函 了㇇凵 BIBK
函授 BIRE
函授生 BRTG
喊 口厂一丿 KDGT
罕 冖八干 PWFJ
翰 十早人羽 FJWN
撼 扌厂一心 RDGN
捍 扌日干 RJFH
旱 日干 JFJ
旱季 JFTB
旱灾 JFPO
憾 忄厂一心 NDGN
悍 忄日干 NJFH
焊 火日干 OJFH
汗 氵干 IFH
汗水 IFII
汗马功劳 ICAA
汉 氵又 ICY
汉语 ICYG
汉字 ICPB
汉族 ICYT
汉字输入技术 IPLS
邗 干阝 FBH
菡 廿了㇇凵 ABIB
撖 扌乙耳攵 RNBT
瀚 氵十早羽 IFJN

hang

夯 大力 DLB
杭 木亠几 SYMN
杭州 SYYT
杭州市 SYYM
航 丿舟亠几 TEYM
航空 TEPW
航天 TEGD
航天部 TGUK
行 彳二丨 TFHH
行业 TFOG
沆 氵亠几 IYMN
绗 纟彳二丨 XTFH
颃 亠几𠂆贝 YMDM

hao

壕 土古冖豕 FYPE
嚎 口古冖豕 KYPE
豪 古冖豕 YPEU
豪华 YPWX
豪华车 YWLG
毫 古冖丿乙 YPTN

毫米		YPOY
毫米波		YOIH
毫微米		YTOY
毫微秒		YTTI
毫无疑问		YFXU
毫无疑义		YFXY
郝	土小阝	FOBH
好	女子	VBG
好比		VBXX
好吃		VBKT
好处		VBTH
好多		VBQQ
好感		VBDG
好汉		VBIC
好坏		VBFG
好看		VBRH
好奇		VBDS
好听		VBKR
好象		VBQJ
好些		VBHX
好心		VBNY
好转		VBLF
好办法		VLIF
好莱坞		VAFQ
好容易		VPJQ
好样的		VSRQ
好大喜功		VDFA
好高骛远		VYCF
好事多磨		VGQY
好为人师		VYWJ
好逸恶劳		VQGA
耗	三小丿乙	DITN
耗电量		DJJG
号	口一乙	KGNB
号码		KGDC
号召		KGVK
浩	氵丿土口	ITFK
浩如烟海		IVOI
蒿	艹亠冂口	AYMK
薅	艹女厂寸	AVDF
嗥	口白大十	KRDF
嚆	口艹亠口	KAYK
濠	氵亠冖豕	IYPE
灏	氵日亠贝	IJYM
昊	日一大	JGDU
皓	白丿土口	RTFK
颢	日亠小贝	JYIM
蚝	虫丿二乙	JTFN

he

纥	纟𠂉乙	XTNN
曷	日勹人乙	JQWN
盍	土厶皿	FCLF
颌	人一口贝	WGKM
翮	一口冂羽	GKMN
呵	口丁口	KSKG
喝	口日勹乙	KJQN
荷	艹亻丁口	AWSK
核	木亠乙人	SYNW
核对		SYCF
核算		SYTH
核心		SYNY
核爆炸		SOOT
核裁军		SFPL
核大国		SDLG
核弹头		SXUD
核导弹		SNXU
核电站		SJUH
核发电		SNJN
核反应		SRYI
核辐射		SLTM
核工业		SAOG
核技术		SRSY
核垄断		SDON
核试验		SYCW
核武器		SGKK
核战争		SHQV
禾	【键名码】	TTTT
和	禾口	TKG
和蔼		TKAY
和睦		TKHF
和平		TKGU
和气		TKRN
和谐		TKYX
和风细雨		TMXF
和平共处		TGAT
和颜悦色		TUNQ
何	亻丁口	WSKG
何必		WSNT
何等		WSTF
何况		WSUK
何去何从		WFWW
合	人一口	WGKF
合并		WGUA
合成		WGDN
合肥		WGEC
合格		WGST
合计		WGYF
合理		WGGJ
合适		WGTD
合同		WGMG
合资		WGUQ
合作		WGWT
合唱团		WKLF
合肥市		WEYM
合格证		WSYG
合理化		WGWX
合同法		WMIF
合同工		WMAA
合同制		WMRM
合情合理		WNWG
合资企业		WUWO
盒	人一口皿	WGKL
貉	豸夂口	EETK
阂	门亠乙人	UYNW
河	氵丁口	ISKG
河北		ISUX
河流		ISIY
河南		ISFM
河北省		IUIT
河南省		IFIT

涸	氵口古	ILDG
赫	土小土小	FOFO
褐	衤‹日乙	PUJN
鹤	冖亻主一	PWYG
贺	力口贝	LKMU
贺年片		LRTH
诃	讠丁口	YSKG
劾	亠乙丿力	YNTL
壑	⺊冖一土	HPGF
嗬	口艹亻口	KAWK
阖	门土厶皿	UFCL

hei

嘿	口罒土灬	KLFO
黑	罒土灬	LFOU
黑暗		LFJU
黑板		LFSR
黑人		LFWW
黑色		LFQC
黑板报		LSRB
黑龙江		LDIA
黑社会		LPWF
黑体字		LWPB
黑种人		LTWW
黑龙江省		LDII

hen

痕	疒彐以	UVEI
很	彳彐以	TVEY
很大		TVDD
很低		TVWQ
很多		TVQQ
很高		TVYM
很好		TVVB
很冷		TVUW
很能		TVCE
很热		TVRV
很小		TVIH
很必要		TNSV
很可能		TSCE
很能够		TCQK
很容易		TPJQ
很需要		TFSV
狠	犭丿彐以	QTVE
恨	忄彐以	NVEY
恨不得		NGTJ

heng

哼	口亠口了	KYBH
亨	亠口了	YBJ
横	木艹由八	SAMW
横行霸道		STFU
横向联合		STBW
衡	彳鱼大丨	TQDH
恒	忄一日一	NGJG
蘅	艹彳鱼丨	ATQH
珩	王彳丨	GTFH
桁	木彳二丨	STFH

hong

轰	车又又	LCCU
轰轰烈烈		LLGG
哄	口艹八	KAWY
烘	火艹八	OAWY
虹	虫工	JAG
鸿	氵工勹一	IAQG
洪	氵艹八	IAWY
宏	宀ナ厶	PDCU
宏观		PDCM
弘	弓厶	XCY
红	纟工	XAG
红旗		XAYT
红色		XAQC
红领巾		XWMH
红楼梦		XSSS
红绿灯		XXOS
红外线		XQXG
红细胞		XXEQ
红眼病		XHUG
黉	⺍冖艹八	IPAW
訇	勹言	QYD
讧	讠工	YAG
荭	艹纟工	AXAF
蕻	艹镸艹八	ADAW
薨	艹罒冖匕	ALPX
闳	门ナ厶	UDCI
泓	氵弓厶	IXCY
珙	王艹八	GAWY

hou

喉	口亻乙大	KWND
侯	亻乙𠂉大	WNTD
猴	犭丿亻大	QTWD
吼	口子乙	KBNN
厚	厂日子	DJBD
候	亻丨乙大	WHND
候车室		WLPG
候机室		WSPG
候选人		WTWW
后	厂一口	RGKD
后边		RGLP
后方		RGYY
后果		RGJS
后悔		RGNT
后来		RGGO
后面		RGDM
后期		RGAD
后勤		RGAK
后天		RGGD
后头		RGUD
后退		RGVE
后者		RGFT
后备军		RTPL
后勤部		RAUK
后遗症		RKUG
后发制人		RNRW
后顾之忧		RDPN
后来居上		RGNH
后起之秀		RFPT
堠	土亻乙大	FWND
後	彳幺夂	TXTY
逅	厂一口辶	RGKP
瘊	疒亻乙大	UWND
篌	竹亻乙大	TWND
糇	米亻乙大	OWND

鲎	⺌冖鱼一	IPQG
骺	冎月厂口	MERK

hu

呼	口丿⺍丨	KTUH
呼吸		KTKE
呼和浩特		KTIT
乎	丿⺍丨	TUHK
忽	勹彡心	QRNU
忽然		QRQD
瑚	王古月	GDEG
壶	士冖⺍一	FPOG
葫	艹古月	ADEF
胡	古月	DEG
胡萝卜		DAHH
胡作非为		DWDY
蝴	虫古月	JDEG
狐	犭丿厂乀	QTRY
狐假虎威		QWHD
糊	米古月	ODEG
糊涂		ODIW
湖	氵古月	IDEG
湖北		IDUX
湖南		IDFM
湖泊		IDIR
湖北省		IUIT
湖南省		IFIT
弧	弓厂厶乀	XRCY
虎	虍七几	HAMV
虎头蛇尾		HUJN
唬	口虍七几	KHAM
护	扌丶尸	RYNT
护士		RYFG
护照		RYJV
互	一彑一	GXGD
互相		GXSH
互助		GXEG
互助组		GEXE
沪	氵丶尸	IYNT
户	丶尸	YNE
户口		YNKK
冱	冫一彑一	UGXG
唿	口勹彡心	KQRN
囫	口勹彡	LQRE
岵	山古	MDG
猢	犭丿古月	QTDE
怙	忄古	NDG
惚	忄勹彡心	NQRN
浒	氵讠𠂉十	IYTF
滹	氵虍七丨	IHAH
琥	王虍七几	GHAM
槲	木⺈用十	SQEF
轷	车丿⺍丨	LTUH
觳	士冖一又	FPGC
烀	火丿⺍丨	OTUH
煳	火古月	ODEG
戽	丶尸⺀十	YNUF
扈	丶尸口巴	YNKC
祜	礻丶古	PYDG
瓠	大二乙乀	DFNY
鹕	古月勹一	DEQG
鹱	勹丶乙又	QYNC
笏	竹勹彡	TQRR
醐	西一古月	SGDE
斛	⺈用⺀十	QEUF

hua

花	艹亻匕	AWXB
花朵		AWMS
花名册		AQMM
花生米		ATOY
花生油		ATIM
花天酒地		AGIF
花言巧语		AYAY
哗	口亻匕十	KWXF
华	亻匕十	WXFJ
华北		WXUX
华东		WXAI
华丽		WXGM
华南		WXFM
华侨		WXWT
华人		WXWW
华沙		WXII
华裔		WXYE
华盛顿		WDGB
华而不实		WDGP
猾	犭丿冎月	QTME
滑	氵冎月	IMEG
画	一田凵	GLBJ
画报		GLRB
画家		GLPE
画面		GLDM
画地为牢		GFYP
画龙点睛		GDHH
画蛇添足		GJIK
划	戈刂	AJH
划时代		AJWA
化	亻匕	WXN
化肥		WXEC
化工		WXAA
化纤		WXXT
化学		WXIP
化验		WXCW
化肥厂		WEDG
化学家		WIPE
化学系		WITX
化验室		WCPG
化妆品		WUKK
化学元素		WIFG
话	讠丿古	YTDG
话务员		YTKM
骅	马亻匕十	CWXF
桦	木亻匕十	SWXF
砉	三丨石	DHDF
铧	钅亻匕十	QWXF

huai

槐	木白儿厶	SRQC
徊	彳口口	TLKG
怀	忄一小	NGIY
怀念		NGWY
怀疑		NGXT
淮	氵亻圭	IWYG

坏	土一小	FGIY
坏蛋		FGNH
坏东西		FASG
坏分子		FWBB
踝	口止日木	KHJS
huan		
欢	又⺈人	CQWY
欢呼		CQKT
欢乐		CQQI
欢送		CQUD
欢喜		CQFK
欢笑		CQTT
欢迎		CQQB
欢欣鼓舞		CRFR
环	王一小	GGIY
环保		GGWK
环境		GGFU
环保局		GWNN
环境保护		GFWR
环境污染		GFII
桓	木一日一	SGJG
还	一小辶	GIPI
还价		GIWW
还清		GIIG
还原		GIDR
还帐		GIMH
还乡团		GXLF
缓	纟爫二又	XEFC
缓和		XETK
换	扌⺈冂大	RQMD
换言之		RYPP
患	口口丨心	KKHN
患得患失		KTKR
患难与共		KCGA
患难之交		KCPU
唤	口⺈冂大	KQMD
痪	疒⺈冂大	UQMD
豢	丷大豕	UDEU
焕	火⺈冂大	OQMD
涣	氵⺈冂大	IQMD

宦	宀匚丨丨	PAHH
幻	幺乙	XNN
幻想		XNSH
幻想曲		XSMA
奂	⺈冂大	QMDU
萑	艹亻圭	AWYF
擐	扌罒一𧘇	RLGE
寰	宀罒一𧘇	PLGE
獾	犭丿艹圭	QTAY
洹	氵一日一	IGJG
浣	氵宀二儿	IPFQ
漶	氵口口心	IKKN
逭	宀コ丨辶	PNHP
锾	钅爫二又	QEFC
鲩	鱼一宀儿	QGPQ
鬟	镸彡罒𧘇	DELE
huang		
荒	艹亠乙儿	AYNQ
慌	忄艹亠儿	NAYQ
慌乱		NATD
慌忙		NANY
黄	龷由八	AMWU
黄河		AMIS
黄金		AMQQ
黄色		AMQC
黄花菜		AAAE
黄连素		ALGX
黄金时代		AQJW
磺	石龷由八	DAMW
蝗	虫白王	JRGG
簧	竹龷由八	TAMW
皇	白王	RGF
皇帝		RGUP
凰	几白王	MRGD
惶	忄白王	NRGG
徨	彳白王	TRGG
煌	火白王	ORGG
晃	日业儿	JIQB
幌	冂丨日儿	MHJQ
恍	忄业儿	NIQN

恍然大悟		NQDN
谎	讠艹亠儿	YAYQ
隍	阝白王	BRGG
湟	氵白王	IRGG
潢	氵龷由八	IAMW
遑	白王辶	RGPD
璜	王龷由八	GAMW
肓	亠乙月	YNEF
癀	疒龷由八	UAMW
蟥	虫龷由八	JAMW
篁	竹白王	TRGF
鳇	鱼一白王	QGRG
hui		
灰	𠂇火	DOU
挥	扌冖车	RPLH
挥金如土		RQVF
辉	业儿冖车	IQPL
辉煌		IQOR
徽	彳山一攵	TMGT
徽标		TMSF
恢	忄𠂇火	NDOY
恢复		NDTJ
蛔	虫口口	JLKG
回	口口	LKD
回避		LKNK
回答		LKTW
回顾		LKDB
回家		LKPE
回来		LKGO
回去		LKFC
回想		LKSH
回忆		LKNN
回忆录		LNVI
毁	臼工几又	VAMC
毁灭		VAGO
悔	忄𠂉母⺀	NTXU
慧	三丨三心	DHDN
卉	十廾	FAJ
惠	一曰丨心	GJHN
晦	日𠂉母⺀	JTXU

贿	贝𠂇月	MDEG
贿赂		MDMT
秽	禾山夕	TMQY
会	人二厶	WFCU
会场		WFFN
会见		WFMQ
会谈		WFYO
会议		WFYY
会员		WFKM
会长		WFTA
会计		WFYF
会计师		WYJG
会计室		WYPG
会议厅		WYDS
烩	火人二厶	OWFC
汇	氵匚	IAN
汇报		IARB
汇报会		IRWF
汇款单		IFUJ
汇丰银行		IDQT
讳	讠二乙丨	YFNH
讳疾忌医		YUNA
讳莫如深		YAVI
诲	讠𠂉母	YTXU
绘	纟人二厶	XWFC
绘画		XWGL
绘图仪		XLWY
绘声绘色		XFXQ
诙	讠𠂇火	YDOY
茴	艹口口	ALKF
荟	艹人二厶	AWFC
蕙	艹一日心	AGJN
咴	口𠂇火	KDOY
哕	口山夕	KMQY
喙	口彑豕	KXEY
隳	阝𠂇工小	BDAN
洄	氵口口	ILKG
浍	氵人二厶	IWFC
彗	三丨三彐	DHDV
缋	纟口丨贝	XKHM
珲	王冖车	GPLH
桧	木人二厶	SWFC
晖	日冖车	JPLH
恚	土土心	FFNU
虺	一儿虫	GQJI
蟪	虫一日心	JGJN
麾	广木木乙	YSSN
hun		
荤	艹冖车	APLJ
昏	𠂎七日	QAJF
婚	女𠂎七日	VQAJ
婚姻		VQVL
婚姻法		VVIF
魂	二厶白厶	FCRC
浑	氵冖车	IPLH
浑水摸鱼		IIRQ
混	氵日匕匕	IJXX
混合物		IWTR
混凝土		IUFF
诨	讠冖车	YPLH
馄	𠂊乙日匕	QNJX
阍	门𠂎七日	UQAJ
溷	氵口豕	ILEY
缳	纟罒一𧘇	XLGE
huo		
豁	宀三丨口	PDHK
活	氵丿古	ITDG
活动		ITFC
活泼		ITIN
活动家		IFPE
活见鬼		IMRQ
活受罪		IELD
活页纸		IDXQ
活灵活现		IVIG
伙	亻火	WOY
伙伴		WOWU
伙计		WOYF
伙食		WOWY
伙食费		WWXJ
火	【键名码】	OOOO
火柴		OOHX
火车		OOLG
火花		OOAW
火炉		OOOY
火焰		OOOQ
火车头		OLUD
火车站		OLUH
火电厂		OJDG
获	艹犭丿犬	AQTD
获得		AQTJ
获奖		AQUQ
获取		AQBC
获胜		AQET
获准		AQUW
获得者		ATFT
获奖者		AUFT
或	戈口一	AKGD
或是		AKJG
或许		AKYT
或者		AKFT
或者说		AFYU
或多或少		AQAI
惑	戈口一心	AKGN
霍	雨亻主	FWYF
货	亻匕贝	WXMU
货物		WXTR
祸	礻丶口人	PYKW
祸害		PYPD
祸国殃民		PLGN
劐	艹亻主刂	AWYJ
藿	艹雨亻主	AFWY
攉	扌雨亻主	RFWY
嚯	口雨亻主	KFWY
夥	日木夕夕	JSQQ
钬	钅火	QOY
锪	钅勹彡心	QQRN
镬	钅艹亻又	QAWC
耠	三小人口	DIWK
蠖	虫艹亻又	JAWC

J

ji

计	讠十	YFH
计策		YFTG
计分		YFWV
计划		YFAJ
计较		YFLU
计量		YFJG
计谋		YFYA
计时		YFJF
计算		YFTH
计分表		YWGE
计划处		YATH
计划内		YAMW
计划外		YAQH
计划性		YANT
计数器		YOKK
计算机		YTSM
计算所		YTRN
计划生育		YATY
计算中心		YTKN
记	讠已	YNN
记分		YNWV
记功		YNAL
记号		YNKG
记录		YNVI
记要		YNSV
记忆		YNNN
记载		YNFA
记帐		YNMH
记者		YNFT
记分册		YWMM
记工员		YAKM
记录本		YVSG
记录片		YVTH
记者证		YFYG
记忆犹新		YNQU
既	ヨ厶匚儿	VCAQ
既然		VCQD
既是		VCJG
既要		VCSV
既然如此		VQVH
既往不咎		VTGT
忌	己心	NNU
忌妒		NNVY
际	阝二小	BFIY
妓	女十又	VFCY
妓女		VFVV
妓院		VFBP
继	纟米乙	XONN
继承		XOBD
继续		XOXF
继承法		XBIF
继承权		XBSC
继承人		XBWW
继电器		XJKK
继往开来		XTGG
纪	纟己	XNN
纪录		XNVI
纪律		XNTV
纪念		XNWY
纪实		XNPU
纪委		XNTV
纪要		XNSV
纪元		XNFQ
纪录片		XVTH
纪律性		XTNT
纪念碑		XWDR
纪念品		XWKK
纪念日		XWJJ
藉	艹三小日	ADIJ
丌	一川	GJK
亟	了口又一	BKCG
乩	卜口乙	HKNN
剞	大丁口刂	DSKJ
佶	亻士口	WFKG
诘	讠士口	YFKG
墼	一日十土	GJFF
芨	艹乃㇏	AEYU
芰	艹十又	AFCU
蒺	艹疒𠂉大	AUTD
蕺	艹口耳㇏	AKBT
掎	扌大丁口	RDSK
叽	口几	KMN
咭	口士口	KFKG
哜	口文川	KYJH
唧	口ヨ厶卩	KVCB
岌	山乃丿	MEYU
嵴	山⺌人月	MIWE
洎	氵丿目	ITHG
屐	尸彳十又	NTFC
骥	马丬匕八	CUXW
畿	幺幺戈田	XXAL
玑	王几	GMN
楫	木口耳	SKBG
殛	一夕了一	GQBG
戟	十早弋丿	FJAT
赍	土人人贝	FWWM
觊	山己冂儿	MNMQ
犄	丿扌大口	TRDK
齑	文三刂刂	YDJJ
矶	石几	DMN
羁	罒廿串马	LAFC
嵇	禾尤乙山	TDNM
稷	禾田八夂	TLWT
瘠	疒⺌人月	UIWE
虮	虫几	JMN
笈	竹乃㇏	TEYU
笄	竹一廾	TGAJ
暨	ヨ厶匚一	VCAG
跻	口止文川	KHYJ
跽	口止己心	KHNN
霁	雨文川	FYJJ
鲚	鱼一文川	QGYJ
鲫	鱼一ヨ卩	QGVB
髻	镸彡士口	DEFK
麂	广コ刂几	YNJM
击	二山	FMK

圾	土乃㇏	FEYY
基	卄三八土	ADWF
基本		ADSG
基层		ADNF
基础		ADDB
基地		ADFB
基点		ADHK
基调		ADYM
基建		ADVF
基金		ADQQ
基数		ADOV
基因		ADLD
基于		ADGF
基本法		ASIF
基本功		ASAL
基本上		ASHH
基础课		ADYJ
基督教		AHFT
基金会		AQWF
基本国策		ASLT
基本建设		ASVY
基本路线		ASKX
基本原则		ASDM
基础理论		ADGY
机	木几	SMN
机场		SMFN
机车		SMLG
机床		SMYS
机电		SMJN
机动		SMFC
机房		SMYN
机构		SMSQ
机关		SMUD
机会		SMWF
机警		SMAQ
机密		SMPN
机能		SMCE
机器		SMKK
机时		SMJF
机务		SMTL
机械		SMSA
机修		SMWH
机要		SMSV
机制		SMRM
机智		SMTD
机组		SMXE
机动性		SFNT
机关报		SURB
机关枪		SUSW
机器人		SKWW
机务段		STWD
机械化		SSWX
机构改革		SSNA
畸	田大丁口	LDSK
稽	禾尤乙日	TDNJ
稽查		TDSJ
积	禾口八	TKWY
积肥		TKEC
积分		TKWV
积极		TKSE
积累		TKLX
积木		TKSS
积蓄		TKAY
积雪		TKFV
积压		TKDF
积极性		TSNT
积极因素		TSLG
积重难返		TTCR
箕	竹卄三八	TADW
肌	月几	EMN
肌肉		EMMW
饥	⺈乙几	QNMN
迹	亠小辶	YOPI
迹象		YOQJ
激	氵白方攵	IRYT
激昂		IRJQ
激动		IRFC
激发		IRNT
激光		IRIQ
激化		IRWX
激励		IRDD
激烈		IRGQ
激怒		IRVC
激起		IRFH
激情		IRNG
激素		IRGX
激光器		IIKK
讥	讠几	YMN
鸡	又勹丶一	CQYG
鸡蛋		CQNH
鸡毛		CQTF
鸡肉		CQMW
鸡毛蒜皮		CTAH
鸡犬不宁		CDGP
姬	女匚丨丨	VAHH
绩	纟龶贝	XGMY
缉	纟口耳	XKBG
吉	士口	FKF
吉利		FKTJ
吉林		FKSS
吉祥		FKPY
吉林省		FSIT
吉普车		FULG
吉祥物		FPTR
极	木乃㇏	SEYY
极大		SEDD
极点		SEHK
极度		SEYA
极端		SEUM
极力		SELT
极其		SEAD
极限		SEBV
极左		SEDA
棘	一冂小小	GMII
辑	车口耳	LKBG
籍	竹三小日	TDIJ
籍贯		TDXF
集	亻主木	WYSU
集成		WYDN
集合		WYWG

集锦		WYQR
集权		WYSC
集市		WYYM
集体		WYWS
集团		WYLF
集训		WYYK
集邮		WYMB
集镇		WYQF
集中		WYKH
集资		WYUQ
集体化		WWWX
集体舞		WWRL
集体制		WWRM
集邮册		WMMM
集中营		WKAP
集装箱		WUTS
集成电路		WDJK
集市贸易		WYQJ
集思广益		WLYU
集体利益		WWTU
集腋成裘		WEDF
集体所有制		WWRR
及	乃乀	EYI
及格		EYST
及时		EYJF
及时性		EJNT
急	⺈彐心	QVNU
急病		QVUG
急促		QVWK
急电		QVJN
急件		QVWR
急剧		QVND
急流		QVIY
急忙		QVNY
急切		QVAV
急速		QVGK
急需		QVFD
急于		QVGF
急躁		QVKH
急诊		QVYW

急刹车		QQLG
急性病		QNUG
急风暴雨		QMJF
急流勇退		QICV
急起直追		QFFW
疾	疒𠂉大	UTDI
疾病		UTUG
疾苦		UTAD
疾恶如仇		UGVW
疾风知劲草		UMTA
汲	氵乃乀	IEYY
汲取		IEBC
即	彐厶卩	VCBH
即将		VCUQ
即刻		VCYN
即日		VCJJ
即时		VCJF
即使		VCWG
即席		VCYA
嫉	女疒𠂉大	VUTD
嫉妒		VUVY
级	纟乃乀	XEYY
级别		XEKL
挤	扌文川	RYJH
几	几丿乙	MTN
几度		MTYA
几何		MTWS
几乎		MTTU
几年		MTRH
几时		MTJF
几何学		MWIP
脊	丷人月	IWEF
脊背		IWUX
脊梁		IWIV
己	己乙一乙	NNGN
蓟	艹鱼一刂	AQGJ
技	扌十又	RFCY
技工		RFAA
技能		RFCE
技巧		RFAG

技术		RFSY
技校		RFSU
技艺		RFAN
技术性		RSNT
技术员		RSKM
技术革命		RSAW
技术革新		RSAU
技术咨询		RSUY
冀	丬匕田八	UXLW
季	禾子	TBF
季度		TBYA
季节		TBAB
季刊		TBFJ
季节性		TANT
伎	亻十又	WFCY
伎俩		WFWG
祭	癶二小	WFIU
剂	文川刂	YJJH
悸	忄禾子	NTBG
济	氵文川	IYJH
济南		IYFM
济南市		IFYM
寄	宀大丁口	PDSK
寄存		PDDH
寄费		PDXJ
寄生		PDTG
寄托		PDRT
寄信		PDWY
寄予		PDCB
寄语		PDYG
寄存器		PDKK
寄生虫		PTJH
寄人篱下		PWTG
寂	宀上小又	PHIC
寂静		PHGE
寂寞		PHPA

jia

嘉	士口丷口	FKUK
嘉宾		FKPR
嘉奖		FKUQ

嘉陵江		FBIA
枷	木力口	SLKG
夹	一丷人	GUWI
佳	亻土土	WFFG
佳话		WFYT
佳句		WFQK
佳期		WFAD
佳音		WFUJ
佳作		WFWT
家	宀豕	PEU
家产		PEUT
家电		PEJN
家伙		PEWO
家具		PEHW
家史		PEKQ
家属		PENT
家庭		PEYT
家务		PETL
家乡		PEXT
家畜		PEYX
家用		PEET
家长		PETA
家属楼		PNSO
家属区		PNAQ
家务事		PTGK
家庭出身		PYBT
家庭副业		PYGO
家用电器		PEJK
家喻户晓		PKYJ
家庭联产承包责任制		PYBR
加	力口	LKG
加班		LKGY
加工		LKAA
加急		LKQV
加减		LKUD
加紧		LKJC
加剧		LKND
加仑		LKWX
加密		LKPN
加强		LKXK
加入		LKTY
加上		LKHH
加深		LKIP
加速		LKGK
加元		LKFQ
加重		LKTG
加班费		LGXJ
加工厂		LADG
加拿大		LWDD
加速度		LGYA
加油站		LIUH
加强团结		LXLX
荚	廾一丷人	AGUW
颊	一丷人贝	GUWM
贾	西贝	SMU
甲	甲丨乙丨	LHNH
甲骨文		LMYY
钾	钅甲	QLH
假	亻コ丨又	WNHC
假定		WNPG
假借		WNWA
假冒		WNJH
假名		WNQK
假期		WNAD
假日		WNJJ
假如		WNVK
假若		WNAD
假设		WNYM
假使		WNWG
假说		WNYU
假象		WNQJ
假装		WNUF
假面具		WDHW
假公济私		WWIT
稼	禾宀豕	TPEY
价	亻人丿丨	WWJH
价格		WWST
价目		WWHH
价钱		WWQG
价值		WWWF
架	力口木	LKSU
架子		LKBB
驾	力口马	LKCF
驾驶		LKCK
驾驭		LKCC
驾驶员		LCKM
驾驶证		LCYG
嫁	女宀豕	VPEY
嘏	古コ丨又	DNHC
郏	一丷人阝	GUWB
葭	廾コ丨又	ANHC
浃	氵一丷人	IGUW
岬	山甲	MLH
迦	力口辶	LKPD
珈	王力口	GLKG
戛	丆目戈	DHAR
胛	月甲	ELH
恝	三丨刀心	DHVN
铗	钅一丷人	QGUW
镓	钅宀豕	QPEY
痂	疒力口	ULKD
蛱	虫一丷人	JGUW
笳	竹力口	TLKF
袈	力口亠𧘇	LKYE
跏	口止力口	KHLK

jian

囝	口子	LBD
湔	氵丷月刂	IUEJ
蹇	宀二丨止	PFJH
謇	宀二丨言	PFJY
缣	纟丷彐小	XUVO
枧	木冂儿	SMQN
楗	木彐二廴	SVFP
戋	戋一一丿	GGGT
戬	一业一戈	GOGA
牮	亻弋𠂉丨	WARH
犍	丿扌彐廴	TRVP
毽	丿二乙廴	TFNP
腱	月彐二廴	EVFP

睑	目人一业	HWGI
锏	钅门日	QUJG
鹣	䒑彐小一	UVOG
裥	衤⺀门日	PUUJ
笕	竹冂儿	TMQB
翦	䒑月刂羽	UEJN
趼	口止一廾	KHGA
踺	口止彐廴	KHVP
鲣	鱼一刂土	QGJF
鞯	廿串廾子	AFAB
歼	一夕丿十	GQTF
歼击		GQFM
歼灭		GQGO
监	刂𠂉丶皿	JTYL
监察		JTPW
监督		JTHI
监禁		JTSS
监视		JTPY
监狱		JTQT
监察院		JPBP
监视器		JPKK
坚	刂又土	JCFF
坚持		JCRF
坚定		JCPG
坚固		JCLD
坚决		JCUN
坚强		JCXK
坚韧		JCFN
坚实		JCPU
坚守		JCPF
坚信		JCWY
坚硬		JCDG
坚定不移		JPGT
坚固耐用		JLDE
坚强不屈		JXGN
坚忍不拔		JVGR
坚如磐石		JVTD
坚持改革开放		JRNY
坚持四项基本原则		JRLM
尖	小大	IDU
尖端		IDUM
尖锐		IDQU
笺	竹戋	TGR
间	门日	UJD
间谍		UJYA
间断		UJON
间隔		UJBG
间接		UJRU
间接税		URTU
煎	䒑月刂灬	UEJO
兼	䒑彐小	UVOU
兼顾		UVDB
兼任		UVWT
兼容		UVPW
兼职		UVBK
兼容性		UPNT
兼收并蓄		UNUA
肩	丶尸月	YNED
肩膀		YNEU
肩负		YNQM
艰	又彐𠄌	CVEY
艰巨		CVAN
艰苦		CVAD
艰难		CVCW
艰险		CVBW
艰辛		CVUY
艰巨性		CANT
艰苦奋斗		CADU
艰苦卓绝		CAHX
艰难险阻		CCBB
奸	女干	VFH
奸商		VFUM
奸污		VFIF
缄	纟厂一丿	XDGT
茧	廾虫	AJU
检	木人一业	SWGI
检测		SWIM
检查		SWSJ
检察		SWPW
检举		SWIW
检索		SWFP
检修		SWWH
检验		SWCW
检疫		SWUM
检阅		SWUU
检字		SWPB
检察官		SPPN
检察署		SPLF
检察厅		SPDS
检察员		SPKM
检察院		SPBP
检疫站		SUUH
检字法		SPIF
检查站		SSUH
柬	一罒小	GLII
碱	石厂一丿	DDGT
硷	石人一业	DWGI
拣	扌七乙八	RANW
捡	扌人一业	RWGI
简	竹门日	TUJF
简报		TURB
简编		TUXY
简便		TUWG
简称		TUTQ
简单		TUUJ
简短		TUTD
简化		TUWX
简捷		TURG
简介		TUWJ
简历		TUDL
简练		TUXA
简陋		TUBG
简略		TULT
简明		TUJE
简朴		TUSH
简讯		TUYN
简要		TUSV
简易		TUJQ
简装		TUUF

简单扼要		TURS
简明扼要		TJRS
俭	亻人一⺌	WWGI
俭朴		WWSH
剪	丷月刂刀	UEJV
剪彩		UEES
减	冫厂一丿	UDGT
减产		UDUT
减低		UDWQ
减法		UDIF
减肥		UDEC
减价		UDWW
减免		UDQK
减轻		UDLC
减弱		UDXU
减少		UDIT
减速		UDGK
减退		UDVE
荐	艹ナ丨子	ADHB
槛	木刂𠂉皿	SJTL
鉴	刂𠂉丶金	JTYQ
鉴别		JTKL
鉴定		JTPG
鉴定会		JPWF
践	口止戋	KHGT
贱	贝戋	MGT
见	冂儿	MQB
见解		MQQE
见面		MQDM
见识		MQYK
见闻		MQUB
见效		MQUQ
见面礼		MDPY
见习期		MNAD
见习生		MNTG
见风使舵		MMWT
见缝插针		MXRQ
见义勇为		MYCY
见异思迁		MNLT
键	钅彐二廴	QVFP
键盘		QVTE
箭	竹丷月刂	TUEJ
件	亻𠂉丨	WRHH
健	亻彐二廴	WVFP
健康		WVYV
健美		WVUG
健全		WVWG
健身		WVTM
健忘		WVYN
健壮		WVUF
健美操		WURK
健康状况		WYUU
舰	丿舟冂儿	TEMQ
舰队		TEBW
舰艇		TETE
剑	人一⺌刂	WGIJ
饯	𠂊乙戋	QNGT
渐	氵车斤	ILRH
渐渐		ILIL
渐进		ILFJ
溅	氵贝戋	IMGT
涧	氵门日	IUJG
建	彐二丨廴	VFHP
建材		VFSF
建成		VFDN
建党		VFIP
建国		VFLG
建交		VFUQ
建军		VFPL
建立		VFUU
建设		VFYM
建树		VFSC
建议		VFYY
建造		VFTF
建筑		VFTA
建军节		VPAB
建设者		VYFT
建筑队		VTBW
建筑物		VTTR
建筑材料		VTSO
僭	亻匚儿日	WAQJ
谏	讠一四小	YGLI
谫	讠丷月刀	YUEV
菅	艹宀ココ	APNN
蒹	艹丷彐小	AUVO
搛	扌丷彐小	RUVO

jiang

僵	亻一田一	WGLG
姜	丷王女	UGVF
将	丬夕寸	UQFY
将近		UQRP
将军		UQPL
将来		UQGO
将士		UQFG
将帅		UQJM
将要		UQSV
将功赎罪		UAML
浆	丬夕水	UQIU
江	氵工	IAG
江河		IAIS
江南		IAFM
江山		IAMM
江苏		IAAL
江西		IASG
江苏省		IAIT
江西省		ISIT
江泽民		IINA
疆	弓土一一	XFGG
蒋	艹丬夕寸	AUQF
桨	丬夕木	UQSU
奖	丬夕大	UQDU
奖惩		UQTG
奖金		UQQQ
奖励		UQDD
奖品		UQKK
奖赏		UQIP
奖章		UQUJ
奖状		UQUD
奖学金		UIQQ
奖勤罚懒		UALN

讲 讠二川 YFJH
讲稿 YFTY
讲话 YFYT
讲解 YFQE
讲究 YFPW
讲课 YFYJ
讲理 YFGJ
讲师 YFJG
讲授 YFRE
讲述 YFSY
讲学 YFIP
讲演 YFIP
讲义 YFYQ
讲议 YFYY
讲座 YFYW
讲卫生 YBTG
匠 匚斤 ARK
酱 丬夕西一 UQSG
酱油 UQIM
降 阝夂匚丨 BTAH
降低 BTWQ
降价 BTWW
降临 BTJT
降落 BTAI
降水 BTII
降温 BTIJ
降压 BTDF
降雨 BTFG
降职 BTBK
降雨量 BFJG
降低成本 BWDS
茳 艹氵工 AIAF
洚 氵夂匚丨 ITAH
缰 纟一田一 XGLG
犟 弓口虫丨 XKJH
礓 石一田一 DGLG
耩 三小二土 DIFF
糨 米弓口虫 OXKJ
豇 一口丷工 GKUA
绛 纟夂匚丨 XTAH

jiao

蕉 艹亻主灬 AWYO
椒 木上小又 SHIC
礁 石亻主灬 DWYO
焦 亻主灬 WYOU
焦点 WYHK
焦急 WYQV
焦虑 WYHA
焦炭 WYMD
焦化厂 WWDG
焦头烂额 WUOP
胶 月六乂 EUQY
胶卷 EUUD
胶印 EUQG
交 六乂 UQU
交班 UQGY
交代 UQWA
交待 UQTF
交锋 UQQT
交互 UQGX
交换 UQRQ
交货 UQWX
交际 UQBF
交接 UQRU
交界 UQLW
交流 UQIY
交纳 UQXM
交情 UQNG
交涉 UQIH
交谈 UQYO
交替 UQFW
交通 UQCE
交易 UQJQ
交战 UQHK
交换机 URSM
交换台 URCK
交际花 UBAW
交际舞 UBRL
交接班 URGY
交流电 UIJN

交流会 UIWF
交通部 UCUK
交通警 UCAQ
交响曲 UKMA
交响乐 UKQI
交易额 UJPT
交易会 UJWF
交易所 UJRN
交谊舞 UYRL
交通规则 UCFM
郊 六乂阝 UQBH
郊区 UQAQ
郊外 UQQH
浇 氵七丿儿 IATQ
浇灌 IAIA
骄 马丿大刂 CTDJ
骄傲 CTWG
骄兵必败 CRNM
骄奢淫逸 CDIQ
娇 女丿大刂 VTDJ
娇气 VTRN
娇柔 VTCB
娇艳 VTDH
嚼 口爫罒寸 KELF
搅 扌⺍冖儿 RIPQ
搅拌 RIRU
铰 钅六乂 QUQY
矫 𠂉大丿川 TDTJ
矫枉过正 TSFG
侥 亻七丿儿 WATQ
侥幸 WAFU
脚 月土厶卩 EFCB
脚步 EFHI
脚踏实地 EKPF
狡 犭丿六乂 QTUQ
狡猾 QTQT
角 ⺈用 QEJ
角度 QEYA
角落 QEAI
角色 QEQC

角逐		QEEP
饺	⺈乙六乂	QNUQ
饺子		QNBB
缴	纟白方攵	XRYT
缴获		XRAQ
缴纳		XRXM
绞	纟六乂	XUQY
绞尽脑汁		XNEI
剿	巛日木刂	VJSJ
剿匪		VJAD
教	土丿子攵	FTBT
教材		FTSF
教程		FTTK
教导		FTNF
教课		FTYJ
教练		FTXA
教师		FTJG
教室		FTPG
教授		FTRE
教条		FTTS
教学		FTIP
教训		FTYK
教养		FTUD
教育		FTYC
教员		FTKM
教练机		FXSM
教练员		FXKM
教务长		FTTA
教学法		FIIF
教学楼		FISO
教研室		FDPG
教研组		FDXE
教育部		FYUK
教育处		FYTH
教育界		FYLW
教育局		FYNN
教职工		FBAA
教职员		FBKM
教学相长		FIST
酵	西一土子	SGFB

轿	车丿大丿丨	LTDJ
轿车		LTLG
较	车六乂	LUQY
较低		LUWQ
较多		LUQQ
较高		LUYM
较量		LUJG
较少		LUIT
叫	口乙丨	KNHH
叫喊		KNKD
叫做		KNWD
窖	宀八丿口	PWTK
佼	亻六乂	WUQY
僬	亻亻龶灬	WWYO
艽	艹九	AVB
茭	艹六乂	AUQU
挢	扌丿大丿丨	RTDJ
噍	口亻龶灬	KWYO
徼	彳白方攵	TRYT
姣	女六乂	VUQY
敫	白方攵	RYTY
皎	白六乂	RUQY
皎皎		RURU
鹪	亻龶灬一	WYOG
蛟	虫六乂	JUQY
醮	西一亻灬	SGWO
跤	口止六乂	KHUQ
鲛	鱼一六乂	QGUQ

jie

揭	扌日勹乙	RJQN
揭穿		RJPW
揭发		RJNT
揭开		RJGA
揭露		RJFK
揭幕		RJAJ
揭晓		RJJA
接	扌立女	RUVG
接班		RUGY
接触		RUQE
接待		RUTF
接见		RUMQ
接近		RURP
接连		RULP
接洽		RUIW
接生		RUTG
接收		RUNH
接受		RUEP
接替		RUFW
接吻		RUKQ
接线		RUXG
接续		RUXF
接着		RUUD
接班人		RGWW
接待室		RTPG
接待站		RTUH
接下来		RGGO
接线员		RXKM
皆	匕匕白	XXRF
秸	禾士口	TFKG
街	彳土土丨	TFFH
街道		TFUT
街市		TFYM
街头		TFUD
阶	阝人丿丨	BWJH
阶层		BWNF
阶段		BWWD
阶级		BWXE
截	十戈亻龶	FAWY
截止		FAHH
截长补短		FTPT
劫	土厶力	FCLN
节	艹卩	ABJ
节俭		ABWW
节目		ABHH
节能		ABCE
节日		ABJJ
节省		ABIT
节水		ABII
节余		ABWT
节育		ABYC

节约		ABXQ
节制		ABRM
节奏		ABDW
节外生枝		AQTS
节衣缩食		AYXW
桔	木士口	SFKG
桔柑		SFSA
桔子		SFBB
杰	木灬	SOU
杰出		SOBM
杰作		SOWT
捷	扌一彐龰	RGVH
捷报		RGRB
捷径		RGTC
捷足先登		RKTW
睫	目一彐龰	HGVH
竭	立日勹乙	UJQN
竭诚		UJYD
竭力		UJLT
洁	氵士口	IFKG
结	纟士口	XFKG
结构		XFSQ
结果		XFJS
结合		XFWG
结核		XFSY
结婚		XFVQ
结晶		XFJJ
结局		XFNN
结论		XFYW
结社		XFPY
结实		XFPU
结束		XFGK
结算		XFTH
结业		XFOG
结帐		XFMH
结核病		XSUG
结束语		XGYG
结党营私		XIAT
结合实际		XWPB
解	⺈用刀丨	QEVH
解除		QEBW
解答		QETW
解放		QEYT
解雇		QEYN
解决		QEUN
解剖		QEUK
解散		QEAE
解释		QETO
解说		QEYU
解放初		QYPU
解放军		QYPL
解放前		QYUE
解放区		QYAQ
解剖学		QUIP
解说词		QYYN
解放军报		QYPR
姐	女月一	VEGG
姐夫		VEFW
姐姐		VEVE
姐妹		VEVF
戒	戈廾	AAK
戒烟		AAOL
戒严		AAGO
戒骄戒躁		ACAK
芥	艹人川	AWJJ
界	田人川	LWJJ
界限		LWBV
界线		LWXG
借	亻龷日	WAJG
借调		WAYM
借故		WADT
借鉴		WAJT
借据		WARN
借口		WAKK
借条		WATS
借用		WAET
借债		WAWG
借支		WAFC
借助		WAEG
借书证		WNYG
借古讽今		WDYW
借题发挥		WJNR
介	人川	WJJ
介词		WJYN
介入		WJTY
介绍		WJXV
介意		WJUJ
介于		WJGF
介质		WJRF
介绍人		WXWW
介绍信		WXWY
疥	疒人川	UWJK
诫	讠戈廾	YAAH
届	尸由	NMD
届时		NMJF
偈	亻日勹乙	WJQN
讦	讠干	YFH
拮	扌士口	RFKG
喈	口匕匕白	KXXR
嗟	口丷𢀖工	KUDA
婕	女一彐龰	VGVH
孑	孑乙丨一	BNHG
桀	夕匚丨木	QAHS
碣	石日勹乙	DJQN
疖	疒卩	UBK
颉	士口丆贝	FKDM
蚧	虫人川	JWJH
羯	丷𢀖日乙	UDJN
鲒	鱼一士口	QGFK
骱	冎月人川	MEWJ

jin

噤	口木木小	KSSI
馑	⺈乙廿丰	QNAG
廑	广廿口丰	YAKG
妗	女人丶乙	VWYN
缙	纟一业日	XGOJ
瑾	王廿口丰	GAKG
槿	木廿口丰	SAKG
赆	贝尸㇏⺀	MNYU
觐	廿口丰儿	AKGQ

衿　礻<人乙　PUWN
矜　マ卩丿乙　CBTN
巾　冂丨　MHK
筋　竹月力　TELB
斤　斤丿丿丨　RTTH
斤斤计较　RRYL
金　【键名码】　QQQQ
金杯　QQSG
金笔　QQTT
金币　QQTM
金额　QQPT
金刚　QQMQ
金工　QQAA
金黄　QQAM
金价　QQWW
金矿　QQDY
金牌　QQTH
金钱　QQQG
金融　QQGK
金色　QQQC
金属　QQNT
金星　QQJT
金银　QQQV
金鱼　QQQG
金子　QQBB
金刚石　QMDG
金黄色　QAQC
金戒指　QARX
金霉素　QFGX
金质奖　QRUQ
金字塔　QPFA
金碧辉煌　QGIO
金融市场　QGYF
今　人丶乙　WYNB
今后　WYRG
今年　WYRH
今日　WYJJ
今天　WYGD
今晚　WYJQ
今年内　WRMW

津　氵彐二丨　IVFH
津贴　IVMH
津贴费　IMXJ
津津有味　IIDK
襟　礻<木小　PUSI
襟怀　PUNG
襟怀坦白　PNFR
紧　丨又幺小　JCXI
紧凑　JCUD
紧急　JCQV
紧接　JCRU
紧紧　JCJC
紧密　JCPN
紧迫　JCRP
紧缺　JCRM
紧缩　JCXP
紧张　JCXT
紧接着　JRUD
紧急措施　JQRY
锦　钅白冂丨　QRMH
锦标　QRSF
锦纶　QRXW
锦旗　QRYT
锦绣　QRXT
锦标赛　QSPF
锦上添花　QHIA
仅　亻又　WCY
仅此　WCHX
仅仅　WCWC
仅次于　WUGF
仅供参考　WWCF
谨　讠廿口丰　YAKG
谨防　YABY
谨慎　YANF
谨小慎微　YINT
进　二川辶　FJPK
进步　FJ HI
进餐　FJHQ
进程　FJTK
进出　FJBM

进度　FJYA
进而　FJDM
进货　FJWX
进军　FJPL
进口　FJKK
进来　FJGO
进取　FJBC
进去　FJFC
进入　FJTY
进退　FJVE
进行　FJTF
进修　FJWH
进展　FJNA
进驻　FJCY
进出口　FBKK
进化论　FWYW
进口车　FKLG
进口货　FKWX
进行曲　FTMA
进修生　FWTG
进一步　FGHI
进退维谷　FVXW
靳　廿串斤　AFRH
晋　一业一日　GOGJ
晋升　GOTA
禁　木木二小　SSFI
禁忌　SSNN
禁令　SSWY
禁区　SSAQ
禁止　SSHH
近　斤辶　RPK
近程　RPTK
近况　RPUK
近来　RPGO
近年　RPRH
近期　RPAD
近日　RPJJ
近视　RPPY
近几年　RMRH
近两年　RGRH

近年来 RRGO
近视眼 RPHV
近几年来 RMRG
近水楼台 RISC
烬 火尸乀⺀ ONYU
浸 氵彐冖又 IVPC
尽 尸乀⺀ NYUU
尽管 NYTP
尽力 NYLT
尽可能 NSCE
尽善尽美 NUNU
劲 ス工力 CALN
劲头 CAUD
卺 了八一㔾 BIGB
荩 廾尸乀⺀ ANYU
堇 廿口丰 AKGF

jing

荆 廾一廾刂 AGAJ
兢 古儿古儿 DQDQ
兢兢业业 DDOO
茎 廾ス工 ACAF
睛 目丰月 HGEG
晶 日日日 JJJF
晶体 JJWS
晶体管 JWTP
鲸 鱼一亠小 QGYI
京 亠小 YIU
京城 YIFD
京都 YIFT
京剧 YIND
京戏 YICA
京广线 YYXG
惊 忄亠小 NYIY
惊诧 NYYP
惊动 NYFC
惊慌 NYNA
惊奇 NYDS
惊叹 NYKC
惊喜 NYFK
惊险 NYBW
惊醒 NYSG
惊讶 NYYA
惊惶失措 NNRR
惊天动地 NGFF
惊心动魄 NNFR
精 米丰月 OGEG
精彩 OGES
精诚 OGYD
精度 OGYA
精干 OGFG
精华 OGWX
精简 OGTU
精力 OGLT
精良 OGYV
精美 OGUG
精密 OGPN
精巧 OGAG
精辟 OGNK
精确 OGDQ
精锐 OGQU
精神 OGPY
精髓 OGME
精通 OGCE
精细 OGXL
精心 OGNY
精选 OGTF
精英 OGAM
精致 OGGC
精装 OGUF
精子 OGBB
精确度 ODYA
精神病 OPUG
精兵简政 ORTG
精打细算 ORXT
精雕细刻 OMXY
精耕细作 ODXW
精疲力竭 OULU
精神财富 OPMP
精神文明 OPYJ
精益求精 OUFO
粳 米一曰㐅 OGJQ
经 纟ス工 XCAG
经办 XCLW
经常 XCIP
经典 XCMA
经费 XCXJ
经过 XCFP
经济 XCIY
经纪 XCXN
经理 XCGJ
经历 XCDL
经络 XCXT
经贸 XCQY
经商 XCUM
经受 XCEP
经纬 XCXF
经线 XCXG
经销 XCQI
经验 XCCW
经营 XCAP
经济学 XIIP
经贸部 XQUK
经手人 XRWW
经纬度 XXYA
经销部 XQUK
经济杠杆 XISS
经济管理 XITG
经济核算 XIST
经济基础 XIAD
经济特区 XITA
经济危机 XIQS
经济效益 XIUU
经济制裁 XIRF
井 二川 FJK
井冈山 FMMM
井井有条 FFDT
警 廾勹口言 AQKY
警备 AQTL
警察 AQPW
警告 AQTF

警戒		AQAA
警句		AQQK
警惕		AQNJ
警卫		AQBG
警钟		AQQK
警备区		ATAQ
警惕性		ANNT
警卫连		ABLP
警卫员		ABKM
景	日亠口小	JYIU
景气		JYRN
景色		JYQC
景物		JYTR
景象		JYQJ
景德镇		JTQF
颈	ス工丆贝	CADM
静	龶月⺈丨	GEQH
静电		GEJN
静静		GEGE
静止		GEHH
境	土立日儿	FUJQ
境地		FUFB
境界		FULW
敬	艹勹口攵	AQKT
敬爱		AQEP
敬酒		AQIS
敬礼		AQPY
敬佩		AQWM
敬献		AQFM
敬仰		AQWQ
敬意		AQUJ
敬重		AQTG
敬老院		AFBP
敬而远之		ADFP
镜	钅立日儿	QUJQ
镜头		QUUD
镜子		QUBB
径	彳ス工	TCAG
痉	疒ス工	UCAD
靖	立龶月	UGEG
竟	立日儿	UJQB
竟敢		UJNB
竟然		UJQD
竞	立口儿	UKQB
竞赛		UKPF
竞选		UKTF
竞争		UKQV
净	冫⺈彐丨	UQVH
净利		UQTJ
刭	ス工刂	CAJH
儆	亻艹勹攵	WAQT
阱	阝二川	BFJH
菁	艹龶月	AGEF
獍	犭丿立儿	QTUQ
憬	忄日亠口小	NJYI
泾	氵ス工	ICAG
迳	ス工辶	CAPD
弪	弓ス工	XCAG
婧	女龶月	VGEG
肼	月二川	EFJH
胫	月ス工	ECAG
腈	月龶月	EGEG
旌	方𠂉丿龶	YTTG

jiong

炯	火冂口	OMKG
炯炯		OMOM
窘	宀八彐口	PWVK
迥	冂口辶	MKPD
扃	丶尸冂口	YNMK

jiu

鹫	亠口小尢一	YIDG
赳	土龰乙丨	FHNH
鬏	镸彡禾火	DETO
揪	扌禾火	RTOY
究	宀八九	PWVB
纠	纟乙丨	XNHH
纠缠		XNXY
纠纷		XNXW
纠正		XNGH
玖	王⺈㇏	GQYY
韭	三刂三一	DJDG
久	⺈㇏	QYI
久经		QYXC
久远		QYFQ
灸	⺈㇏火	QYOU
九	九丿乙	VTN
九龙		VTDX
九霄		VTFI
九月		VTEE
九霄云外		VFFQ
酒	氵西一	ISGG
酒巴		ISCN
酒杯		ISSG
酒厂		ISDG
酒店		ISYH
酒会		ISWF
酒类		ISOD
厩	厂彐厶儿	DVCQ
救	十⺌丶攵	FIYT
救国		FILG
救护		FIRY
救济		FIIY
救灾		FIPO
救护车		FRLG
救济金		FIQQ
救世主		FAYG
救死扶伤		FGRW
旧	丨日	HJG
旧金山		HQMM
旧社会		HPWF
旧中国		HKLG
旧调重弹		HYTX
臼	臼丿丨一	VTHG
舅	臼田力	VLLB
舅父		VLWQ
舅舅		VLVL
舅母		VLXG
咎	夂卜口	THKF
就	亠口小尢乙	YIDN
就此		YIHX

字/词	字根	编码
就近		YIRP
就任		YIWT
就是		YIJG
就算		YITH
就绪		YIXF
就业		YIOG
就职		YIBK
就座		YIYW
就是说		YJYU
疚	疒⺈乀	UQYI
僦	亻亩小乙	WYIN
啾	口禾火	KTOY
阄	门⺈日乙	UQJN
柩	木匚⺈丶	SAQY
桕	木臼	SVG
鸠	九勹丶一	VQYG

ju

字/词	字根	编码
惧	忄且八	NHWY
惧怕		NHNR
炬	火匚コ	OANG
剧	尸古刂	NDJH
剧本		NDSG
剧烈		NDGQ
剧情		NDNG
剧团		NDLF
剧院		NDBP
倨	亻尸古	WNDG
讵	讠匚コ	YANG
苣	艹匚コ	AANF
苴	艹月一	AEGF
莒	艹口口	AKKF
掬	扌勹米	RQOY
遽	广七豕辶	HAEP
屦	尸彳米女	NTOV
琚	王尸古	GNDG
椐	木尸古	SNDG
榘	𠂉大匚木	TDAS
榉	木⺍八丨	SIWH
橘	木マ⺆口	SCBK
橘子		SCBB
橘子汁		SBIF
犋	丿扌且八	TRHW
飓	几㐅且八	MQHW
钜	钅匚コ	QANG
锔	钅尸乙口	QNNK
窭	宀八米女	PWOV
裾	衤⺀尸古	PUND
醵	西一广豕	SGHE
踽	口止丿丶	KHTY
龃	止人凵一	HWBG
雎	月一亻⺸	EGWY
鞫	廿串勹言	AFQY
桔	木士口	SFKG
鞠	廿串勹米	AFQO
鞠躬		AFTM
鞠躬尽瘁		ATNU
拘	扌勹口	RQKG
拘留		RQQY
拘泥		RQIN
拘束		RQGK
拘留证		RQYG
狙	犭丿月一	QTEG
疽	疒月一	UEGD
居	尸古	NDD
居留		NDQY
居民		NDNA
居然		NDQD
居中		NDKH
居住		NDWY
居心叵测		NNAI
驹	马勹口	CQKG
菊	艹勹米	AQOU
菊花		AQAW
局	尸乙口	NNKD
局部		NNUK
局面		NNDM
局势		NNRV
局限		NNBV
局长		NNTA
局限性		NBNT
咀	口月一	KEGG
矩	𠂉大匚コ	TDAN
矩形		TDGA
矩阵		TDBL
举	⺍八二丨	IWFH
举办		IWLW
举国		IWLG
举例		IWWG
举世		IWAN
举行		IWTF
举重		IWTG
举棋不定		ISGP
举世闻名		IAUQ
举一反三		IGRD
举足轻重		IKLT
沮	氵月一	IEGG
聚	耳又丿氺	BCTI
聚集		BCWY
聚精会神		BOWP
拒	扌匚コ	RANG
拒绝		RAXQ
据	扌尸古	RNDG
据此		RNHX
据点		RNHK
据说		RNYU
据悉		RNTO
据理力争		RGLQ
巨	匚コ	AND
巨变		ANYO
巨大		ANDD
巨额		ANPT
巨响		ANKT
巨型		ANGA
巨著		ANAF
具	且八	HWU
具备		HWTL
具体		HWWS
具有		HWDE
具体化		HWWX
距	口止匚コ	KHAN

距离　　KHYB
踞　口止尸古　KHND
锯　钅尸古　QNDG
俱　亻且八　WHWY
俱全　　WHWG
俱乐部　　WQUK
句　勹口　QKD
句子　　QKBB

juan

捐　扌口月　RKEG
捐款　　RKFF
捐献　　RKFM
捐赠　　RKMU
鹃　口月勹一　KEQG
娟　女口月　VKEG
倦　亻丷大㔾　WUDB
眷　丷大目　UDHF
卷　丷大㔾　UDBB
卷宗　　UDPF
卷土重来　　UFTG
绢　纟口月　XKEG
鄄　西土阝　SFBH
狷　犭口月　QTKE
涓　氵口月　IKEG
桊　丷大木　UDSU
蠲　丷八皿虫　UWLJ
锩　钅丷大㔾　QUDB
镌　钅亻隹乃　QWYE

jue

橛　木厂丷人　SDUW
爝　火爫罒寸　OELF
镢　钅厂丷人　QDUW
蹶　口止厂人　KHDW
觖　⺈用コ人　QENW
角　⺈用　QEJ
撅　扌厂丷人　RDUW
攫　扌目目又　RHHC
抉　扌コ人　RNWY
抉择　　RNRC
掘　扌尸凵山　RNBM
倔　亻尸凵山　WNBM
爵　爫罒彐寸　ELVF
觉　⺍冖冂儿　IPMQ
觉察　　IPPW
觉得　　IPTJ
觉悟　　IPNG
决　冫コ人　UNWY
决策　　UNTG
决定　　UNPG
决裂　　UNGQ
决赛　　UNPF
决算　　UNTH
决心　　UNNY
决议　　UNYY
决战　　UNHK
决心书　　UNNN
诀　讠コ人　YNWY
绝　纟⺈巴　XQCN
绝对　　XQCF
绝密　　XQPN
绝妙　　XQVI
绝望　　XQYN
绝缘　　XQXX
绝对化　　XCWX
绝对值　　XCWF
绝大部分　　XDUW
绝大多数　　XDQO
绝无仅有　　XFWD
厥　厂丷凵人　DUBW
劂　厂丷凵刂　DUBJ
谲　讠マ卩口　YCBK
矍　目目亻又　HHWC
蕨　艹厂丷人　ADUW
噱　口虍七豕　KHAE
崛　山尸凵山　MNBM
獗　犭丿厂人　QTDW
孓　了乀　BYI
珏　王王丶　GGYY
桷　木⺈用　SQEH

jun

均　土勹冫　FQUG
均匀　　FQQU
菌　艹口禾　ALTU
钧　钅勹冫　QQUG
军　冖车　PLJ
军备　　PLTL
军部　　PLUK
军队　　PLBW
军阀　　PLUW
军方　　PLYY
军费　　PLXJ
军工　　PLAA
军官　　PLPN
军火　　PLOO
军籍　　PLTD
军纪　　PLXN
军舰　　PLTE
军龄　　PLHW
军令　　PLWY
军民　　PLNA
军区　　PLAQ
军权　　PLSC
军人　　PLWW
军事　　PLGK
军属　　PLNT
军团　　PLLF
军委　　PLTV
军衔　　PLTQ
军校　　PLSU
军训　　PLYK
军医　　PLAT
军用　　PLET
军长　　PLTA
军种　　PLTK
军装　　PLUF
军分区　　PWAQ
军乐队　　PQBW
军事家　　PGPE
军衔制　　PTRM

军政府		PGYW
军事委员会		PGTW
君	ヨ丿口	VTKD
君主		VTYG
峻	山厶八夊	MCWT
竣工		UCAA
俊	亻厶八夊	WCWT
竣	立厶八夊	UCWT
浚	氵厶八夊	ICWT
郡	ヨ丿口阝	VTKB
骏	马厶八夊	CCWT
骏马		CCCN
捃	扌ヨ丿口	RVTK
皲	冖车广又	PLHC
筠	竹土勹冫	TFQU
隽	亻圭乃	WYEB
麇	广コ刂禾	YNJT

K

ka

喀	口宀夊口	KPTK
咖	口力口	KLKG
咖啡		KLKD
咖啡因		KKLD
卡	上卜	HHU
卡拉奇		HRDS
咯	口夊口	KTKG
佧	亻上卜	WHHY
咔	口上卜	KHHY
胩	月上卜	EHHY

kai

开	一廾	GAK
开办		GALW
开采		GAES
开车		GALG
开除		GABW
开创		GAWB
开刀		GAVN
开端		GAUM
开发		GANT
开放		GAYT
开封		GAFF
开户		GAYN
开花		GAAW
开会		GAWF
开垦		GAVE
开阔		GAUI
开朗		GAYV
开幕		GAAJ
开辟		GANK
开设		GAYM
开始		GAVC
开水		GAII
开头		GAUD
开拓		GARD
开往		GATY
开心		GANY
开学		GAIP
开业		GAOG
开展		GANA
开支		GAFC
开场白		GFRR
开后门		GRUY
开绿灯		GXOS
开幕词		GAYN
开玩笑		GGTT
开发利用		GNTE
开门见山		GUMM
开天辟地		GGNF
开源节流		GIAI
开展工作		GNAW
开展业务		GNOT
揩	扌匕匕白	RXXR
楷	木匕匕白	SXXR
楷模		SXSA
楷书		SXNN
楷体		SXWS
凯	山己几	MNMN
凯歌		MNSK
凯旋		MNYT
慨	忄ヨ厶儿	NVCQ
剀	山己刂	MNJH
垲	土山己	FMNN
蒈	艹匕匕白	AXXR
忾	忄𠂉乙	NRNN
恺	忄山己	NMNN
铠	钅山己	QMNN
锎	钅门一廾	QUGA
锴	钅匕匕白	QXXR

kan

刊	干刂	FJH
刊登		FJWG
刊物		FJTR
刊载		FJFA
堪	土艹三乙	FADN
堪称		FATQ
勘	艹三八力	ADWL
勘测		ADIM
勘察		ADPW
勘探		ADRP
勘误		ADYK
勘误表		AYGE
坎	土⺈人	FQWY
砍	石⺈人	DQWY
看	手目	RHF
看病		RHUG
看出		RHBM
看待		RHTF
看到		RHGC
看法		RHIF
看见		RHMQ
看来		RHGO
看守		RHPF
看书		RHNN
看望		RHYN
看做		RHWD
看作		RHWT
看不起		RGFH

看样子		RSBB
侃	亻口儿	WKQN
侃侃		WKWK
莰	艹土⺈人	AFQW
阚	门乙耳攵	UNBT
戡	艹三八戈	ADWA
龛	人一口匕	WGKX
瞰	目乙耳攵	HNBT
kang		
慷	忄广彐氺	NYVI
慷慨		NYNV
康	广彐氺	YVII
康复		YVTJ
糠	米广彐氺	OYVI
扛	扌工	RAG
抗	扌亠几	RYMN
抗病		RYUG
抗拒		RYRA
抗议		RYYY
抗灾		RYPO
抗菌素		RAGX
抗日战争		RJHQ
亢	亠几	YMB
炕	火亠几	OYMN
伉	亻亠几	WYMN
闶	门亠几	UYMV
钪	钅亠几	QYMN
kao		
考	土丿一乙	FTGN
考查		FTSJ
考察		FTPW
考古		FTDG
考核		FTSY
考虑		FTHA
考勤		FTAK
考取		FTBC
考试		FTYA
考验		FTCW
考证		FTYG
拷	扌土丿乙	RFTN
拷贝		RFMH
烤	火土丿乙	OFTN
靠	丿土口三	TFKD
靠边		TFLP
靠近		TFRP
靠山		TFMM
靠得住		TTWY
尻	尸九	NVV
栲	木土丿乙	SFTN
犒	丿扌亠口	TRYK
犒劳		TRAP
铐	钅土丿乙	QFTN
ke		
氪	𠂉乙古儿	RNDQ
瞌	目土厶皿	HFCL
瞌睡		HFHT
钶	钅丁口	QSKG
锞	钅日木	QJSY
稞	禾日木	TJSY
疴	疒丁口	USKD
窠	宀八日木	PWJS
颏	亠乙丿贝	YNTM
蚵	虫丁口	JSKG
蝌	虫禾⺀十	JTUF
髁	冎月日木	MEJS
坷	土丁口	FSKG
苛	艹丁口	ASKF
苛刻		ASYN
柯	木丁口	SSKG
棵	木日木	SJSY
磕	石土厶皿	DFCL
磕头		DFUD
颗	日木丆贝	JSDM
科	禾⺀十	TUFH
科技		TURF
科目		TUHH
科普		TUUO
科室		TUPG
科委		TUTV
科协		TUFL
科学		TUIP
科研		TUDG
科长		TUTA
科教片		TFTH
科威特		TDTR
科学家		TIPE
科学界		TILW
科学院		TIBP
科技人员		TRWK
科技日报		TRJR
科技市场		TRYF
科学管理		TITG
科学技术		TIRS
科学研究		TIDP
科研成果		TDDJ
科学技术委员会		TIRW
壳	士冖几	FPMB
咳	口亠乙人	KYNW
咳嗽		KYKG
可	丁口	SKD
可爱		SKEP
可比		SKXX
可鄙		SKKF
可变		SKYO
可耻		SKBH
可否		SKGI
可观		SKCM
可贵		SKKH
可恨		SKNV
可见		SKMQ
可敬		SKAQ
可靠		SKTF
可乐		SKQI
可怜		SKNW
可能		SKCE
可怕		SKNR
可亲		SKUS
可是		SKJG
可恶		SKGO
可惜		SKNA

可喜	SKFK
可笑	SKTT
可行	SKTF
可疑	SKXT
可以	SKNY
可知	SKTD
可靠性	STNT
可能性	SCNT
可行性	STNT
可歌可泣	SSSI
可想而知	SSDT
可望而不可及	SYDE
渴　氵日勹乙	IJQN
渴望	IJYN
克　古儿	DQB
克服	DQEB
克制	DQRM
克格勃	DSFP
克服困难	DELC
克已奉公	DNDW
克勤克俭	DADW
刻　亠乙丿刂	YNTJ
刻度	YNYA
刻划	YNAJ
刻苦	YNAD
刻不容缓	YGPX
刻舟求剑	YTFW
客　宀夂口	PTKF
客车	PTLG
客店	PTYH
客房	PTYN
客观	PTCM
客户	PTYN
客货	PTWX
客票	PTSF
客气	PTRN
客人	PTWW
客商	PTUM
客厅	PTDS
客运	PTFC

客栈	PTSG
客观存在	PCDD
课　讠日木	YJSY
课本	YJSG
课程	YJTK
课时	YJJF
课堂	YJIP
课题	YJJG
课文	YJYY
课余	YJWT
嗑　口土厶皿	KFCL
岢　山丁口	MSKF
恪　忄夂口	NTKG
溘　氵土厶皿	IFCL
骒　马日木	CJSY
缂　纟廿串	XAFH
珂　王丁口	GSKG
轲　车丁口	LSKG
ken	
肯　止月	HEF
肯定	HEPG
啃　口止月	KHEG
垦　彐𧘇土	VEFF
恳　彐𧘇心	VENU
恳切	VEAV
恳请	VEYG
恳求	VEFI
裉　衤丶彐𧘇	PUVE
keng	
坑　土亠几	FYMN
吭　口亠几	KYMN
铿　钅刂又土	QJCF
kong	
空　宀八工	PWAF
空白	PWRR
空洞	PWIM
空话	PWYT
空姐	PWVE
空军	PWPL
空气	PWRN

空前	PWUE
空头	PWUD
空隙	PWBI
空想	PWSH
空心	PWNY
空闲	PWUS
空虚	PWHA
空运	PWFC
空调机	PYSM
空前绝后	PUXR
空头支票	PUFS
空中楼阁	PKSU
恐　工几丶心	AMYN
恐怖	AMND
恐慌	AMNA
恐惧	AMNH
恐怕	AMNR
恐吓	AMKG
孔　子乙	BNN
孔隙	BNBI
孔子	BNBB
孔夫子	BFBB
控　扌宀八工	RPWA
控告	RPTF
控诉	RPYR
控制	RPRM
控制台	RRCK
倥　亻宀八工	WPWA
崆　山宀八工	MPWA
箜　竹宀八工	TPWA
kou	
抠　扌匚㐅	RAQY
口　【键名码】	KKKK
口岸	KKMD
口才	KKFT
口袋	KKWA
口号	KKKG
口气	KKRN
口腔	KKEP
口头	KKUD

口音 KKUJ
口语 KKYG
口头禅 KUPY
口头语 KUYG
口若悬河 KAEI
口是心非 KJND
扣 扌口 RKG
扣除 RKBW
寇 宀二儿又 PFQC
芤 艹子乙 ABNB
蔻 艹宀二又 APFC
叩 口卩 KBH
眍 目匚乂 HAQY
筘 竹扌口 TRKF

ku

枯 木古 SDG
枯燥 SDOK
枯木逢春 SSTD
哭 口口犬 KKDU
哭泣 KKIU
窟 宀八尸山 PWNM
苦 艹古 ADF
苦闷 ADUN
苦难 ADCW
苦恼 ADNY
苦口婆心 AKIN
酷 西一丿口 SGTK
酷爱 SGEP
酷热 SGRV
酷暑 SGJF
库 广车 YLK
库存 YLDH
库房 YLYN
裤 衤丶广车 PUYL
裤子 PUBB
刳 大二乙刂 DFNJ
堀 土尸凵山 FNBM
喾 ⺍冖丿口 IPTK
绔 纟大二乙 XDFN
骷 冎月古 MEDG

kua

夸 大二乙 DFNB
夸大 DFDD
夸奖 DFUQ
夸耀 DFIQ
夸张 DFXT
夸夸其谈 DDAY
垮 土大二乙 FDFN
垮台 FDCK
挎 扌大二乙 RDFN
跨 口止大乙 KHDN
胯 月大二乙 EDFN
侉 亻大二乙 WDFN

kuai

块 土コ人 FNWY
筷 竹忄コ人 TNNW
筷子 TNBB
侩 亻人二厶 WWFC
快 忄コ人 NNWY
快报 NNRB
快餐 NNHQ
快车 NNLG
快活 NNIT
快乐 NNQI
快慢 NNNJ
快速 NNGK
快马加鞭 NCLA
快刀斩乱麻 NVLY
蒯 艹月月刂 AEEJ
郐 人二厶阝 WFCB
哙 口人二厶 KWFC
狯 犭丿人厶 QTWC
脍 月人二厶 EWFC
脍炙人口 EQWK

kuan

宽 宀艹冂儿 PAMQ
宽敞 PAIM
宽大 PADD
宽度 PAYA
宽广 PAYY
宽阔 PAUI
宽容 PAPW
宽松 PASW
宽慰 PANF
宽余 PAWT
款 士二小人 FFIW
款待 FFTF
款式 FFAA
款项 FFAD
髋 冎月宀儿 MEPQ

kuang

匡 匚王 AGD
筐 竹匚王 TAGF
狂 犭丿王 QTGG
狂风 QTMQ
狂热 QTRV
狂妄 QTYN
框 木匚王 SAGG
框图 SALT
矿 石广 DYT
矿藏 DYAD
矿产 DYUT
矿区 DYAQ
矿山 DYMM
矿石 DYDG
矿物 DYTR
矿业 DYOG
矿物质 DTRF
眶 目匚王 HAGG
旷 日广 JYT
况 冫口儿 UKQN
况且 UKEG
诓 讠匚王 YAGG
诳 讠犭丿王 YQTG
邝 广阝 YBH
圹 土广 FYT
夼 大川 DKJ
哐 口匚王 KAGG
纩 纟广 XYT
贶 贝口儿 MKQN

kui

聩 耳口丨贝 BKHM
蝰 虫大土土 JDFF
篑 竹口丨贝 TKHM
跬 口止土土 KHFF
亏 二乙 FNV
亏损 FNRK
盔 ナ火皿 DOLF
盔甲 DOLH
岿 山刂彐 MJVF
窥 宀八二儿 PWFQ
葵 艹癶一大 AWGD
奎 大土土 DFFF
魁 白儿厶十 RQCF
魁伟 RQWF
魁梧 RQSG
傀 亻白儿厶 WRQC
馈 ⺈乙口贝 QNKM
愧 忄白儿厶 NRQC
愧疚 NRUQ
溃 氵口丨贝 IKHM
馗 九䒑丿目 VUTH
匮 匚口丨贝 AKHM
夔 䒑止丿夂 UHTT
隗 阝白儿厶 BRQC
蒉 艹口丨贝 AKHM
揆 扌癶一大 RWGD
喹 口大土土 KDFF
喟 口田月 KLEG
愦 忄口丨贝 NKHM
逵 土八土辶 FWFP
暌 日癶一大 JWGD
睽 目癶一大 HWGD

kun

坤 土日丨 FJHH
昆 日匕匕 JXXB
昆虫 JXJH
昆仑 JXWX
昆明 JXJE
捆 扌口木 RLSY
困 口木 LSI
困乏 LSTP
困惑 LSAK
困境 LSFU
困难 LSCW
困扰 LSRD
悃 忄口木 NLSY
阃 门口木 ULSI
琨 王日匕匕 GJXX
锟 钅日匕匕 QJXX
醌 西一日匕 SGJX
鲲 鱼一日匕 QGJX
髡 镸彡一儿 DEGQ

kuo

括 扌丿古 RTDG
括号 RTKG
括弧 RTXR
扩 扌广 RYT
扩充 RYYC
扩大 RYDD
扩建 RYVF
扩军 RYPL
扩散 RYAE
扩印 RYQG
扩展 RYNA
扩张 RYXT
扩大化 RDWX
扩音机 RUSM
廓 广亠子阝 YYBB
阔 门氵丿古 UITD
阔步 UIHI
阔气 UIRN
栝 木丿古 STDG
蛞 虫丿古 JTDG

L

la

垃 土立 FUG
垃圾 FUFE
拉 扌立 RUG
拉拢 RURD
拉萨 RUAB
拉丁文 RSYY
拉关系 RUTX
拉萨市 RAYM
拉丁美洲 RSUI
喇 口一口刂 KGKJ
蜡 虫艹日 JAJG
蜡烛 JAOJ
腊 月艹日 EAJG
辣 辛一口小 UGKI
辣椒 UGSH
啦 口扌立 KRUG
剌 一口小刂 GKIJ
邋 巛口㐅辶 VLQP
旯 日九 JVB
砬 石立 DUG
瘌 疒一口刂 UGKJ

lai

莱 艹一米 AGOU
来 一米 GOI
来宾 GOPR
来到 GOGC
来电 GOJN
来访 GOYY
来函 GOBI
来回 GOLK
来历 GODL
来临 GOJT
来年 GORH
来往 GOTY
来信 GOWY
来源 GOID
来自 GOTH
来得及 GTEY
来龙去脉 GDFE
来人来函 GWGB
来日方长 GJYT

赖	一口小贝	GKIM
崃	山一米	MGOY
徕	彳一米	TGOY
涞	氵一米	IGOY
濑	氵一口贝	IGKM
赉	一米贝	GOMU
睐	目一米	HGOY
铼	钅一米	QGOY
癞	疒一口贝	UGKM
籁	竹一口贝	TGKM

lan

蓝	艹刂𠂉皿	AJTL
蓝色		AJQC
蓝天		AJGD
蓝图		AJLT
婪	木木女	SSVF
栏	木丷二	SUFG
拦	扌丷二	RUFG
篮	竹刂𠂉皿	TJTL
篮球赛		TGPF
阑	门一四小	UGLI
阑尾炎		UNOO
兰	丷二	UFF
澜	氵门一小	IUGI
谰	讠门一小	YUGI
揽	扌刂𠂉儿	RJTQ
览	刂𠂉丶儿	JTYQ
懒	忄一口贝	NGKM
懒惰		NGND
懒汉		NGIC
缆	纟刂𠂉儿	XJTQ
烂	火丷二	OUFG
烂漫		OUIJ
滥	氵刂𠂉皿	IJTL
滥竽充数		ITYO
岚	山几乂	MMQU
漤	氵木木女	ISSV
榄	木刂𠂉儿	SJTQ
斓	文门一小	YUGI
罱	罒十冂十	LFMF
镧	钅门一小	QUGI
褴	衤刂𠂉皿	PUJL

lang

琅	王丶彐𠄌	GYVE
榔	木丶彐阝	SYVB
狼	犭丶𠄌	QTYE
狼狈		QTQT
狼籍		QTTD
狼狈为奸		QQYV
狼心狗肺		QNQE
狼子野心		QBJN
廊	广丶彐阝	YYVB
郎	丶彐厶阝	YVCB
朗	丶彐厶月	YVCE
朗读		YVYF
浪	氵丶彐𠄌	IYVE
浪潮		IYIF
浪费		IYXJ
浪花		IYAW
浪头		IYUD
蒗	艹氵丶𠄌	AIYE
啷	口丶彐阝	KYVB
阆	门丶彐𠄌	UYVE
锒	钅丶彐𠄌	QYVE
稂	禾丶彐𠄌	TYVE
螂	虫丶彐阝	JYVB

lao

捞	扌艹冖力	RAPL
劳	艹冖力	APLB
劳动		APFC
劳改		APNT
劳工		APAA
劳驾		APLK
劳苦		APAD
劳累		APLX
劳力		APLT
劳模		APSA
劳务		APTL
劳资		APUQ
劳动局		AFNN
劳动力		AFLT
劳动日		AFJJ
劳动者		AFFT
劳资科		AUTU
劳动保护		AFWR
劳动纪律		AFXT
劳动模范		AFSA
劳动人民		AFWN
劳民伤财		ANWM
牢	宀𠂉丨	PRHJ
牢固		PRLD
牢记		PRYN
牢牢		PRPR
牢骚		PRCC
牢不可破		PGSD
老	土丿匕	FTXB
老板		FTSR
老汉		FTIC
老家		FTPE
老年		FTRH
老婆		FTIH
老师		FTJG
老实		FTPU
老乡		FTXT
老爷		FTWQ
老八路		FWKH
老百姓		FDVT
老板娘		FSVY
老大哥		FDSK
老大难		FDCW
老大娘		FDVY
老大爷		FDWQ
老掉牙		FRAH
老古董		FDAT
老规矩		FFTD
老好人		FVWW
老黄牛		FARH
老奶奶		FVVE
老婆婆		FIIH
老婆子		FIBB

老前辈		FUDJ
老人家		FWPE
老太婆		FDIH
老太太		FDDY
老天爷		FGWQ
老头儿		FUQT
老先生		FTTG
老爷爷		FWWQ
老一辈		FGDJ
老资格		FUST
老祖宗		FPPF
老当益壮		FIUU
老奸巨猾		FVAQ
老马识途		FCYW
老谋深算		FYIT
老气横秋		FRST
老生常谈		FTIY
佬	亻土丿匕	WFTX
姥	女土丿匕	VFTX
酪	西一夂口	SGTK
烙	火夂口	OTKG
烙印		OTQG
涝	氵艹冖力	IAPL
唠	口艹冖力	KAPL
崂	山艹冖力	MAPL
栳	木土丿匕	SFTX
铑	钅土丿匕	QFTX
铹	钅艹冖力	QAPL
痨	疒艹冖力	UAPL
耢	三小艹力	DIAL
醪	西一羽彡	SGNE

le

勒	廿串力	AFLN
勒索		AFFP
乐	匚小	QII
乐队		QIBW
乐观		QICM
乐器		QIKK
乐曲		QIMA
乐趣		QIFH
乐团		QILF
乐意		QIUJ
乐于		QIGF
乐园		QILF
乐极生悲		QSTD
了	了乙丨	BNH
仂	亻力	WLN
叻	口力	KLN
泐	氵阝力	IBLN
鳓	鱼一廿力	QGAL

lei

雷	雨田	FLF
雷达		FLDP
雷电		FLJN
雷锋		FLQT
雷雨		FLFG
雷达站		FDUH
雷阵雨		FBFG
雷厉风行		FDMT
雷霆万钧		FFDQ
镭	钅雨田	QFLG
蕾	艹雨田	AFLF
累	田幺小	LXIU
累计		LXYF
累加		LXLK
累赘		LXGQ
儡	亻田田田	WLLL
垒	厶厶厶土	CCCF
擂	扌雨田	RFLG
肋	月力	ELN
类	米大	ODU
类别		ODKL
类似		ODWN
类同		ODMG
类推		ODRW
类型		ODGA
泪	氵目	IHG
泪水		IHII
羸	亠乙口丶	YNKY
磊	石石石	DDDF
诔	讠三小	YDIY
嘞	口廿串力	KAFL
嫘	女田幺小	VLXI
缧	纟田幺小	XLXI
檑	木雨田	SFLG
耒	三小	DII
酹	西一爫寸	SGEF

leng

棱	木土八夂	SFWT
棱角		SFQE
楞	木罒方	SLYN
冷	冫人丶マ	UWYC
冷藏		UWAD
冷淡		UWIO
冷风		UWMQ
冷静		UWGE
冷落		UWAI
冷漠		UWIA
冷暖		UWJE
冷气		UWRN
冷却		UWFC
冷谈		UWYO
冷笑		UWTT
冷饮		UWQN
冷嘲热讽		UKRY
冷言冷语		UYUY
塄	土罒方	FLYN
愣	忄罒方	NLYN

li

篥	竹西木	TSSU
粝	米厂丆乙	ODDN
醴	西一冂䒑	SGMU
跞	口止匚小	KHQI
雳	雨厂力	FDLB
鲡	鱼一一丶	QGGY
鳢	鱼一冂䒑	QGMU
黧	禾勹丿灬	TQTO
厘	厂日土	DJFD
厘米		DJOY
梨	禾刂木	TJSU

犁	禾刂𠂉丨	TJRH
黎	禾勹丿水	TQTI
黎明		TQJE
篱	竹文凵厶	TYBC
篱笆		TYTC
狸	犭丿日土	QTJF
离	文凵冂厶	YBMC
离队		YBBW
离婚		YBVQ
离家		YBPE
离开		YBGA
离任		YBWT
离散		YBAE
离校		YBSU
离心		YBNY
离休		YBWS
离职		YBBK
漓	氵文凵厶	IYBC
理	王日土	GJFG
理睬		GJHE
理发		GJNT
理解		GJQE
理科		GJTU
理论		GJYW
理事		GJGK
理顺		GJKD
理想		GJSH
理应		GJYI
理由		GJMH
理智		GJTD
理发师		GNJG
理工科		GATU
理事会		GGWF
理事长		GGTA
理屈词穷		GNYP
理所当然		GRIQ
理直气壮		GFRU
理论联系实际		GYBB
李	木子	SBF
李鹏		SBEE
李瑞环		SGGG
李铁映		SQJM
李先念		STWY
里	日土	JFD
里边		JFLP
里程		JFTK
里面		JFDM
里程碑		JTDR
里应外合		JYQW
鲤	鱼一日土	QGJF
鲤鱼		QGQG
礼	礻丶乙	PYNN
礼拜		PYRD
礼节		PYAB
礼貌		PYEE
礼品		PYKK
礼堂		PYIP
礼物		PYTR
礼拜天		PRGD
礼宾司		PPNG
莉	艹禾刂	ATJJ
荔	艹力力力	ALLL
荔枝		ALSF
吏	一口㐅	GKQI
栗	西木	SSU
丽	一冂丶丶	GMYY
厉	厂𠂇乙	DDNV
厉害		DDPD
励	厂𠂇乙力	DDNL
励精图治		DOLI
砾	石𠂇小	DQIY
历	厂力	DLV
历程		DLTK
历代		DLWA
历届		DLNM
历来		DLGO
历年		DLRH
历时		DLJF
历史		DLKQ
历史剧		DKND
历史性		DKNT
历史潮流		DKII
历史意义		DKUY
历史唯物主义		DKKY
利	禾刂	TJH
利弊		TJUM
利害		TJPD
利率		TJYX
利民		TJNA
利润		TJIU
利索		TJFP
利息		TJTH
利益		TJUW
利用		TJET
利润率		TIYX
利国福民		TLPN
利令智昏		TWTQ
利用职权		TEBS
利欲熏心		TWTN
傈	亻西木	WSSY
例	亻一夕刂	WGQJ
例如		WGVK
例题		WGJG
例外		WGQH
例行		WGTF
例子		WGBB
俐	亻禾刂	WTJH
痢	疒禾刂	UTJK
痢疾		UTUT
立	【键名码】	UUUU
立场		UUFN
立春		UUDW
立冬		UUTU
立法		UUIF
立方		UUYY
立功		UUAL
立刻		UUYN
立即		UUVC
立秋		UUTO
立体		UUWS

立夏		UUDH
立方根		UYSV
立方体		UYWS
立交桥		UUST
立脚点		UEHK
立体声		UWFN
立足点		UKHK
立竿见影		UTMJ
粒	米立	OUG
沥	氵厂力	IDLN
沥青		IDGE
隶	彐水	VII
隶属		VINT
力	力丿乙	LTN
力量		LTJG
力气		LTRN
力学		LTIP
力争		LTQV
力不从心		LGWN
力挽狂澜		LRQI
力争上游		LQHI
璃	王文凵厶	GYBC
哩	口日土	KJFG
俪	亻一冂丶	WGMY
俚	亻日土	WJFG
俚语		WJYG
郦	一冂丶阝	GMYB
坜	土厂力	FDLN
苈	艹厂力	ADLB
莅	艹亻立	AWUF
莅临		AWJT
蓠	艹文凵厶	AYBC
藜	艹禾勹氺	ATQI
呖	口厂力	KDLN
唳	口丶尸犬	KYND
喱	口厂日土	KDJF
猁	犭丿禾刂	QTTJ
悝	忄日土	NJFG
溧	氵西木	ISSY
澧	氵冂艹丷	IMAU

逦	一冂丶辶	GMYP
娌	女日土	VJFG
嫠	二小攵女	FITV
栎	木匚小	SQIY
轹	车匚小	LQIY
戾	丶尸犬	YNDI
砺	石厂丆乙	DDDN
詈	罒言	LYF
罹	罒忄亻圭	LNWY
锂	钅日土	QJFG
鹂	一冂丶一	GMYG
疠	疒丆乙	UDNV
疬	疒厂力	UDLV
蛎	虫厂丆乙	JDDN
蜊	虫禾刂	JTJH
蠡	彑豕虫虫	XEJJ
笠	竹立	TUF
缡	纟文凵厶	XYBC

lia

俩	亻一冂人	WGMW

lian

蠊	虫广丷小	JYUO
鲢	鱼一车辶	QGLP
联	耳丷大	BUDY
联邦		BUDT
联播		BURT
联队		BUBW
联贯		BUXF
联欢		BUCQ
联合		BUWG
联机		BUSM
联接		BURU
联结		BUXF
联络		BUXT
联名		BUQK
联网		BUMQ
联席		BUYA
联系		BUTX
联想		BUSH
联营		BUAP
联合国		BWLG
联合会		BWWF
联合体		BWWS
联欢会		BCWF
联络员		BXKM
联席会		BYWF
联系人		BTWW
联系群众		BTVW
联系实际		BTPB
联系业务		BTOT
莲	艹车辶	ALPU
莲花		ALAW
连	车辶	LPK
连队		LPBW
连接		LPRU
连连		LPLP
连忙		LPNY
连绵		LPXR
连同		LPMG
连续		LPXF
连长		LPTA
连续剧		LXND
连衣裙		LYPU
连云港		LFIA
连篇累牍		LTLT
连锁反应		LQRY
镰	钅广丷小	QYUO
镰刀		QYVN
廉	广丷彐小	YUVO
廉价		YUWW
廉洁		YUIF
廉政		YUGH
廉洁奉公		YIDW
怜	忄人丶	NWYC
怜悯		NWNU
怜惜		NWNA
涟	氵车辶	ILPY
帘	宀八冂丨	PWMH
敛	人一丷攵	WGIT
脸	月人一丷	EWGI

脸盆		EWWV
脸皮		EWHC
脸色		EWQC
链	钅车辶	QLPY
链锁		QLQI
链子		QLBB
恋	亠小心	YONU
恋爱		YOEP
恋恋不舍		YYGW
炼	火七乙小	OANW
炼钢		OAQM
炼铁		OAQR
练	纟七乙小	XANW
练兵		XARG
练习		XANU
练习本		XNSG
练习薄		XNAI
练习曲		XNMA
练习题		XNJG
奁	大匚㐅	DAQU
潋	氵人一攵	IWGT
濂	氵广䒑小	IYUO
琏	王车辶	GLPY
楝	木一四小	SGLI
殓	一夕人业	GQWI
臁	月广䒑小	EYUO
裢	礻冫车辶	PULP
裣	礻冫人业	PUWI

liang

粮	米丶彐乀	OYVE
粮店		OYYH
粮库		OYYL
粮棉		OYSR
粮票		OYSF
粮食		OYWY
粮油		OYIM
粮站		OYUH
粮食局		OWNN
凉	冫亠口小	UYIY
凉爽		UYDQ
梁	氵刀八木	IVWS
粱	氵刀八米	IVWO
良	丶彐乀	YVEI
良好		YVVB
良机		YVSM
良心		YVNY
良药		YVAX
良种		YVTK
两	一冂人人	GMWW
两边		GMLP
两个		GMWH
两间		GMUJ
两面		GMDM
两年		GMRH
两旁		GMUP
两手		GMRT
两性		GMNT
两样		GMSU
两者		GMFT
两面派		GDIR
两面三刀		GDDV
两全其美		GWAU
辆	车一冂人	LGMW
量	日一日土	JGJF
量变		JGYO
量度		JGYA
量体裁衣		JWFY
晾	日亠口小	JYIY
亮	亠口冖几	YPMB
亮度		YPYA
亮光		YPIQ
亮相		YPSH
谅	讠亠口小	YYIY
谅解		YYQE
墚	土氵刀木	FIVS
莨	艹丶彐乀	AYVE
蔹	艹人一攵	AWGT
椋	木亠口小	SYIY
踉	口止丶乀	KHYE
靓	龶月冂儿	GEMQ
魉	白儿厶人	RQCW

liao

撩	扌大丷小	RDUI
聊	耳𠂎丿卩	BQTB
聊天		BQGD
聊斋		BQYD
僚	亻大丷小	WDUI
燎	火大丷小	ODUI
寥	宀羽人彡	PNWE
寥寥		PNPN
辽	了辶	BPK
辽阔		BPUI
辽宁		BPPS
疗	疒了	UBK
疗程		UBTK
疗效		UBUQ
疗养		UBUD
辽宁省		BPIT
疗养院		UUBP
潦	氵大丷小	IDUI
了	了乙丨	BNH
了解		BNQE
了望		BNYN
了解情况		BQNU
了如指掌		BVRI
撂	扌田夂口	RLTK
镣	钅大丷小	QDUI
廖	广羽人彡	YNWE
廖若晨星		YAJJ
料	米⺀十	OUFH
料理		OUGJ
蓼	艹羽人彡	ANWE
尥	ナ乙勹丶	DNQY
嘹	口大丷小	KDUI
獠	犭丿大小	QTDI
寮	宀大丷小	PDUI
缭	纟大丷小	XDUI
缭绕		XDXA
钌	钅了	QBH
鹩	大丷日一	DUJG

lie

列 一夕刂 GQJH
列车 GQLG
列宁 GQPS
列强 GQXK
列席 GQYA
列车员 GLKM
列车长 GLTA
列宁主义 GPYY
裂 一夕刂𧘇 GQJE
烈 一夕刂灬 GQJO
烈火 GQOO
烈士 GQFG
烈属 GQNT
烈军属 GPNT
劣 小丿力 ITLB
劣势 ITRV
劣根性 ISNT
猎 犭丿艹日 QTAJ
冽 冫一夕刂 UGQJ
埒 土爫寸 FEFY
捩 扌丶尸犬 RYND
咧 口一夕刂 KGQJ
洌 氵一夕刂 IGQJ
趔 土龰一刂 FHGJ
躐 口止巛乙 KHVN
鬣 镸彡巛乙 DEVN

lin

麟 广コ刂丨 YNJH
躏 口止廿圭 KHAY
琳 王木木 GSSY
林 木木 SSY
林立 SSUU
林区 SSAQ
林业 SSOG
林业部 SOUK
林荫道 SAUT
磷 石米夕丨 DOQH
霖 雨木木 FSSU
临 刂𠂉丶罒 JTYJ
临床 JTYS
临界 JTLW
临近 JTRP
临时 JTJF
临时工 JJAA
临时性 JJNT
临界状态 JLUD
临危不惧 JQGN
邻 人丶マ阝 WYCB
邻邦 WYDT
邻近 WYRP
邻居 WYND
鳞 鱼一米丨 QGOH
淋 氵木木 ISSY
淋漓尽致 IING
凛 冫亠口小 UYLI
赁 亻丿士贝 WTFM
吝 文口 YKF
吝啬 YKFU
拎 扌人丶マ RWYC
蔺 艹门亻圭 AUWY
啉 口木木 KSSY
嶙 山米夕丨 MOQH
廪 广亠口小 YYLI
懔 忄亠口小 NYLI
遴 米夕匚辶 OQAP
檩 木亠口小 SYLI
辚 车米夕丨 LOQH
膦 月米夕丨 EOQH
瞵 目米夕丨 HOQH
粼 米夕匚巛 OQAB

ling

玲 王人丶マ GWYC
菱 艹土八夂 AFWT
零 雨人丶マ FWYC
零点 FWHK
零件 FWWR
零售 FWWY
零碎 FWDY
零星 FWJT
零售价 FWWW
龄 止人凵マ HWBC
铃 钅人丶マ QWYC
铃铛 QWQI
伶 亻人丶マ WWYC
羚 丷手人マ UDWC
凌 冫土八夂 UFWT
凌晨 UFJD
灵 彐火 VOU
灵感 VODG
灵魂 VOFC
灵活 VOIT
灵敏 VOTX
灵巧 VOAG
灵敏度 VTYA
灵丹妙药 VMVA
灵机一动 VSGF
陵 阝土八夂 BFWT
陵墓 BFAJ
陵园 BFLF
岭 山人丶マ MWYC
领 人丶マ贝 WYCM
领带 WYGK
领导 WYNF
领海 WYIT
领土 WYFF
领先 WYTF
领袖 WYPU
领域 WYFA
领导权 WNSC
领导者 WNFT
领事馆 WGQN
领导干部 WNFU
领土完整 WFPG
另 口力 KLB
另外 KLQH
另辟蹊径 KNKT
另一方面 KGYD
令 人丶マ WYCU
酃 雨口口阝 FKKB
苓 艹人丶マ AWYC

呤	口人丶マ	KWYC
囹	囗人丶マ	LWYC
泠	氵人丶マ	IWYC
绫	纟土八夂	XFWT
瓴	人丶マ乙	WYCN
聆	耳人丶マ	BWYC
聆听		BWKR
蛉	虫人丶マ	JWYC
翎	人丶マ羽	WYCN
鲮	鱼一土夂	QGFT

liu

溜	氵𠂎丶田	IQYL
琉	王亠厶儿	GYCQ
榴	木𠂎丶田	SQYL
硫	石亠厶儿	DYCQ
硫磺		DYDA
硫酸		DYSG
馏	饣乙𠂎田	QNQL
留	𠂎丶刀田	QYVL
留成		QYDN
留存		QYDH
留底		QYYQ
留恋		QYYO
留美		QYUG
留名		QYQK
留念		QYWY
留任		QYWT
留校		QYSU
留心		QYNY
留学		QYIP
留言		QYYY
留意		QYUJ
留影		QYJY
留用		QYET
留职		QYBK
留学生		QITG
留言簿		QYTI
刘	文刂	YJH
瘤	疒𠂎丶田	UQYL
流	氵亠厶儿	IYCQ
流产		IYUT
流程		IYTK
流动		IYFC
流毒		IYGX
流利		IYTJ
流量		IYJG
流露		IYFK
流氓		IYYN
流水		IYII
流速		IYGK
流通		IYCE
流血		IYTL
流域		IYFA
流水线		IIXG
流水帐		IIMH
流行病		ITUG
流行性		ITNT
流水作业		IIWO
流通渠道		ICIU
流言蜚语		IYDY
柳	木𠂎丿卩	SQTB
柳暗花明		SJAJ
六	六丶一丶	UYGY
六月		UYEE
浏	氵文刂	IYJH
浏览		IYJT
遛	𠂎丶刀辶	QYVP
骝	马𠂎丶田	CQYL
绺	纟夂卜口	XTHK
旒	方𠂉亠儿	YTYQ
熘	火𠂎丶田	OQYL
镏	钅𠂎丶田	QQYL
锍	钅亠厶儿	QYCQ
鹨	羽人彡一	NWEG
鎏	氵亠厶金	IYCQ

long

龙	𠂇匕	DXV
龙门		DXUY
龙头		DXUD
龙卷风		DUMQ
龙王爷		DGWQ
龙飞凤舞		DNMR
珑	王𠂇匕	GDXN
聋	𠂇匕耳	DXBF
咙	口𠂇匕	KDXN
笼	竹𠂇匕	TDXB
笼罩		TDLH
窿	宀八阝丰	PWBG
隆	阝夂一丰	BTGG
隆隆		BTBT
隆重		BTTG
隆重开幕		BTGA
垄	𠂇匕土	DXFF
垄断		DXON
拢	扌𠂇匕	RDXN
陇	阝𠂇匕	BDXN
垅	土𠂇匕	FDXN
茏	艹𠂇匕	ADXB
泷	氵𠂇匕	IDXN
栊	木𠂇匕	SDXN
胧	月𠂇匕	EDXN
砻	𠂇匕石	DXDF
癃	疒阝夂丰	UBTG

lou

楼	木米女	SOVG
楼板		SOSR
楼房		SOYN
楼群		SOVT
楼台		SOCK
楼梯		SOSU
楼下		SOGH
娄	米女	OVF
搂	扌米女	ROVG
篓	竹米女	TOVF
漏	氵尸雨	INFY
漏税		INTU
陋	阝一冂乙	BGMN
偻	亻米女	WOVG
蒌	艹米女	AOVF
喽	口米女	KOVG
嵝	山米女	MOVG
镂	钅米女	QOVG

瘘	疒米女	UOVD
耧	三小米女	DIOV
蝼	虫米女	JOVG
髅	冎月米女	MEOV

lu

芦	廾、尸	AYNR
芦苇		AYAF
卢	⺊尸	HNE
卢森堡		HSWK
颅	⺊尸丆贝	HNDM
庐	广、尸	YYNE
庐山		YYMM
炉	火、尸	OYNT
炉子		OYBB
掳	扌广七力	RHAL
卤	⺊口乂	HLQI
虏	广七力	HALV
鲁	鱼一日	QGJF
鲁莽		QGAD
麓	木木广匕	SSYX
碌	石彐水	DVIY
露	雨口止口	FKHK
露骨		FKME
路	口止夂口	KHTK
路费		KHXJ
路过		KHFP
路途		KHWT
路线		KHXG
路子		KHBB
路透社		KTPY
赂	贝夂口	MTKG
鹿	广コ‖匕	YNJX
鹿茸		YNAB
潞	氵口止口	IKHK
禄	礻、彐水	PYVI
录	彐水	VIU
录取		VIBC
录入		VITY
录象		VIQJ
录像		VIWQ
录音		VIUJ
录用		VIET
录制		VIRM
录相带		VSGK
录像片		VWTH
录象带		VQGK
录象机		VQSM
录音带		VUGK
录音机		VUSM
陆	阝二山	BFMH
陆地		BFFB
陆军		BFPL
陆续		BFXF
陆海空		BIPW
戮	羽人彡戈	NWEA
垆	土⺊尸	FHNT
撸	扌鱼一日	RQGJ
噜	口鱼一日	KQGJ
泸	氵⺊尸	IHNT
渌	氵彐水	IVIY
漉	氵广コ匕	IYNX
逯	彐水辶	VIPI
璐	王口止口	GKHK
栌	木⺊尸	SHNT
橹	木鱼一日	SQGJ
轳	车⺊尸	LHNT
辂	车夂口	LTKG
辘	车广コ匕	LYNX
氇	丿二乙日	TFNJ
胪	月⺊尸	EHNT
镥	钅鱼一日	QQGJ
鸬	⺊尸勹一	HNQG
鹭	口止夂一	KHTG
簏	竹广コ匕	TYNX
舻	丿舟⺊尸	TEHN
鲈	鱼一⺊尸	QGHN

lü

驴	马、尸	CYNT
吕	口口	KKF
铝	钅口口	QKKG
侣	亻口口	WKKG
旅	方𠂉𧘇	YTEY
旅伴		YTWU
旅长		YTTA
旅程		YTTK
旅费		YTXJ
旅馆		YTQN
旅客		YTPT
旅社		YTPY
旅顺		YTKD
旅行		YTTF
旅途		YTWT
旅游		YTIY
旅行社		YTPY
履	尸彳𠂉夂	NTTT
履历		NTDL
履行		NTTF
履历表		NDGE
屡	尸米女	NOVD
屡次		NOUQ
屡见不鲜		NMGQ
屡教不改		NFGN
缕	纟米女	XOVG
虑	广七心	HANI
氯	𠂉乙彐水	RNVI
律	彳彐二丨	TVFH
律师		TVJG
率	亠幺丷十	YXIF
滤	氵广七心	IHAN
绿	纟彐水	XVIY
绿茶		XVAW
绿色		XVQC
捋	扌爫寸	REFY
闾	门口口	UKKD
榈	木门口口	SUKK
膂	方𠂉𧘇月	YTEE
稆	禾口口	TKKG
褛	礻⺀米女	PUOV

luan

峦	亠小山	YOMJ
挛	亠小手	YORJ
孪	亠小子	YOBF

滦 氵亠小木 IYOS
卵 匚丶丿丶 QYTY
卵巢 QYVJ
卵子 QYBB
乱 丿古乙 TDNN
乱七八糟 TAWO
脔 亠小冂人 YOMW
娈 亠小女 YOVF
栾 亠小木 YOSU
鸾 亠小勹一 YOQG
銮 亠小金 YOQF

lue

掠 扌亠口小 RYIY
掠夺 RYDF
略 田夂口 LTKG
略微 LTTM
略语 LTYG
略多于 LQGF
略高于 LYGF
锊 钅爫寸 QEFY

lun

抡 扌人匕 RWXN
轮 车人匕 LWXN
轮船 LWTE
转换 LWRQ
轮廓 LWYY
轮流 LWIY
轮子 LWBB
伦 亻人匕 WWXN
伦敦 WWYB
仑 人匕 WXB
沦 氵人匕 IWXN
纶 纟人匕 XWXN
论 讠人匕 YWXN
论点 YWHK
论调 YWYM
论断 YWON
论据 YWRN
论述 YWSY
论题 YWJG
论文 YWYY
论著 YWAF
论文集 YYWY
囵 口人匕 LWXV

luo

萝 艹罒夕 ALQU
螺 虫田幺小 JLXI
螺丝 JLXX
螺纹 JLXY
螺旋 JLYT
螺丝钉 JXQS
罗 罒夕 LQ
罗列 LQGQ
罗马 LQCN
逻 罒夕辶 LQPI
逻辑 LQLK
逻辑性 LLNT
锣 钅罒夕 QLQY
箩 竹罒夕 TLQU
箩筐 TLTA
骡 马田幺小 CLXI
骡马 CLCN
骡子 CLBB
裸 礻冫日木 PUJS
落 艹氵夂口 AITK
落成 AIDN
落地 AIFB
落后 AIRG
落空 AIPW
落款 AIFF
落实 AIPU
落选 AITF
落花流水 AAII
洛 氵夂口 ITKG
洛阳 ITBJ
洛杉矶 ISDM
骆 马夂口 CTKG
骆驼 CTCP
络 纟夂口 XTKG
倮 亻日木 WJSY
蠃 亠乙口丶 YNKY
荦 艹冖𠂉丨 APRH
摞 扌田幺小 RLXI
猡 犭丿罒夕 QTLQ
泺 氵匚小 IQIY
漯 氵田幺小 ILXI
珞 王夂口 GTKG
椤 木罒夕 SLQY
脶 月口冂人 EKMW
镙 钅田幺小 QLXI
瘰 疒田幺小 ULXI
雒 夂口亻圭 TKWY

M

m

呒 口二儿 KFQN

ma

妈 女马 VCG
妈妈 VCVC
麻 广木木 YSSI
麻痹 YSUL
麻袋 YSWA
麻烦 YSOD
麻风 YSMQ
麻将 YSUQ
麻木 YSSS
麻雀 YSIW
麻子 YSBB
麻醉 YSSG
麻痹大意 YUDU
玛 王马 GCG
码 石马 DCG
码头 DCUD
蚂 虫马 JCG
马 马乙乙一 CNNG
马车 CNLG
马达 CNDP
马虎 CNHA

马克		CNDQ
马力		CNLT
马列		CNGQ
马路		CNKH
马匹		CNAQ
马上		CNHH
马克思		CDLN
马拉松		CRSW
马铃薯		CQAL
马尼拉		CNRU
马不停蹄		CGWK
马到成功		CGDA
马列主义		CGYY
马来西亚		CGSG
马克思主义		CDLY
马克思列宁主义		CDLY
骂	口口马	KKCF
嘛	口广木木	KYSS
吗	口马	KCG
唛	口龶夂	KGTY
犸	犭丿马	QTCG
嬷	女广木厶	VYSC
杩	木马	SCG
蟆	虫艹日大	JAJD

mai

埋	土日土	FJFG
埋藏		FJAD
埋伏		FJWD
埋没		FJIM
埋头		FJUD
埋怨		FJQB
埋葬		FJAG
埋头工作		FUAW
埋头苦干		FUAF
买	乙⺀大	NUDU
买卖		NUFN
买空卖空		NPFP
麦	龶夂	GTU
麦收		GTNH
麦子		GTBB
麦克风		GDMQ
麦乳精		GEOG
卖	十乙⺀大	FNUD
卖给		FNXW
迈	丆乙辶	DNPV
迈步		DNHI
迈进		DNFJ
脉	月丶乙八	EYNI
脉搏		EYRG
脉络		EYXT
劢	丆乙力	DNLN
荬	艹乙⺀大	ANUD
霾	雨爫犭土	FEEF

man

瞒	目艹一人	HAGW
馒	⺈乙日又	QNJC
蛮	亠小虫	YOJU
蛮干		YOFG
蛮横		YOSA
满	氵艹一人	IAGW
满怀		IANG
满面		IADM
满腔		IAEP
满意		IAUJ
满员		IAKM
满足		IAKH
满族		IAYT
满州里		IYJF
满城风雨		IFMF
满怀信心		INWN
满面春风		IDDM
满腔热情		IERN
曼	日罒又	JLCU
曼谷		JLWW
蔓	艹日罒又	AJLC
慢	忄日罒又	NJLC
慢慢		NJNJ
慢性		NJNT
慢性病		NNUG
漫	氵日罒又	IJLC
漫长		IJTA
漫画		IJGL
漫漫		IJIJ
漫不经心		IGXN
漫山遍野		IMYJ
漫无边际		IFLB
谩	讠日罒又	YJLC
谩骂		YJKK
墁	土日罒又	FJLC
幔	冂丨日又	MHJC
缦	纟日罒又	XJLC
熳	火日罒又	OJLC
镘	钅日罒又	QJLC
颟	艹一冂贝	AGMM
螨	虫艹一人	JAGW
鳗	⺈一日又	QGJC
鞔	廿申⺈儿	AFQQ

mang

芒	艹亠乙	AYNB
茫	艹氵亠乙	AIYN
茫茫		AIAI
茫然		AIQD
茫茫然		AAQD
盲	亠乙目	YNHF
盲从		YNWW
盲打		YNRS
盲目		YNHH
盲文		YNYY
盲肠炎		YEOO
盲目性		YHNT
氓	亠乙コ七	YNNA
忙	忄亠乙	NYNN
忙碌		NYDV
忙乱		NYTD
忙于		NYGF
莽	艹犬廾	ADAJ
邙	亠乙阝	YNBH
漭	氵艹犬廾	IADA
硭	石艹亠乙	DAYN
蟒	虫艹犬廾	JADA

mao

蝥	マ卩丿虫	CBTJ
蟊	マ卩丿虫	CBTJ
髦	镸彡丿乙	DETN
猫	犭丿艹田	QTAL
茅	艹マ卩丿	ACBT
茅盾		ACRF
茅台		ACCK
茅屋		ACNG
茅台酒		ACIS
锚	钅艹田	QALG
毛	丿二乙	TFNV
毛巾		TFMH
毛料		TFOU
毛皮		TFHC
毛线		TFXG
毛衣		TFYE
毛泽东		TIAI
毛主席		TYYA
毛泽东思想		TIAS
矛	マ卩丿	CBTR
矛盾		CBRF
铆	钅𠂎丿卩	QQTB
卯	𠂎丿卩	QTBH
茂	艹厂乙丿	ADNT
茂密		ADPN
茂盛		ADDN
冒	日目	JHF
冒号		JHKG
冒进		JHFJ
冒昧		JHJF
冒牌		JHTH
冒险		JHBW
冒名顶替		JQSF
帽	冂丨日目	MHJH
帽子		MHBB
貌	爫豸白儿	EERQ
贸	𠂎丶刀贝	QYVM
贸易		QYJQ
贸易额		QJPT

袤	亠マ卩𧘇	YCBE
茆	艹𠂎丿卩	AQTB
峁	山𠂎丿卩	MQTB
泖	氵𠂎丿卩	IQTB
瑁	王日目	GJHG
昴	日𠂎丿卩	JQTB
牦	丿扌丿乙	TRTN
耄	土丿匕乙	FTXN
旄	方𠂉丿乙	YTTN
懋	木マ卩心	SCBN
瞀	マ卩丿目	CBTH

me

么	丿厶	TCU

mei

袂	礻くコ人	PUNW
魅	白儿厶小	RQCI
玫	王攵	GTY
玫瑰		GTGR
枚	木攵	STY
梅	木𠂉口⺀	STXU
梅毒		STGX
梅花		STAW
酶	西一𠂉⺀	SGTU
霉	雨𠂉口⺀	FTXU
霉素		FTGX
煤	火艹二木	OAFS
煤矿		OADY
煤气		OARN
煤炭		OAMD
煤田		OALL
煤油		OAIM
煤炭部		OMUK
没	氵几又	IMCY
没收		IMNH
没有		IMDE
没办法		ILIF
没出息		IBTH
没关系		IUTX
没精打采		IORE
眉	尸目	NHD
眉头		NHUD
眉飞色舞		NNQR
媒	女艹二木	VAFS
媒介		VAWJ
镁	钅丷王大	QUGD
每	𠂉口一⺀	TXGU
每当		TXIV
每回		TXLK
每秒		TXTI
每年		TXRH
每人		TXWW
每日		TXJJ
每时		TXJF
每天		TXGD
每项		TXAD
每月		TXEE
美	丷王大	UGDU
美德		UGTF
美观		UGCM
美国		UGLG
美好		UGVB
美化		UGWX
美金		UGQQ
美酒		UGIS
美丽		UGGM
美满		UGIA
美貌		UGEE
美梦		UGSS
美妙		UGVI
美名		UGQK
美容		UGPW
美术		UGSY
美味		UGKF
美言		UGYY
美育		UGYC
美元		UGFQ
美洲		UGIY
美联社		UBPY
美术界		USLW
美中不足		UKGK

昧	日二小	JFIY
寐	宀乙丨小	PNHI
妹	女二小	VFIY
妹夫		VFFW
妹妹		VFVF
妹子		VFBB
媚	女尸目	VNHG
莓	廿𠂉母氵	ATXU
嵋	山尸目	MNHG
猸	犭丿尸目	QTNH
湄	氵尸目	INHG
楣	木尸目	SNHG
镅	钅尸目	QNHG
鹛	尸目勹一	NHQG

men

门	门丶丨乙	UYHN
门户		UYYN
门类		UYOD
门路		UYKH
门面		UYDM
门牌		UYTH
门票		UYSF
门市		UYYM
门厅		UYDS
门徒		UYTF
门诊		UYYW
门牌号		UTKG
门市部		UYUK
门诊部		UYUK
门道若市		UUAY
门庭若市		UYAY
闷	门心	UNI
们	亻门	WUN
扪	扌门	RUN
焖	火门心	OUNY
懑	氵廿一心	IAGN
钔	钅门	QUN

meng

萌	廿日月	AJEF
萌芽		AJAA
蒙	廿冖一豕	APGE
蒙蔽		APAU
蒙古		APDG
蒙胧		APED
蒙昧		APJF
蒙蒙		APAP
蒙族		APYT
蒙古包		ADQN
蒙古族		ADYT
檬	木廿冖豕	SAPE
盟	日月皿	JELF
盟友		JEDC
锰	钅子皿	QBLG
猛	犭丿子皿	QTBL
猛烈		QTGQ
猛然		QTQD
猛增		QTFU
梦	木木夕	SSQU
梦想		SSSH
孟	子皿	BLF
孟子		BLBB
勐	子皿力	BLLN
甍	廿罒冖乙	ALPN
瞢	廿罒冖目	ALPH
懵	忄廿罒目	NALH
朦	月廿冖豕	EAPE
朦胧		EAED
礞	石廿冖豕	DAPE
虻	虫亠乙	JYNN
蜢	虫子皿	JBLG
蠓	虫廿冖豕	JAPE
艋	丿舟子皿	TEBL
艨	丿舟廿豕	TEAE

mi

眯	目米	HOY
醚	西一米辶	SGOP
靡	广木木三	YSSD
糜	广木木米	YSSO
糜烂		YSOU
迷	米辶	OPI
迷惑		OPAK
迷恋		OPYO
迷茫		OPAI
迷人		OPWW
迷失		OPRW
迷惘		OPNM
迷雾		OPFT
迷信		OPWY
谜	讠米辶	YOPY
谜语		YOYG
弥	弓𠂊小	XQIY
弥补		XQPU
弥漫		XQIJ
米	米丶丿乀	OYTY
米饭		OYQN
米粉		OYOW
秘	禾心丿	TNTT
秘方		TNYY
秘诀		TNYN
秘密		TNPN
秘书		TNNN
秘书处		TNTH
秘书科		TNTU
秘书室		TNPG
秘书长		TNTA
觅	爫冂儿	EMQB
泌	氵心丿	INTT
蜜	宀心丿虫	PNTJ
蜜蜂		PNJT
蜜月		PNEE
密	宀心丿山	PNTM
密闭		PNUF
密布		PNDM
密电		PNJN
密度		PNYA
密封		PNFF
密集		PNWY
密件		PNWR
密码		PNDC
密谋		PNYA

密切		PNAV
密电码		PJDC
幂	冖日大丨	PJDH
芈	一刂一丨	GJGH
谧	讠心丿皿	YNTL
蘼	艹广木三	AYSD
咪	口米	KOY
嘧	口宀心山	KPNM
猕	犭丿弓小	QTXI
汨	氵日	IJG
宓	宀心丿	PNTR
弭	弓耳	XBG
脒	月米	EOY
祢	礻丶⺈小	PYQI
敉	米攵	OTY
糸	幺小	XIU
縻	广木木小	YSSI
麋	广コ刂米	YNJO
沔	氵一丨乙	IGHN
湎	氵丆冂三	IDMD
渑	氵口日乙	IKJN
黾	口日乙	KJNB

mian

棉	木白冂丨	SRMH
棉被		SRPU
棉布		SRDM
棉纺		SRXY
棉花		SRAW
棉纱		SRXI
棉田		SRLL
棉线		SRXG
棉衣		SRYE
棉毛衫		STPU
棉织品		SXKK
眠	目尸七	HNAN
绵	纟白冂丨	XRMH
绵绵		XRXR
冕	日⺈口儿	JQKQ
免	⺈口儿	QKQB
免除		QKBW
免得		QKTJ
免费		QKXJ
免税		QKTU
免疫		QKUM
免职		QKBK
免疫力		QULT
勉	⺈口儿力	QKQL
勉励		QKDD
勉强		QKXK
娩	女⺈口儿	VQKQ
缅	纟丆冂三	XDMD
缅甸		XDQL
缅怀		XDNG
面	丆冂刂三	DMJD
面部		DMUK
面对		DMCF
面粉		DMOW
面积		DMTK
面交		DMUQ
面孔		DMBN
面料		DMOU
面临		DMJT
面貌		DMEE
面目		DMHH
面前		DMUE
面容		DMPW
面色		DMQC
面条		DMTS
面向		DMTM
面子		DMBB
面包车		DQLG
面貌一新		DEGU
面目一新		DHGU
眄	目一丨乙	HGHN
腼	月丆冂三	EDMD

miao

苗	艹田	ALF
苗条		ALTS
苗头		ALUD
描	扌艹田	RALG
描绘		RAXW
描述		RASY
描图		RALT
描写		RAPG
瞄	目艹田	HALG
藐	艹爫豸儿	AEEQ
秒	禾小丿	TITT
渺	氵目小丿	IHIT
渺茫		IHAI
庙	广由	YMD
庙会		YMWF
妙	女小丿	VITT
妙龄		VIHW
妙用		VIET
妙趣横生		VFST
淼	水水水	IIIU
喵	口艹田	KALG
邈	爫豸白辶	EERP
缈	纟目小丿	XHIT
杪	木小丿	SITT
眇	目小丿	HITT
鹋	艹田勹一	ALQG

mie

蔑	艹罒厂丿	ALDT
蔑视		ALPY
灭	一火	GOI
灭亡		GOYN
咩	口丷手	KUDH
乜	乙乙	NNV
蠛	虫艹罒丿	JALT
篾	竹罒厂丿	TLDT

min

民	尸七	NAV
民办		NALW
民兵		NARG
民法		NAIF
民歌		NASK
民工		NAAA
民航		NATE
民间		NAUJ

民警		NAAQ
民盟		NAJE
民情		NANG
民权		NASC
民委		NATV
民用		NAET
民政		NAGH
民众		NAWW
民主		NAYG
民族		NAYT
民政局		NGNN
民主党		NYIP
民办科技		NLTR
民主党派		NYII
民族团结		NYLX
民主集中制		NYWR
抿	扌尸七	RNAN
皿	皿丨乙一	LHNG
悯	忄门文	NUYY
敏	𠂉口一攵	TXGT
敏感		TXDG
敏捷		TXRG
敏锐		TXQU
闽	门虫	UJI
玟	王文	GYY
珉	王尸七	GNAN
苠	艹尸七	ANAB
岷	山尸七	MNAN
缗	纟尸七日	XNAJ
鳘	𠂉口一一	TXGG
闵	门文	UYI
泯	氵尸七	INAN
愍	尸七攵心	NATN

ming

明	日月	JEG
明暗		JEJU
明白		JERR
明辨		JEUY
明朗		JEYV
明亮		JEYP
明媚		JEVN
明明		JEJE
明年		JERH
明确		JEDQ
明天		JEGD
明细		JEXL
明显		JEJO
明信片		JWTH
明辨是非		JUJD
明目张胆		JHXE
明知故犯		JTDQ
螟	虫冖日六	JPJU
鸣	口勹丶一	KQYG
铭	钅夕口	QQKG
铭记		QQYN
名	夕口	QKF
名菜		QKAE
名册		QKMM
名茶		QKAW
名称		QKTQ
名词		QKYN
名次		QKUQ
名单		QKUJ
名额		QKPT
名贵		QKKH
名家		QKPE
名酒		QKIS
名牌		QKTH
名气		QKRN
名人		QKWW
名声		QKFN
名胜		QKET
名烟		QKOL
名言		QKYY
名义		QKYQ
名优		QKWD
名誉		QKIW
名著		QKAF
名字		QKPB
名符其实		QTAP
名副其实		QGAP
名列前茅		QGUA
名胜古迹		QEDY
名正言顺		QGYK
命	人一口卩	WGKB
命令		WGWY
命名		WGQK
命运		WGFC
冥	冖日六	PJUU
茗	艹夕口	AQKF
溟	氵冖日六	IPJU
暝	日冖日六	JPJU
瞑	目冖日六	HPJU
酩	西一夕口	SGQK

miu

谬	讠羽人彡	YNWE
谬论		YNYW
缪	纟羽人彡	XNWE

mo

殁	一夕几又	GQMC
镆	钅艹日大	QAJD
秣	禾一木	TGSY
瘼	疒艹日大	UAJD
貊	爫豸丆日	EEDJ
貘	爫豸艹大	EEAD
麽	广木木厶	YSSC
没	氵几又	IMCY
摸	扌艹日大	RAJD
摸索		RAFP
摹	艹日大手	AJDR
摹仿		AJWY
蘑	艹广木石	AYSD
蘑菇		AYAV
膜	月艹日大	EAJD
磨	广木木石	YSSD
磨擦		YSRP
磨练		YSXA
磨灭		YSGO
摩拳擦掌		YURI
模	木艹日大	SAJD

模仿 SAWY
模范 SAAI
模糊 SAOD
模具 SAHW
模块 SAFN
模拟 SARN
模式 SAAA
模特 SATR
模型 SAGA
模样 SASU
模棱两可 SSGS
耱 三小广石 DIYD
摩 广木木手 YSSR
摩登 YSWG
摩仿 YSWY
摩托 YSRT
摩托车 YRLG
魔 广木木厶 YSSC
魔鬼 YSRQ
魔术 YSSY
魔王 YSGG
抹 扌一木 RGSY
抹杀 RGQS
末 一木 GSI
莫 艹日大 AJDU
莫大 AJDD
莫不是 AGJG
莫过于 AFGF
莫斯科 AATU
莫须有 AEDE
莫明其妙 AJAV
莫名其妙 AQAV
莫衷一是 AYGJ
墨 罒土灬土 LFOF
墨水 LFII
墨守成规 LPDF
默 罒土灬犬 LFOD
默默 LFLF
默契 LFDH
默认 LFYW
默默无闻 LLFU
漠 氵艹日大 IAJD
漠不关心 IGUN
寞 宀艹日大 PAJD
陌 阝丆日 BDJG
陌生 BDTG
沫 氵一木 IGSY
谟 讠艹日大 YAJD
茉 艹一木 AGSU
蓦 艹日大马 AJDC
馍 ⺈乙艹大 QNAD
嫫 女艹日大 VAJD

mou

谋 讠艹二木 YAFS
谋害 YAPD
谋略 YALT
谋取 YABC
谋私 YATC
牟 厶𠂉丨 CRHJ
牟取 CRBC
某 艹二木 AFSU
某地 AFFB
某个 AFWH
某某 AFAF
某人 AFWW
某时 AFJF
某事 AFGK
某些 AFHX
某月 AFEE
某种 AFTK
某些人 AHWW
侔 亻厶𠂉丨 WCRH
哞 口厶𠂉丨 KCRH
眸 目厶𠂉丨 HCRH
蛑 虫厶𠂉丨 JCRH
鍪 マ卩丿金 CBTQ

mu

拇 扌𠃊一⺀ RXGU
牡 丿扌土 TRFG
牡丹 TRMY
亩 亠田 YLF
亩产 YLUT
姆 女𠃊一⺀ VXGU
母 𠃊一⺀ XGUI
母鸡 XGCQ
母亲 XGUS
母系 XGTX
母校 XGSU
母子 XGBB
墓 艹日大土 AJDF
暮 艹日大日 AJDJ
幕 艹日大丨 AJDH
幕后 AJRG
募 艹日大力 AJDL
募捐 AJRK
慕 艹日大⺗ AJDN
慕名 AJQK
慕尼黑 ANLF
木 【键名码】 SSSS
木棒 SSSD
木材 SSSF
木雕 SSMF
木耳 SSBG
木工 SSAA
木匠 SSAR
木炭 SSMD
木头 SSUD
木箱 SSTS
木偶戏 SWCA
木器厂 SKDG
木已成舟 SNDT
目 【键名码】 HHHH
目标 HHSF
目次 HHUQ
目的 HHRQ
目睹 HHHF
目光 HHIQ
目录 HHVI
目前 HHUE
目的地 HRFB

目不暇接		HGJR
目瞪口呆		HHKK
目光短浅		HITI
目空一切		HPGA
目中无人		HKFW
睦	目土八土	HFWF
睦邻		HFWY
牧	丿扌攵	TRTY
牧场		TRFN
牧民		TRNA
牧师		TRJG
牧业		TROG
穆	禾白小彡	TRIE
穆斯林		TASS
仫	亻丿厶	WTCY
坶	土口一冫	FXGU
苜	艹目	AHF
沐	氵木	ISY
沐浴		ISIW
毪	丿二乙丨	TFNH
钼	钅目	QHG

N

n

嗯	口口大心	KLDN

na

拿	人一口手	WGKR
拿来		WGGO
哪	口刀二阝	KVFB
哪儿		KVQT
哪个		KVWH
哪里		KVJF
哪能		KVCE
哪怕		KVNR
哪些		KVHX
哪样		KVSU
呐	口冂人	KMWY
呐喊		KMKD
钠	钅冂人	QMWY
那	刀二阝	VFBH
那边		VFLP
那儿		VFQT
那个		VFWH
那么		VFTC
那麽		VFYS
那是		VFJG
那些		VFHX
那样		VFSU
那种		VFTK
那当然		VIQD
那么样		VTSU
那时候		VJWH
娜	女刀二阝	VVFB
纳	纟冂人	XMWY
纳粹		XMOY
纳入		XMTY
纳税		XMTU
捺	扌大二小	RDFI
肭	月冂人	EMWY
镎	钅人一手	QWGR
衲	衤 冫冂人	PUMW

nai

氖	𠂉乙乃	RNEB
乃	乃丿乙	ETN
奶	女乃	VEN
奶粉		VEOW
奶奶		VEVE
奶油		VEIM
耐	丆冂刂寸	DMJF
耐心		DMNY
耐用		DMET
耐人寻味		DWVK
奈	大二小	DFIU
鼐	乃目乙乙	EHNN
艿	艹乃	AEB
萘	艹大二小	ADFI
柰	木二小	SFIU
佴	亻耳	WBG

nan

南	十冂⺌十	FMUF
南北		FMUX
南边		FMLP
南部		FMUK
南昌		FMJJ
南方		FMYY
南非		FMDJ
南瓜		FMRC
南海		FMIT
南极		FMSE
南疆		FMXF
南京		FMYI
南美		FMUG
南面		FMDM
南宁		FMPS
南昌市		FJYM
南极洲		FSIY
南京市		FYYM
南美洲		FUIY
南宁市		FPYM
南腔北调		FEUY
南征北战		FTUH
男	田力	LLB
男儿		LLQT
男方		LLYY
男孩		LLBY
男女		LLVV
男排		LLRD
男人		LLWW
男生		LLTG
男性		LLNT
男子		LLBB
男孩儿		LBQT
男朋友		LEDC
男同志		LMFN
男子汉		LBIC
男女老少		LVFI
难	又亻主	CWYG
难办		CWLW
难处		CWTH

难道 CWUT
难得 CWTJ
难点 CWHK
难度 CWYA
难怪 CWNC
难关 CWUD
难过 CWFP
难堪 CWFA
难看 CWRH
难免 CWQK
难说 CWYU
难受 CWEP
难题 CWJG
难听 CWKR
难忘 CWYN
难闻 CWUB
难以 CWNY
难民 CWNA
难道说 CUYU
难能可贵 CCSK
喃 口十冂十 KFMF
囡 囗女 LVD
楠 木十冂十 SFMF
腩 月十冂十 EFMF
蝻 虫十冂十 JFMF
赧 土⺌卩又 FOBC

nang

囊 一口丨𧘇 GKHE
攮 扌一口𧘇 RGKE
囔 口一口𧘇 KGKE
馕 ⺈乙一𧘇 QNGE
曩 日亠口𧘇 JYKE

nao

挠 扌七丿儿 RATQ
脑 月文凵 EYBH
脑袋 EYWA
脑海 EYIT
脑筋 EYTE
脑力 EYLT
脑炎 EYOO
脑子 EYBB
恼 忄文凵 NYBH
恼怒 NYVC
闹 门亠冂丨 UYMH
闹剧 UYND
闹事 UYGK
闹钟 UYQK
淖 氵⺊早 IHJH
孬 一小女子 GIVB
垴 土文凵 FYBH
呶 口女又 KVCY
猱 犭丿龴木 QTCS
瑙 王巛丿乂 GVTQ
硇 石丿口乂 DTLQ
铙 钅七丿儿 QATQ
蛲 虫七丿儿 JATQ

ne

呢 口尸匕 KNXN
讷 讠冂人 YMWY

nei

馁 ⺈乙爫女 QNEV
内 冂人 MWI
内宾 MWPR
内部 MWUK
内参 MWCD
内存 MWDH
内地 MWFB
内弟 MWUX
内阁 MWUT
内涵 MWIB
内奸 MWVF
内疚 MWUQ
内科 MWTU
内陆 MWBF
内蒙 MWAP
内容 MWPW
内线 MWXG
内向 MWTM
内销 MWQI
内心 MWNY
内行 MWTF
内外 MWQH
内务 MWTL
内脏 MWEY
内债 MWWG
内战 MWHK
内政 MWGH
内分泌 MWIN
内科学 MTIP
内燃机 MOSM
内务部 MTUK
内部矛盾 MUCR
内燃机车 MOSL
内外交困 MQUL
内忧外患 MNQK
内蒙古自治区 MADA

nen

嫩 女一口攵 VGKT
恁 亻丿士心 WTFN

neng

能 厶月匕匕 CEXX
能动 CEFC
能否 CEGI
能干 CEFG
能够 CEQK
能力 CELT
能量 CEJG
能耐 CEDM
能手 CERT
能源 CEID
能源部 CIUK
能工巧匠 CAAA
能上能下 CHCG
能者多劳 CFQA

ni

妮 女尸匕 VNXN
霓 雨臼儿 FVQB
倪 亻臼儿 WVQN
泥 氵尸匕 INXN
泥沙 INII

泥土 INFF
尼 尸匕 NXV
尼龙袜 NDPU
拟 扌乙丶人 RNYW
拟定 RNPG
拟订 RNYS
拟议 RNYY
你 亻⺈小 WQIY
你俩 WQWG
你们 WQWU
你我 WQTR
匿 匚艹ナ口 AADK
匿名 AAQK
匿名信 AQWY
腻 月弋二贝 EAFM
逆 丷凵丿辶 UBTP
逆境 UBFU
逆流 UBIY
逆水行舟 UITT
溺 氵弓冫冫 IXUU
溺爱 IXEP
呢 口尸匕 KNXN
伲 亻尸匕 WNXN
坭 土尸匕 FNXN
猊 犭丿臼儿 QTVQ
怩 忄尸匕 NNXN
昵 日尸匕 JNXN
旎 方𠂉尸匕 YTNX
慝 匚艹ナ心 AADN
睨 目臼儿 HVQN
铌 钅尸匕 QNXN
鲵 鱼臼儿 QGVQ

nian

蔫 艹一止灬 AGHO
拈 扌⺊口 RHKG
拈轻怕重 RLNT
年 𠂉丨十 RHFK
年报 RHRB
年初 RHPU
年代 RHWA
年底 RHYQ
年度 RHYA
年份 RHWW
年会 RHWF
年级 RHXE
年纪 RHXN
年龄 RHHW
年年 RHRH
年青 RHGE
年轻 RHLC
年头 RHUD
年月 RHEE
年终 RHXT
年产值 RUWF
年利润 RTIU
年平均 RGFQ
年轻化 RLWX
年轻人 RLWW
年月日 REJJ
年终奖 RXUQ
年富力强 RPLX
年老体弱 RFWX
碾 石尸艹𧘇 DNAE
撵 扌二人车 RFWL
捻 扌人丶心 RWYN
念 人丶乙心 WYNN
念头 WYUD
廿 廿一丨一 AGHG
埝 土人丶心 FWYN
辇 二人二车 FWFL
黏 禾人水口 TWIK
鲇 鱼一⺊口 QGHK
鲶 鱼一人心 QGWN

niang

娘 女丶彐𧘇 VYVE
娘儿 VYQT
娘家 VYPE
酿 西一丶𧘇 SGYE
酿酒 SGIS

niao

鸟 勹丶乙一 QYNG
鸟类 QYOD
尿 尸水 NII
嬲 田力女力 LLVL
脲 月尸水 ENIY
袅 勹丶乙𧘇 QYNE
茑 艹勹丶一 AQYG

nie

捏 扌日土 RJFG
捏造 RJTF
聂 耳又又 BCCU
孽 艹亻コ子 AWNB
啮 口止人凵 KHWB
镊 钅耳又又 QBCC
镍 钅丿目木 QTHS
涅 氵日土 IJFG
陧 阝日土 BJFG
蘖 艹亻コ木 AWNS
嗫 口耳又又 KBCC
颞 耳又又贝 BCCM
臬 丿目木 THSU
蹑 口止耳又 KHBC

nin

您 亻⺈小心 WQIN

ning

柠 木宀丁 SPSH
狞 犭丿宀丁 QTPS
凝 冫匕𠂉龰 UXTH
凝固 UXLD
凝聚 UXBC
凝聚力 UBLT
宁 宀丁 PSJ
宁静 PSGE
宁肯 PSHE
宁可 PSSK
宁夏 PSDH
宁愿 PSDR
宁夏回族 PDLY
宁夏回族自治区 PDLA

拧	扌宀丁	RPSH
泞	氵宀丁	IPSH
佞	亻二女	WFVG
咛	口宀丁	KPSH
甯	宀心用	PNEJ
聍	耳宀丁	BPSH

niu

牛	𠂉丨	RHK
牛顿		RHGB
牛马		RHCN
牛奶		RHVE
牛肉		RHMW
牛仔裤		RWPU
牛鬼蛇神		RRJP
扭	扌乙土	RNFG
扭转		RNLF
扭亏为盈		RFYE
钮	钅乙土	QNFG
纽	纟乙土	XNFG
纽带		XNGK
纽约		XNXQ
狃	犭乙土	QTNF
忸	忄乙土	NNFG
妞	女乙土	VNFG

nong

脓	月冖𧘇	EPEY
浓	氵冖𧘇	IPEY
浓度		IPYA
浓厚		IPDJ
浓缩		IPXP
农	冖𧘇	PEI
农场		PEFN
农村		PESF
农夫		PEFW
农行		PETF
农户		PEYN
农会		PEWF
农活		PEIT
农历		PEDL
农忙		PENY
农民		PENA
农田		PELL
农药		PEAX
农业		PEOG
农产品		PUKK
农副业		PGOG
农工商		PAUM
农机具		PSHW
农机站		PSUH
农具厂		PHDG
农科院		PTBP
农学院		PIBP
农业局		PONN
农艺师		PAJG
农作物		PWTR
农副产品		PGUK
农贸市场		PQYF
农民日报		PNJR
农业生产		POTU
弄	王廾	GAJ
弄清		GAIG
弄得好		GTVB
弄虚作假		GHWW
侬	亻冖𧘇	WPEY
哝	口冖𧘇	KPEY

nou

耨	三小厂寸	DIDF

nu

奴	女又	VCY
奴隶		VCVI
努	女又力	VCLB
努力		VCLT
怒	女又心	VCNU
怒吼		VCKB
怒火		VCOO
怒气		VCRN
怒发冲冠		VNUP
弩	女又弓	VCXB
胬	女又冂人	VCMW
孥	女又子	VCBF
驽	女又马	VCCF

nü

女	【键名码】	VVVV
女兵		VVRG
女儿		VVQT
女工		VVAA
女孩		VVBY
女排		VVRD
女人		VVWW
女神		VVPY
女生		VVTG
女士		VVFG
女王		VVGG
女性		VVNT
女婿		VVVN
女装		VVUF
女子		VVBB
女孩子		VBBB
女强人		VXWW
女青年		VGRH
女同胞		VMEQ
女同志		VMFN
女主人		VYWW
钕	钅女	QVG
衄	丿皿乙土	TLNF
恧	丆冂刂心	DMJN

nuan

暖	日爫二又	JEFC
暖和		JETK
暖流		JEIY
暖气		JERN

nüe

虐	广七匚一	HAAG
虐待		HATF
疟	疒匚一	UAGD
疟疾		UAUT

nuo

挪	扌刀二阝	RVFB
挪用		RVET
懦	忄雨丆刂	NFDJ

糯	米雨丆刂	OFDJ
诺	讠艹ナ口	YADK
诺言		YAYY
偌	亻艹ナ口	WADK
傩	亻又亻圭	WCWY
搦	扌弓冫冫	RXUU
喏	口艹ナ口	KADK
锘	钅艹ナ口	QADK

O

o

哦	口丿扌丿	KTRT
噢	口丿冂大	KTMD
喔	口尸一土	KNGF

ou

欧	匚㐅⺈人	AQQW
欧美		AQUG
欧姆		AQVX
欧阳		AQBJ
欧洲		AQIY
欧共体		AAWS
鸥	匚㐅勹一	AQQG
殴	匚㐅几又	AQMC
殴打		AQRS
藕	艹三小丶	ADIY
呕	口匚㐅	KAQY
呕吐		KAKF
呕心沥血		KNIT
偶	亻日冂丶	WJMY
偶尔		WJQI
偶然		WJQD
偶像		WJWQ
偶然性		WQNT
沤	氵匚㐅	IAQY
讴	讠匚㐅	YAQY
怄	忄匚㐅	NAQY
瓯	匚㐅一乙	AQGN
耦	三小日丶	DIJY

P

pa

啪	口扌白	KRRG
趴	口止八	KHWY
爬	𠂆丨乀巴	RHYC
爬山		RHMM
帕	冂丨白	MHRG
怕	忄白	NRG
琶	王王巴	GGCB
葩	艹白巴	ARCB
杷	木巴	SCN
筢	竹扌巴	TRCB
扒	扌八	RWY

pai

拍	扌白	RRG
拍卖		RRFN
拍摄		RRRB
拍照		RRJV
拍手称快		RRTN
排	扌三刂三	RDJD
排版		RDTH
排除		RDBW
排队		RDBW
排列		RDGQ
排球		RDGF
排泄		RDIA
排字		RDPB
排长		RDTA
排球队		RGBW
排球赛		RGPF
排山倒海		RMWI
牌	丿丨一十	THGF
牌号		THKG
牌价		THWW
牌照		THJV
牌子		THBB
徘	彳三刂三	TDJD
徘徊		TDTL
湃	氵手三十	IRDF
派	氵𠂆𧘇	IREY
派别		IRKL
派遣		IRKH
派生		IRTG
派出所		IBRN
俳	亻三刂三	WDJD
蒎	艹氵𠂆𧘇	AIRE
哌	口𠂆𧘇	KREY

pan

攀	木㐅㐅手	SQQR
攀登		SQWG
潘	氵丿米田	ITOL
盘	丿舟皿	TELF
盘存		TEDH
盘点		TEHK
盘货		TEWX
盘旋		TEYT
盘子		TEBB
磐	丿舟几石	TEMD
盼	目八刀	HWVN
盼望		HWYN
畔	田丷十	LUFH
判	丷ナ刂	UDJH
判别		UDKL
判断		UDON
判决		UDUN
判罪		UDLD
判决书		UUNN
叛	丷ナ𠂆又	UDRC
叛变		UDYO
叛党		UDIP
叛国		UDLG
叛乱		UDTD
叛徒		UDTF

爿	乙丨𠂇	NHDE
泮	氵丷十	IUFH
袢	礻丶丷十	PUUF
襻	礻丶木手	PUSR
蟠	虫丿米田	JTOL
蹒	口止廿人	KHAW

pang

乓	斤一丶	RGYU
庞	广ナ匕	YDXV
庞大		YDDD
庞杂		YDVS
庞然大物		YQDT
旁	立冖方	UPYB
旁边		UPLP
旁若无人		UAFW
榜	三小立方	DIUY
胖	月丷十	EUFH
胖子		EUBB
滂	氵立冖方	IUPY
滂沱		IUIP
逄	夂匚丨辶	TAHP
螃	虫立冖方	JUPY
膀	月立冖方	EUPY
磅	石立冖方	DUPY
彷	彳方	TYN

pao

抛	扌九力	RVLN
抛弃		RVYC
抛物线		RTXG
抛头露面		RUFD
抛砖引玉		RDXG
咆	口勹巳	KQNN
刨	勹巳刂	QNJH
炮	火勹巳	OQNN
炮兵		OQRG
炮弹		OQXU
炮制		OQRM
袍	礻丶勹巳	PUQN
跑	口止勹巳	KHQN
跑步		KHHI
跑马		KHCN
跑龙套		KDDD
跑买卖		KNFN
泡	氵勹巳	IQNN
泡沫		IQIG
泡沫塑料		IIUO
匏	大二乙巳	DFNN
狍	犭丿勹巳	QTQN
庖	广勹巳	YQNV
脬	月爫子	EEBG
疱	疒勹巳	UQNV

pei

呸	口一小一	KGIG
胚	月一小一	EGIG
培	土立口	FUKG
培训		FUYK
培养		FUUD
培育		FUYC
培植		FUSF
培训班		FYGY
培养费		FUXJ
培训中心		FYKN
裴	三刂三𧘇	DJDE
赔	贝立口	MUKG
赔偿		MUWI
赔款		MUFF
陪	阝立口	BUKG
陪同		BUMG
配	西一己	SGNN
配备		SGTL
配合		SGWG
配件		SGWR
配角		SGQE
配偶		SGWJ
配套		SGDD
配音		SGUJ
配置		SGLF
配制		SGRM
佩	亻冂一丨	WMGH
佩服		WMEB
沛	氵一冂丨	IGMH
辔	纟车纟口	XLXK
帔	冂丨广又	MHHC
旆	方𠂉一丨	YTGH
锫	钅立口	QUKG
醅	西一立口	SGUK
霈	雨氵一丨	FIGH

pen

喷	口十卄贝	KFAM
喷泉		KFRI
喷射		KFTM
盆	八刀皿	WVLF
盆地		WVFB
湓	氵八刀皿	IWVL

peng

砰	石一丷丨	DGUH
抨	扌一丷丨	RGUH
抨击		RGFM
烹	亠了灬	YBOU
烹饪		YBQN
烹调		YBYM
澎	氵士口彡	IFKE
澎湃		IFIR
彭	士口丷彡	FKUE
蓬	艹夂三辶	ATDP
蓬头垢面		AUFD
棚	木月月	SEEG
篷	竹夂三辶	TTDP
膨	月士口彡	EFKE
嘭	口士口彡	KFKE
硼	石月月	DEEG
膨胀		EFET
朋	月月	EEG
朋友		EEDC
朋友们		EDWU
鹏	月月勹一	EEQG
捧	扌三人丨	RDWH
碰	石丷业一	DUOG
碰撞		DURU
碰运气		DFRN
堋	土月月	FEEG
怦	忄一丷丨	NGUH

蟛	虫士口彡	JFKE

pi

丕	一小一	GIGF
邳	一小一阝	GIGB
坯	土一小一	FGIG
圮	土己	FNN
鼙	士口ㅛ十	FKUF
芘	艹匕匕	AXXB
擗	扌尸口辛	RNKU
噼	口尸口辛	KNKU
庀	广匕	YXV
淠	氵田一丿|	ILGJ
媲	女丿口匕	VTLX
纰	纟匕匕	XXXN
枇	木匕匕	SXXN
甓	尸口辛乙	NKUN
睥	目白丿十	HRTF
罴	罒土厶灬	LFCO
铍	钅广又	QHCY
癖	疒尸口辛	UNKU
蚍	虫匕匕	JXXN
蜱	虫白丿十	JRTF
貔	豸丿匕	EETX
砒	石匕匕	DXXN
霹	雨尸口辛	FNKU
霹雳舞		FFRL
批	扌匕匕	RXXN
批斗		RXUF
批发		RXNT
批复		RXTJ
批件		RXWR
批判		RXUD
批评		RXYG
批示		RXFI
批语		RXYG
批转		RXLF
批准		RXUW
批发价		RNWW
批发商		RNUM
批评家		RYPE
披	扌广又	RHCY
披肝沥胆		REIE
披星戴月		RJFE
劈	尸口辛刀	NKUV
琵	王王匕匕	GGXX
啤	口白丿十	KRTF
啤酒		KRIS
脾	月白丿十	ERTF
脾气		ERRN
疲	疒广又	UHCI
疲惫		UHTL
疲乏		UHTP
疲倦		UHWU
疲劳		UHAP
疲软		UHLQ
疲于奔命		UGDW
皮	广又	HCI
皮包		HCQN
皮肤		HCEF
皮革		HCAF
皮货		HCWX
皮毛		HCTF
皮棉		HCSR
皮肤病		HEUG
匹	匚儿	AQV
匹配		AQSG
痞	疒一小口	UGIK
僻	亻尸口辛	WNKU
屁	尸匕匕	NXXV
屁股		NXEM
譬	尸口辛言	NKUY
譬如		NKVK
仳	亻匕匕	WXXN
陂	阝广又	BHCY
陴	阝白丿十	BRTF
郫	白丿十阝	RTFB
埤	土白丿十	FRTF
毗	田匕匕	LXXN

pian

篇	竹丶尸艹	TYNA
篇幅		TYMH
篇章		TYUJ
偏	亻丶尸艹	WYNA
偏爱		WYEP
偏差		WYUD
偏见		WYMQ
偏旁		WYUP
偏僻		WYWN
偏偏		WYWY
偏向		WYTM
偏听偏信		WKWW
片	丿丨一乙	THGN
片段		THWD
片断		THON
片刻		THYN
片面		THDM
片面性		TDNT
骗	马丶尸艹	CYNA
骗子		CYBB
谝	讠丶尸艹	YYNA
骈	马ㅛ廾	CUAH
犏	丿扌丶艹	TRYA
胼	月ㅛ廾	EUAH
翩	丶尸冂羽	YNMN
蹁	口止丶艹	KHYA

piao

飘	西二小㐅	SFIQ
飘带		SFGK
飘荡		SFAI
飘浮		SFIE
飘渺		SFIH
飘然		SFQD
飘舞		SFRL
飘扬		SFRN
飘逸		SFQK
漂	氵西二小	ISFI
漂亮		ISYP
瓢	西二小乀	SFIY
票	西二小	SFIU
票价		SFWW
票据		SFRN
票面		SFDM
剽	西二小刂	SFIJ

剽窃		SFPW
嘌	口西二小	KSFI
嫖	女西二小	VSFI
缥	纟西二小	XSFI
殍	一夕爫子	GQEB
瞟	目西二小	HSFI
螵	虫西二小	JSFI

pie

氕	乍乙丿	RNTR
撇	扌丷冂攵	RUMT
瞥	丷冂小目	UMIH
苤	廿一小一	AGIG

pin

拼	扌䒑廾	RUAH
拼搏		RURG
拼命		RUWG
拼写		RUPG
拼音		RUUJ
频	止小丆贝	HIDM
频道		HIUT
频度		HIYA
频繁		HITX
频率		HIYX
贫	八刀贝	WVMU
贫乏		WVTP
贫富		WVPG
贫寒		WVPF
贫贱		WVMG
贫苦		WVAD
贫困		WVLS
贫民		WVNA
贫农		WVPE
贫穷		WVPW
贫血		WVTL
贫下中农		WGKP
品	口口口	KKKF
品德		KKTF
品格		KKST
品质		KKRF
品种		KKTK
聘	耳由一乙	BMGN
聘请		BMYG
聘任		BMWT
聘书		BMNN
聘用		BMET
聘用制		BERM
拚	扌厶廾	RCAH
姘	女䒑廾	VUAH
嫔	女宀斤八	VPRW
榀	木口口口	SKKK
牝	丿扌匕	TRXN
颦	止小丆十	HIDF

ping

乒	斤一丿	RGTR
乒乓球		RRGF
坪	土一䒑丨	FGUH
苹	廿一䒑丨	AGUH
苹果		AGJS
萍	廿氵一丨	AIGH
萍水相逢		AIST
平	一䒑丨	GUHK
平安		GUPV
平常		GUIP
平淡		GUIO
平等		GUTF
平地		GUFB
平凡		GUMY
平方		GUYY
平房		GUYN
平衡		GUTQ
平价		GUWW
平静		GUGE
平局		GUNN
平均		GUFQ
平炉		GUOY
平面		GUDM
平民		GUNA
平壤		GUFY
平日		GUJJ
平时		GUJF
平台		GUCK
平易		GUJQ
平原		GUDR
平整		GUGK
平方米		GYOY
平均奖		GFUQ
平均数		GFOV
平均值		GFWF
平步青云		GHGF
平等互利		GTGT
平方公里		GYWJ
平分秋色		GWTQ
平易近人		GJRW
凭	亻丿士几	WTFM
凭借		WTWA
凭据		WTRN
凭空		WTPW
凭证		WTYG
瓶	䒑廾一乙	UAGN
瓶子		UABB
评	讠一䒑丨	YGUH
评比		YGXX
评定		YGPG
评分		YGWV
评功		YGAL
评估		YGWD
评级		YGXE
评价		YGWW
评奖		YGUQ
评理		YGGJ
评论		YGYW
评判		YGUD
评审		YGPJ
评述		YGSY
评选		YGTF
评议		YGYY
评语		YGYG
评阅		YGUU
评论家		YYPE
评论员		YYKM
评论员文章		YYKU
屏	尸䒑廾	NUAK

屏蔽 NUAU
屏幕 NUAJ
屏障 NUBU
俜 亻由一乙 WMGN
娉 女由一乙 VMGN
枰 木一丷丨 SGUH
鲆 鱼一一丨 QGGH

po

坡 土广又 FHCY
泼 氵乙丿丶 INTY
颇 广又厂贝 HCDM
婆 氵广又女 IHCV
婆婆 IHIH
破 石广又 DHCY
破案 DHPV
破产 DHUT
破除 DHBW
破格 DHST
破坏 DHFG
破获 DHAQ
破旧 DHHJ
破烂 DHOU
破例 DHWG
破裂 DHGQ
破灭 DHGO
破碎 DHDY
破釜沉舟 DWIT
魄 白白儿厶 RRQC
魄力 RRLT
迫 白辶 RPD
迫害 RPPD
迫切 RPAV
迫使 RPWG
迫不及待 RGET
迫在眉睫 RDNH
粕 米白 ORG
叵 匚口 AKD
鄱 丿米田阝 TOLB
珀 王白 GRG
攴 ⺊又 HCU
钋 钅卜 QHY
钷 钅匚口 QAKG
皤 白丿米田 RTOL
笸 竹匚口 TAKF

pou

剖 立口刂 UKJH
剖析 UKSR
裒 亠臼𧘇 YVEU
掊 扌立口 RUKG

pu

扑 扌卜 RHY
扑克 RHDQ
铺 钅一月丶 QGEY
铺张 QGXT
铺张浪费 QXIX
仆 亻卜 WHY
莆 艹一月丶 AGEY
匍 艹勹一丶 AQGY
葡萄 AQAQ
葡萄酒 AAIS
菩 艹立口 AUKF
菩萨 AUAB
蒲 艹氵一丶 AIGY
埔 土一月丶 FGEY
朴 木卜 SHY
朴素 SHGX
圃 口一月丶 LGEY
普 丷业一曰 UOGJ
普遍 UOYN
普查 UOSJ
普及 UOEY
普通 UOCE
普选 UOTF
普通话 UCYT
浦 氵一月丶 IGEY
谱 讠丷业曰 YUOJ
谱曲 YUMA
谱写 YUPG
曝 日曰艹水 JJAI
曝露 JJFK
瀑 氵曰艹水 IJAI
瀑布 IJDM
匍 勹一月丶 QGEY
噗 口业一乀 KOGY
溥 氵一月寸 IGEF
濮 氵亻业乀 IWOY
璞 王业一乀 GOGY
氆 丿二乙曰 TFNJ
镤 钅业一乀 QOGY
镨 钅丷业曰 QUOJ
蹼 口止业乀 KHOY

Q

qi

期 艹三八月 ADWE
期待 ADTF
期货 ADWX
期间 ADUJ
期刊 ADFJ
期满 ADIA
期望 ADYN
期限 ADBV
欺 艹三八人 ADWW
欺骗 ADCY
欺人之谈 AWPY
栖 木西 SSG
戚 厂上小丿 DHIT
妻 一彐丨女 GVHV
妻子 GVBB
七 七一乙 AGN
七绝 AGXQ
七律 AGTV
七一 AGGG
七月 AGEE
凄 冫一彐女 UGVV
凄惨 UGNC
凄凉 UGUY

漆	氵木人水	ISWI
漆黑		ISLF
柒	氵七木	IASU
沏	氵七刀	IAVN
其	卄三八	ADWU
其次		ADUQ
其实		ADPU
其他		ADWB
其它		ADPX
其中		ADKH
其貌不扬		AEGR
其实不然		APGQ
棋	木卄三八	SADW
棋逢对手		STCR
奇	大丁口	DSKF
奇怪		DSNC
奇迹		DSYO
奇妙		DSVI
奇特		DSTR
奇闻		DSUB
奇异		DSNA
奇形怪状		DGNU
歧	止十又	HFCY
歧视		HFPY
歧途		HFWT
畦	田土土	LFFG
崎	山大丁口	MDSK
崎岖		MDMA
脐	月文川	EYJH
齐	文川	YJJ
齐备		YJTL
齐全		YJWG
齐心协力		YNFL
旗	方𠂉卄八	YTAW
旗袍		YTPU
旗帜		YTMH
旗子		YTBB
旗鼓相当		YFSI
旗开得胜		YGTE
旗帜鲜明		YMQJ
祈	礻丶斤	PYRH
祈求		PYFI
祁	礻丶阝	PYBH
骑	马大丁口	CDSK
骑马		CDCN
起	土止己	FHNV
起草		FHAJ
起点		FHHK
起飞		FHNU
起家		FHPE
起劲		FHCA
起来		FHGO
起立		FHUU
起码		FHDC
起诉		FHYR
起义		FHYQ
起因		FHLD
起用		FHET
起源		FHID
起重机		FTSM
起作用		FWET
起死回生		FGLT
岂	山己	MNB
岂非		MNDJ
岂敢		MNNB
岂能		MNCE
岂止		MNHH
岂有此理		MDHG
乞	𠂉乙	TNB
乞丐		TNGH
乞求		TNFI
乞讨		TNYF
企	人止	WHF
企求		WHFI
企图		WHLT
企业		WHOG
企业家		WOPE
企业界		WOLW
企业管理		WOTG
启	丶尸口	YNKD
启动		YNFC
启发		YNNT
启蒙		YNAP
启示		YNFI
启用		YNET
启示录		YFVI
契	三丨刀大	DHVD
契约		DHXQ
砌	石七刀	DAVN
器	口口犬口	KKDK
器材		KKSF
器官		KKPN
器件		KKWR
器具		KKHW
器皿		KKLH
器械		KKSA
气	𠂉乙	RNB
气氛		RNRN
气愤		RNNF
气功		RNAL
气候		RNWH
气慨		RNNV
气流		RNIY
气门		RNUY
气派		RNIR
气泡		RNIQ
气魄		RNRR
气势		RNRV
气体		RNWS
气味		RNKF
气温		RNIJ
气息		RNTH
气象		RNQJ
气压		RNDF
气质		RNRF
气管炎		RTOO
气象台		RQCK
气急败坏		RQMF
气势磅礴		RRDD
气势汹汹		RRII

气象万千		RQDT
气壮山河		RUMI
迄	𠂉乙辶	TNPV
迄今为止		TWYH
弃	亠厶廾	YCAJ
弃权		YCSC
汽	氵𠂉乙	IRNN
汽车		IRLG
汽船		IRTE
汽笛		IRTM
汽水		IRII
汽油		IRIM
泣	氵立	IUG
讫	讠𠂉乙	YTNN
亓	二儿	FJJ
俟	亻厶𠂉大	WCTD
圻	土斤	FRH
芑	艹己	ANB
芪	艹𠂇七	AQAB
荠	艹文儿	AYJJ
萁	艹艹三八	AADW
萋	艹一彐女	AGVV
葺	艹口耳	AKBF
蕲	艹丷曰斤	AUJR
嘁	口厂上丿	KDHT
屺	山己	MNN
岐	山十又	MFCY
汔	氵𠂉乙	ITNN
淇	氵艹三八	IADW
骐	马艹三八	CADW
绮	纟大丁口	XDSK
琪	王艹三八	GADW
琦	王大丁口	GDSK
杞	木己	SNN
杞人忧天		SWNG
桤	木山己	SMNN
槭	木厂止丿	SDHT
耆	土丿匕曰	FTXJ
祺	礻丶艹八	PYAW
憩	丿古丿心	TDTN
啧	口龶贝	KGMY
颀	斤𠂆贝	RDMY
蛴	虫文川	JYJH
蜞	虫艹三八	JADW
綦	艹三八小	ADWI
綮	丶尸攵小	YNTI
蹊	口止爫大	KHED
鳍	鱼一土曰	QGFJ
麒	广コ刂八	YNJW
欹	大丁口人	DSKW

qia

掐	扌𠂊臼	RQVG
恰	忄人一口	NWGK
恰当		NWIV
恰好		NWVB
恰恰		NWNW
恰巧		NWAG
恰如		NWVK
恰恰相反		NNSR
恰如其分		NVAW
恰似		NWWN
洽	氵人一口	IWGK
洽谈		IWYO
洽谈室		IYPG
葜	艹三丨大	ADHD
袷	衤人口	PUWK
髂	冎月宀口	MEPK

qian

牵	大冖𠂉丨	DPRH
牵连		DPLP
牵涉		DPIH
牵头		DPUD
牵线		DPXG
牵引		DPXH
牵制		DPRM
牵强附会		DXBW
扦	扌丿十	RTFH
钎	钅丿十	QTFH
铅	钅几口	QMKG
铅笔		QMTT
铅印		QMQG
铅字		QMPB
千	丿十	TFK
千古		TFDG
千金		TFQQ
千克		TFDQ
千米		TFOY
千秋		TFTO
千瓦		TFGN
千周		TFMF
千百万		TDDN
千里马		TJCN
千锤百炼		TQDO
千方百计		TYDY
千钧一发		TQGN
千篇一律		TTGT
千丝万缕		TXDX
千头万绪		TUDX
千载难逢		TFCT
迁	丿十辶	TFPK
迁居		TFND
迁移		TFTQ
签	竹人一䒑	TWGI
签到		TWGC
签订		TWYS
签发		TWNT
签名		TWQK
签收		TWNH
签署		TWLF
签字		TWPB
签名册		TQMM
仟	亻丿十	WTFH
谦	讠䒑彐小	YUVO
谦让		YUYH
谦虚		YUHA
谦逊		YUBI
谦虚谨慎		YHYN
乾	十早𠂉乙	FJTN
乾坤		FJFJ
乾隆		FJBT

黔 罒土灬乙 LFON
黔驴技穷 LCRP
钱 钅戋 QGT
钱财 QGMF
钱票 QGSF
钳 钅廿二 QAFG
钳子 QABB
纤 纟丿十 XTFH
前 丷月刂 UEJJ
前辈 UEDJ
前边 UELP
前程 UETK
前后 UERG
前进 UEFJ
前景 UEJY
前来 UEGO
前列 UEGQ
前门 UEUY
前面 UEDM
前年 UERH
前期 UEAD
前人 UEWW
前身 UETM
前提 UERJ
前头 UEUD
前途 UEWT
前往 UETY
前夕 UEQT
前线 UEXG
前言 UEYY
前沿 UEIM
前者 UEFT
前奏 UEDW
前不久 UGQY
前车可鉴 ULSJ
前车之鉴 ULPJ
前功尽弃 UANY
前仆后继 UWRX
前所未有 URFD
前无古人 UFDW
前因后果 ULRJ
潜 氵二人曰 IFWJ
潜伏 IFWD
潜力 IFLT
潜移默化 ITLW
遣 口丨一辶 KHGP
浅 氵戋 IGT
浅显 IGJO
谴 讠口丨辶 YKHP
谴责 YKGM
堑 车斤土 LRFF
嵌 山廿二人 MAFW
欠 ⺈人 QWU
欠安 QWPV
欠款 QWFF
欠缺 QWRM
欠条 QWTS
欠妥 QWEV
欠债 QWWG
欠帐 QWMH
歉 丷彐小人 UVOW
歉疚 UVUQ
歉收 UVNH
歉意 UVUJ
倩 亻龶月 WGEG
佥 人一丷 WGIF
阡 阝丿十 BTFH
芡 廿⺈人 AQWU
荨 廿彐寸 AVFU
掮 扌丶尸月 RYNE
悭 忄刂又土 NJCF
慊 忄丷彐小 NUVO
骞 宀二刂马 PFJC
搴 宀二刂手 PFJR
褰 宀二刂𧘇 PFJE
缱 纟口丨辶 XKHP
椠 车斤木 LRSU
肷 月⺈人 EQWY
愆 彳氵二心 TIFN
钤 钅人丶乙 QWYN
虔 虍七文 HAYI
箝 竹扌廿二 TRAF

qiang

枪 木人㔾 SWBN
枪毙 SWXX
枪弹 SWXU
枪杆 SWSF
枪林弹雨 SSXF
呛 口人㔾 KWBN
腔 月宀八工 EPWA
羌 丷𢆉乙 UDNB
墙 土土丷口 FFUK
墙报 FF RB
墙壁 FFNK
蔷 廿土丷口 AFUK
强 弓口虫 XKJY
强大 XKDD
强盗 XKUQ
强调 XKYM
强度 XKYA
强国 XKLG
强化 XKWX
强劲 XKCA
强烈 XKGQ
强迫 XKRP
强弱 XKXU
强盛 XKDN
强硬 XKDG
强者 XKFT
强制 XKRM
强壮 XKUF
强有力 XDLT
强词夺理 XYDG
抢 扌人㔾 RWBN
抢夺 RWDF
抢购 RWMQ
抢救 RWFI
抢收 RWNH
抢险 RWBW
抢修 RWWH

抢占		RWHK
戕	乙丨丆戈	NHDA
嫱	女土丷口	VFUK
樯	木土丷口	SFUK
戗	人㔾戈	WBAT
炝	火人㔾	OWBN
锖	钅龶月	QGEG
锵	钅丬夕寸	QUQF
镪	钅弓口虫	QXKJ
襁	衤く弓虫	PUXJ
蜣	虫丷𡗗乙	JUDN
羟	丷𡗗ス工	UDCA
跄	口止人㔾	KHWB
qiao		
橇	木丿二乙	STFN
锹	钅禾火	QTOY
敲	亠冂口又	YMKC
悄	忄⺌月	NIEG
悄悄		NINI
桥	木丿大川	STDJ
桥墩		STFY
桥梁		STIV
桥牌		STTH
桥头堡		SUWK
瞧	目亻主灬	HWYO
乔	丿大川	TDJJ
乔石		TDDG
侨	亻丿大川	WTDJ
侨胞		WTEQ
侨汇		WTIA
侨眷		WTUD
侨民		WTNA
巧	工一乙	AGNN
巧妙		AGVI
巧遇		AGJM
巧克力		ADLT
巧夺天工		ADGA
巧立名目		AUQH
鞘	廿串⺌月	AFIE
撬	扌丿二乙	RTFN

翘	七丿一羽	ATGN
峭	山⺌月	MIEG
俏	亻⺌月	WIEG
俏皮		WIHC
窍	宀八工乙	PWAN
窍门		PWUY
劁	亻主灬刂	WYOJ
诮	讠⺌月	YIEG
谯	讠亻主灬	YWYO
荞	艹丿大川	ATDJ
峤	山丿大川	MTDJ
愀	忄禾火	NTOY
憔	忄亻主灬	NWYO
樵	木亻主灬	SWYO
硗	石七丿儿	DATQ
跷	口止七儿	KHAQ
鞒	廿串丿川	AFTJ
qie		
切	七刀	AVN
切磋		AVDU
切断		AVON
切割		AVPD
切记		AVYN
切切		AVAV
切身		AVTM
切实		AVPU
切实可行		APST
茄	艹力口	ALKF
且	月一	EGD
怯	忄土厶	NFCY
窃	宀八七刀	PWAV
窃取		PWBC
郄	乂𠂇厶阝	QDCB
惬	忄匚一人	NAGW
妾	立女	UVF
挈	三丨刀手	DHVR
锲	钅三丨大	QDHD
锲而不舍		QDGW
箧	竹匚一人	TAGW
趄	土龰月一	FHEG

伽	亻力口	WLKG
qin		
钦	钅𠂊人	QQWY
钦佩		QQWM
侵	亻彐冖又	WVPC
侵犯		WVQT
侵害		WVPD
侵略		WVLT
侵入		WVTY
侵袭		WVDX
侵占		WVHK
侵略军		WLPL
侵略者		WLFT
亲	立木	USU
亲爱		USEP
亲笔		USTT
亲近		USRP
亲密		USPN
亲朋		USEE
亲戚		USDH
亲切		USAV
亲热		USRV
亲人		USWW
亲身		USTM
亲手		USRT
亲属		USNT
亲王		USGG
亲信		USWY
亲友		USDC
亲自		USTH
亲爱的		UERQ
亲痛仇快		UUWN
秦	三人禾	DWTU
秦朝		DWFJ
秦岭		DWMW
秦始皇		DVRG
琴	王王人乙	GGWN
勤	廿口龶力	AKGL
勤奋		AKDL
勤俭		AKWW

勤恳		AKVE
勤劳		AKAP
勤勉		AKQK
勤务		AKTL
勤务员		ATKM
勤工俭学		AAWI
勤勤恳恳		AAVV
芹	廾斤	ARJ
擒	扌人文厶	RWYC
禽	人文凵厶	WYBC
禽兽		WYUL
寝	宀丬彐又	PUVC
寝室		PUPG
沁	氵心	INY
沁人肺腑		IWEE
芩	廾人丶乙	AWYN
揿	扌钅勹人	RQQW
吣	口心	KNY
嗪	口三人禾	KDWT
噙	口人文厶	KWYC
溱	氵三人禾	IDWT
檎	木人文厶	SWYC
锓	钅彐冖又	QVPC
螓	虫三人禾	JDWT
衾	人丶乙𧘇	WYNE

qing

青	龶月	GEF
青菜		GEAE
青春		GEDW
青岛		GEQY
青工		GEAA
青海		GEIT
青年		GERH
青山		GEMM
青松		GESW
青天		GEGD
青铜		GEQM
青蛙		GEJF
青春期		GDAD
青海省		GIIT
青霉素		GFGX
青年人		GRWW
青年团		GRLF
青少年		GIRH
青壮年		GURH
青红皂白		GXRR
青黄不接		GAGR
轻	车ス工	LCAG
轻便		LCWG
轻工		LCAA
轻快		LCNN
轻率		LCYX
轻声		LCFN
轻视		LCPY
轻松		LCSW
轻微		LCTM
轻型		LCGA
轻易		LCJQ
轻重		LCTG
轻装		LCUF
轻工业		LAOG
轻金属		LQNT
轻音乐		LUQI
轻车熟路		LLYK
轻而易举		LDJI
轻工业部		LAOU
轻描淡写		LRIP
轻描谈写		LRYP
轻诺寡信		LYPW
氢	𠂉乙ス工	RNCA
氢弹		RNXU
倾	亻匕𠂆贝	WXDM
倾听		WXKR
倾向		WXTM
倾销		WXQI
倾泄		WXIA
倾家荡产		WPAU
倾盆大雨		WWDF
卿	𠃌丿彐卩	QTVB
清	氵龶月	IGEG
清白		IGRR
清查		IGSJ
清朝		IGFJ
清澈		IGIY
清晨		IGJD
清除		IGBW
清楚		IGSS
清脆		IGEQ
清单		IGUJ
清点		IGHK
清风		IGMQ
清高		IGYM
清官		IGPN
清华		IGWX
清洁		IGIF
清净		IGUQ
清静		IGGE
清理		IGGJ
清廉		IGYU
清凉		IGUY
清明		IGJE
清贫		IGWV
清扫		IGRV
清算		IGTH
清退		IGVE
清晰		IGJS
清洗		IGIT
清闲		IGUS
清香		IGTJ
清醒		IGSG
清秀		IGTE
清早		IGJH
清真		IGFH
清洁工		IIAA
清明节		IJAB
清一色		IGQC
清规戒律		IFAT
擎	廾勹口手	AQKR
晴	日龶月	JGEG
晴朗		JGYV

晴纶 JGXW
晴天 JGGD
晴天霹雳 JGFF
氰 𠂉乙龶月 RNGE
情 忄龶月 NGEG
情报 NGRB
情操 NGRK
情调 NGYM
情感 NGDG
情节 NGAB
情景 NGJY
情况 NGUK
情理 NGGJ
情形 NGGA
情绪 NGXF
情意 NGUJ
情愿 NGDR
情报检索 NRSF
情不自禁 NGTS
情投意合 NRUW
顷 匕丆贝 XDMY
请 讠龶月 YGEG
请便 YGWG
请假 YGWN
请柬 YGGL
请教 YGFT
请进 YGFJ
请客 YGPT
请求 YGFI
请示 YGFI
请问 YGUK
请愿 YGDR
请战 YGHK
请罪 YGLD
请愿书 YDNN
请君入瓮 YVTW
庆 广大 YDI
庆功 YDAL
庆贺 YDLK
庆幸 YDFU
庆祝 YDPY
苘 艹冂口 AMKF
圊 口龶月 LGED
檾 艹勹口木 AQKS
磬 士尸几石 FNMD
蜻 虫龶月 JGEG
罄 士尸几山 FNMM
罄竹难书 FTCN
箐 竹龶月 TGEF
謦 士尸几言 FNMY
鲭 鱼一龶月 QGGE
黥 罒土灬小 LFOI

qiong

琼 王亩小 GYIY
穷 宀八力 PWLB
穷国 PWLG
穷苦 PWAD
穷困 PWLS
穷人 PWWW
穷光蛋 PINH
穷折腾 PREU
穷乡僻壤 PXWF
邛 工阝 ABH
茕 艹冖乙十 APNF
穹 宀八弓 PWXB
蛩 工几丶虫 AMYJ
筇 竹工阝 TABJ
跫 工几丶龰 AMYH
銎 工几丶金 AMYQ

qiu

秋 禾火 TOY
秋波 TOIH
秋风 TOMQ
秋季 TOTB
秋色 TOQC
秋收 TONH
秋天 TOGD
秋高气爽 TYRD
丘 斤一 RGD
丘陵 RGBF
邱 斤一阝 RGBH
球 王十氺丶 GFIY
球队 GFBW
球赛 GFPF
求 十氺丶 FIYI
求爱 FIEP
求和 FITK
求教 FIFT
求学 FIIP
求援 FIRE
求知 FITD
求职 FIBK
求同存异 FMDN
求全责备 FWGT
囚 口人 LWI
酋 丷西一 USGF
泅 氵口人 ILWY
俅 亻十氺丶 WFIY
巯 ス工亠儿 CAYQ
犰 犭丿九 QTVN
湫 氵禾火 ITOY
逑 十氺丶辶 FIYP
遒 丷西一辶 USGP
楸 木禾火 STOY
赇 贝十氺丶 MFIY
虬 虫乙 JNN
蚯 虫斤一 JRGG
蝤 虫丷西一 JUSG
裘 十氺丶𧘇 FIYE
糗 米丿目犬 OTHD
鳅 鱼一禾火 QGTO
鼽 丿目田九 THLV

qu

区 匚㐅 AQI
区别 AQKL
区分 AQWV
区划 AQAJ
区委 AQTV
区域 AQFA
区长 AQTA

胸	月勹口	EQKG
祛	礻丶土厶	PYFC
鸲	勹口勹一	QKQG
癯	疒目目隹	UHHY
蛐	虫冂廿	JMAG
蠼	虫目目又	JHHC
麴	十人人米	FWWO
瞿	目目亻主	HHWY
黢	罒土灬夂	LFOT
趋	土龰ク彐	FHQV
趋势		FHRV
蛆	虫月一	JEGG
曲	冂廿	MAD
曲解		MAQE
曲谱		MAYU
曲线		MAXG
曲折		MARR
曲直		MAFH
曲子		MABB
躯	丿冂三乂	TMDQ
屈	尸凵山	NBMK
屈服		NBEB
屈辱		NBDF
驱	马匚乂	CAQY
驱逐		CAEP
渠	氵匚コ木	IANS
渠道		IAUT
取	耳又	BCY
取代		BCWA
取得		BCTJ
取缔		BCXU
取决		BCUN
取胜		BCET
取消		BCII
取决于		BUGF
取长补短		BTPT
娶	耳又女	BCVF
龋	止人凵丶	HWBY
趣	土止耳又	FHBC
趣味		FHKF
去	土厶	FCU
去年		FCRH
去声		FCFN
去世		FCAN
诎	讠凵山	YBMH
劬	勹口力	QKLN
蕖	艹氵匚木	AIAS
磲	石氵匚木	DIAS
蘧	艹广七辶	AHAP
岖	山匚乂	MAQY
衢	彳目目丨	THHH
阒	门目犬	UHDI
璩	王广七豕	GHAE
觑	广七业儿	HAOQ
氍	目目亻乙	HHWN

quan

圈	囗丷大㔾	LUDB
圈套		LUDD
圈阅		LUUU
圈子		LUBB
颧	廿口口贝	AKKM
权	木又	SCY
权衡		SCTQ
权力		SCLT
权利		SCTJ
权势		SCRV
权威		SCDG
权限		SCBV
权益		SCUW
权威性		SDNT
醛	西一廿王	SGAG
泉	白水	RIU
泉水		RIII
泉源		RIID
全	人王	WGF
全部		WGUK
全场		WGFN
全程		WGTK
全党		WGIP
全副		WGGK
全会		WGWF
全家		WGPE
全景		WGJY
全军		WGPL
全力		WGLT
全面		WGDM
全貌		WGEE
全民		WGNA
全能		WGCE
全年		WGRH
全盘		WGTE
全球		WGGF
全权		WGSC
全然		WGQD
全盛		WGDN
全速		WGGK
全套		WGDD
全体		WGWS
全天		WGGD
全文		WGYY
全新		WGUS
全优		WGWD
全国性		WLNT
全过程		WFTK
全民族		WNYT
全社会		WPWF
全世界		WALW
全系统		WTXY
全中国		WKLG
全党全国		WIWL
全党全军		WIWP
全国各地		WLTF
全力以赴		WLNF
全神贯注		WPXI
全心全意		WNWU
全民所有制		WNRR
全国各族人民		WLTN
全国人民代表大会		WLWW
痊	疒人王	UWGD

痊愈 UWWG
拳 䒑大手 UDRJ
犬 犬一丿丶 DGTY
券 䒑大刀 UDVB
劝 又力 CLN
劝说 CLYU
劝告 CLTF
诠 讠人王 YWGG
诠注 YWIY
荃 艹人王 AWGF
悛 忄厶八夂 NCWT
绻 纟䒑大㔾 XUDB
辁 车人王 LWGG
畎 田犬 LDY
铨 钅人王 QWGG
蜷 虫䒑大㔾 JUDB
筌 竹人王 TWGF
鬈 镸彡䒑㔾 DEUB

que

缺 𠂉山コ人 RMNW
缺点 RMHK
缺额 RMPT
缺乏 RMTP
缺勤 RMAK
缺少 RMIT
缺损 RMRK
缺陷 RMBQ
炔 火乙人 ONWY
瘸 疒力口人 ULKW
却 土厶卩 FCBH
鹊 龷日勹一 AJQG
榷 木冖亻圭 SPWY
确 石⺈用 DQEH
确保 DQWK
确定 DQPG
确立 DQUU
确切 DQAV
确认 DQYW
确实 DQPU
确有 DQDE
确凿 DQOG
确诊 DQYW
雀 小亻圭 IWYF
阕 门癶一大 UWGD
阙 门䒑凵人 UUBW
悫 士冖几心 FPMN

qun

裙 衤⺀彐口 PUVK
裙带 PUGK
群 彐丿口手 VTKD
群岛 VTQY
群体 VTWS
群众 VTWW
群英会 VAWF
群策群力 VTVL
群众观点 VWCH
群众路线 VWKX
逡 厶八夂辶 CWTP

R

ran

然 夕犬灬 QDOU
然而 QDDM
然后 QDRG
燃 火夕犬灬 OQDO
燃料 OQOU
燃烧 OQOA
燃眉之急 ONPQ
冉 冂土 MFD
染 氵九木 IVSU
染料 IVOU
染色 IVQC
苒 艹冂土 AMFF
蚺 虫冂土 JMFG
髯 镸彡冂土 DEMF

rang

瓤 亠口口乀 YKKY
壤 土亠口𧘇 FYKE
攘 扌亠口𧘇 RYKE
嚷 口亠口𧘇 KYKE
让 讠上 YHG
让步 YHHI
禳 礻丶亠𧘇 PYYE
穰 禾亠口𧘇 TYKE

rao

饶 ⺈乙七儿 QNAQ
扰 扌𠂇乙 RDNN
扰乱 RDTD
绕 纟七丿儿 XATQ
荛 艹七丿儿 AATQ
娆 女七丿儿 VATQ
桡 木七丿儿 SATQ

re

惹 艹𠂇口心 ADKN
惹事生非 AGTD
热 扌九丶灬 RVYO
热爱 RVEP
热潮 RVIF
热忱 RVNP
热诚 RVYD
热带 RVGK
热核 RVSY
热浪 RVIY
热泪 RVIH
热量 RVJG
热烈 RVGQ
热门 RVUY
热闹 RVUY
热能 RVCE
热气 RVRN
热切 RVAV
热情 RVNG
热线 RVXG
热心 RVNY
热血 RVTL
热源 RVID
热衷 RVYK

热处理		RTGJ
热电厂		RJDG
热电站		RJUH
热力学		RLIP
热门货		RUWX
热水瓶		RIUA
热水器		RIKK
热衷于		RYGF
热火朝天		ROFG
热泪盈眶		RIEH
喏	口艹ナ口	KADK

ren

壬	丿士	TFD
仁	亻二	WFG
仁义		WFYQ
人	【键名码】	WWWW
人才		WWFT
人称		WWTQ
人道		WWUT
人工		WWAA
人家		WWPE
人间		WWUJ
人均		WWFQ
人口		WWKK
人类		WWOD
人力		WWLT
人马		WWCN
人民		WWNA
人命		WWWG
人情		WWNG
人权		WWSC
人群		WWVT
人身		WWTM
人参		WWCD
人生		WWTG
人士		WWFG
人世		WWAN
人体		WWWS
人物		WWTR
人心		WWNY
人选		WWTF
人员		WWKM
人证		WWYG
人民币		WNTM
人生观		WTCM
人世间		WAUJ
人事科		WGTU
人造革		WTAF
人造棉		WTSR
人造丝		WTXX
人才辈出		WFDB
人定胜天		WPEG
人浮于事		WIGG
人杰地灵		WSFV
人尽其才		WNAF
人民日报		WNJR
人民政府		WNGY
人寿保险		WDWB
人微言轻		WTYL
人大常委会		WDIW
人民大会堂		WNDI
人民代表大会		WNWW
忍	刀丶心	VYNU
忍耐		VYDM
忍受		VYEP
忍痛		VYUC
忍不住		VGWY
忍俊不禁		VWGS
忍气吞声		VRGF
忍辱负重		VDQT
忍无可忍		VFSV
韧	二乙丨丶	FNHY
任	亻丿士	WTFG
任何		WTWS
任免		WTQK
任命		WTWG
任凭		WTWT
任期		WTAD
任务		WTTL
任意		WTUJ
任职		WTBK
任劳任怨		WAWQ
任人唯亲		WWKU
任人唯贤		WWKJ
认	讠人	YWY
认出		YWBM
认错		YWQA
认得		YWTJ
认定		YWPG
认可		YWSK
认清		YWIG
认识		YWYK
认输		YWLW
认为		YWYL
认帐		YWMH
认真		YWFH
认罪		YWLD
刃	刀丶	VYI
妊	女丿士	VTFG
妊娠		VTVD
纫	纟刀丶	XVYY
仞	亻刀丶	WVYY
荏	艹亻丿士	AWTF
葚	艹艹三乙	AADN
饪	饣乙丿士	QNTF
轫	车刀丶	LVYY
稔	禾人丶心	TWYN
衽	礻丶丿士	PUTF

reng

扔	扌乃	REN
扔掉		RERH
仍	亻乃	WEN
仍旧		WEHJ
仍然		WEQD

ri

日	【键名码】	JJJJ
日报		JJRB
日本		JJSG
日产		JJUT
日常		JJIP
日程		JJTK
日光		JJIQ

日后		JJRG
日记		JJYN
日历		JJDL
日期		JJAD
日前		JJUE
日文		JJYY
日夜		JJYW
日益		JJUW
日元		JJFQ
日月		JJEE
日用		JJET
日子		JJBB
日程表		JTGE
日光灯		JIOS
日记本		JYSG
日用品		JEKK
日月潭		JEIS
日积月累		JTEL
日理万机		JGDS
日暮途穷		JAWP
日新月异		JUEN
日以继夜		JNXY

rong

戎	戈ナ	ADE
茸	艹耳	ABF
蓉	艹宀八口	APWK
荣	艹冖木	APSU
荣获		APAQ
荣立		APUU
荣幸		APFU
荣耀		APIQ
荣誉		APIW
荣誉感		AIDG
荣誉奖		AIUQ
融	一口冂虫	GKMJ
融化		GKWX
融洽		GKIW
融会贯通		GWXC
熔	火宀八口	OPWK
熔化		OPWX
熔解		OPQE
熔炉		OPOY
溶	氵宀八口	IPWK
溶解		IPQE
溶液		IPIY
容	宀八人口	PWWK
容量		PWJG
容貌		PWEE
容纳		PWXM
容忍		PWVY
容易		PWJQ
容光焕发		PION
绒	纟戈ナ	XADT
冗	冖几	PMB
冗长		PMTA
嵘	山艹冖木	MAPS
狨	犭丿戈ナ	QTAD
榕	木宀八口	SPWK
榕树		SPSC
肜	月彡	EET
蝾	虫艹冖木	JAPS

rou

揉	扌マ卩木	RCBS
柔	マ卩丿木	CBTS
柔和		CBTK
柔情		CBNG
柔软		CBLQ
肉	冂人人	MWWI
肉类		MWOD
肉食		MWWY
肉眼		MWHV
糅	米マ卩木	OCBS
蹂	口止マ木	KHCS
鞣	廿串マ木	AFCS

ru

茹	艹女口	AVKF
蠕	虫雨𠂆刂	JFDJ
儒	亻雨𠂆刂	WFDJ
儒家		WFPE
孺	子雨𠂆刂	BFDJ
如	女口	VKG
如此		VKHX
如果		VKJS
如何		VKWS
如今		VKWY
如若		VKAD
如实		VKPU
如同		VKMG
如下		VKGH
如意		VKUJ
如愿		VKDR
如果说		VJYU
如出一辙		VBGL
如此而已		VHDN
如法炮制		VIOR
如虎添翼		VHIN
如获至宝		VAGP
如饥似渴		VQWI
如上所述		VHRS
如释重负		VTTQ
如意算盘		VUTT
如鱼得水		VQTI
如愿以偿		VDNW
辱	厂二𧘇寸	DFEF
乳	爫子乙	EBNN
乳房		EBYN
乳牛		EBRH
乳白色		ERQC
乳制品		ERKK
汝	氵女	IVG
入	丿乀	TYI
入场		TYFN
入党		TYIP
入境		TYFU
入口		TYKK
入门		TYUY
入侵		TYWV
入团		TYLF
入伍		TYWG
入学		TYIP

入座		TYYW
入不敷出		TGGB
褥	礻丶厂寸	PUDF
蓐	艹厂二寸	ADFF
薷	艹雨𠂆刂	AFDJ
洳	氵女口	IVKG
嚅	口雨𠂆刂	KFDJ
溽	氵厂二寸	IDFF
濡	氵雨𠂆刂	IFDJ
缛	纟厂二寸	XDFF
铷	钅女口	QVKG
襦	礻丶雨刂	PUFJ
颥	雨𠂆冂贝	FDMM

ruan

软	车⺈人	LQWY
软件		LQWR
软盘		LQTE
软弱		LQXU
软席		LQYA
软座		LQYW
软包装		LQUF
软件包		LWQN
阮	阝二儿	BFQN
朊	月二儿	EFQN

rui

蕊	艹心心心	ANNN
瑞	王山𠂆刂	GMDJ
瑞典		GMMA
瑞士		GMFG
瑞雪		GMFV
锐	钅丷口儿	QUKQ
锐利		QUTJ
锐气		QURN
锐意		QUUJ
芮	艹冂人	AMWU
蕤	艹豕丿龶	AETG
枘	木冂人	SMWY
睿	⺊冖一目	HPGH
蚋	虫冂人	JMWY

run

闰	门王	UGD
润	氵门王	IUGG
润滑		IUIM

ruo

若	艹𠂇口	ADKF
若干		ADFG
若是		ADJG
若无其事		AFAG
弱	弓冫弓冫	XUXU
弱点		XUHK
弱小		XUIH
弱者		XUFT
弱不禁风		XGSM
箬	竹艹𠂇口	TADK
偌	亻艹𠂇口	WADK

S

sa

撒	扌龷月攵	RAET
撒谎		RAYA
撒野		RAJF
洒	氵西	ISG
洒脱		ISEU
萨	艹阝立丿	ABUT
卅	一川	GKK
仨	亻三	WDG
脎	月㐅木	EQSY
飒	立几㐅	UMQY
挲	氵小丿手	IITR

sai

腮	月田心	ELNY
鳃	鱼一田心	QGLN
塞	宀二刂土	PFJF
赛	宀二刂贝	PFJM
赛马		PFCN
噻	口宀二土	KPFF

san

三	三一一一	DGGG
三好		DGVB
三角		DGQE
三峡		DGMG
三月		DGEE
三八节		DWAB
三八式		DWAA
三合板		DWSR
三环路		DGKH
三极管		DSTP
三角板		DQSR
三角形		DQGA
三联单		DBUJ
三轮车		DLLG
三门峡		DUMG
三长两短		DTGT
三番五次		DTGU
三令五申		DWGJ
叁	厶大三	CDDF
伞	人丷丨	WUHJ
伞兵		WURG
散	龷月攵	AETY
散布		AEDM
散步		AEHI
散发		AENT
散会		AEWF
散件		AEWR
散文		AEYY
散装		AEUF
散文集		AYWY
散文诗		AYYF
馓	⺈乙龷攵	QNAT
毵	厶大彡乙	CDEN
霰	雨龷月攵	FAET

sang

桑	又又又木	CCCS
嗓	口又又木	KCCS
丧	十丷𠄌	FUEU
丧失		FURW

丧事		FUGK
搡	扌又又木	RCCS
磉	石又又木	DCCS
颡	又又又贝	CCCM
	sao	
骚	马又丶虫	CCYJ
骚动		CCFC
骚乱		CCTD
骚扰		CCRD
搔	扌又丶虫	RCYJ
扫	扌彐	RVG
扫除		RVBW
扫荡		RVAI
扫盲		RVYN
扫描		RVRA
扫墓		RVAJ
扫兴		RVIW
扫帚		RVVP
嫂	女臼丨又	VVHC
埽	土彐冖丨	FVPH
缫	纟巛曰木	XVJS
缲	纟口口木	XKKS
瘙	疒又丶虫	UCYJ
鳋	鱼一又虫	QGCJ
臊	月口口木	EKKS
	se	
瑟	王王心丿	GGNT
色	勹巴	QCB
色彩		QCES
色调		QCYM
色情		QCNG
色素		QCGX
色样		QCSU
色泽		QCIC
涩	氵刀丶止	IVYH
啬	十丷口口	FULK
铯	钅勹巴	QQCN
穑	禾十丷口	TFUK
	sen	
森	木木木	SSSU
森严		SSGO
	seng	
僧	亻丷罒曰	WULJ
	sha	
砂	石小丿	DITT
杀	乂木	QSU
杀害		QSPD
杀伤		QSWT
杀虫剂		QJYJ
刹	乂木刂	QSJH
刹车		QSLG
刹那		QSVF
沙	氵小丿	IITT
沙发		IINT
沙龙		IIDX
沙漠		IIIA
沙丘		IIRG
沙滩		IIIC
沙土		IIFF
沙子		IIBB
纱	纟小丿	XITT
莎	艹氵小丿	AIIT
莎士比亚		AFXG
傻	亻丿口夂	WTLT
傻瓜		WTRC
啥	口人干口	KWFK
煞	勹彐攵灬	QVTO
煞费苦心		QXAN
煞有介事		QDWG
唼	口立女	KUVG
挲	氵小丿手	IITR
歃	丿十臼人	TFVW
铩	钅乂木	QQSY
痧	疒氵小丿	UIIT
裟	氵小丿𧘇	IITE
霎	雨立女	FUVF
霎时		FUJF
鲨	氵小丿一	IITG
	shai	
筛	竹丨一丨	TJGH
晒	日西	JSG
酾	西一一丶	SGGY
	shan	
嬗	女亠口一	VYLG
骟	马丶尸羽	CYNN
膻	月亠口一	EYLG
钐	钅彡	QET
疝	疒山	UMK
蟮	虫丷丰口	JUDK
舢	丿舟山	TEMH
跚	口止冂一	KHMG
鳝	鱼一丷口	QGUK
珊	王冂冂一	GMMG
珊瑚		GMGD
苫	艹⺊口	AHKF
杉	木彡	SET
山	【键名码】	MMMM
山川		MMKT
山村		MMSF
山地		MMFB
山东		MMAI
山峰		MMMT
山冈		MMMQ
山沟		MMIQ
山谷		MMWW
山河		MMIS
山脚		MMEF
山岭		MMMW
山脉		MMEY
山坡		MMFH
山区		MMAQ
山势		MMRV
山水		MMII
山头		MMUD
山西		MMSG
山腰		MMES
山庄		MMYF
山东省		MAIT
山西省		MSIT
山穷水尽		MPIN
山头主义		MUYY
删	冂冂一刂	MMGJ

删除		MMBW
删改		MMNT
删节		MMAB
删繁就简		MTYT
煽	火丶尸羽	OYNN
煽动		OYFC
衫	衤ㄑ彡	PUET
闪	门人	UWI
闪电		UWJN
闪闪		UWUW
闪烁		UWOQ
闪耀		UWIQ
闪电战		UJHK
闪光灯		UIOS
陕	阝一䒑人	BGUW
陕西		BGSG
陕西省		BSIT
擅	扌亠口一	RYLG
擅长		RYTA
擅自		RYTH
赡	贝⺈厂言	MQDY
赡养		MQUD
膳	月丷手口	EUDK
膳食		EUWY
善	丷手䒑口	UDUK
善后		UDRG
善良		UDYV
善意		UDUJ
善于		UDGF
善罢甘休		ULAW
善始善终		UVUX
汕	氵山	IMH
扇	丶尸羽	YNND
缮	纟丷手口	XUDK
剡	火火刂	OOJH
讪	讠山	YMH
鄯	丷手䒑阝	UDUB
埏	土丿止廴	FTHP
芟	艹几又	AMCU
潸	氵木木月	ISSE
姗	女冂冂一	VMMG
姗姗		VMVM

shang

墒	土立冂口	FUMK
伤	亻⺈力	WTLN
伤感		WTDG
伤害		WTPD
伤痕		WTUV
伤口		WTKK
伤势		WTRV
伤痛		WTUC
伤心		WTNY
伤员		WTKM
伤病员		WUKM
伤脑筋		WETE
伤风败俗		WMMW
商	立冂八口	UMWK
商标		UMSF
商场		UMFN
商店		UMYH
商贩		UMMR
商会		UMWF
商量		UMJG
商品		UMKK
商榷		UMSP
商人		UMWW
商谈		UMYO
商讨		UMYF
商团		UMLF
商务		UMTL
商行		UMTF
商业		UMOG
商议		UMYY
商标法		USIF
商品化		UKWX
商品粮		UKOY
商业部		UOUK
商业局		UONN
商业区		UOAQ
商业网		UOMQ
商品经济		UKXI
赏	⺌冖口贝	IPKM
赏赐		IPMJ
赏罚		IPLY
赏罚分明		ILWJ
赏心悦目		INNH
晌	日丿冂口	JTMK
晌午		JTTF
上	上丨一一	HHGG
上班		HHGY
上报		HHRB
上边		HHLP
上层		HHNF
上当		HHIV
上帝		HHUP
上海		HHIT
上级		HHXE
上进		HHFJ
上课		HHYJ
上空		HHPW
上来		HHGO
上马		HHCN
上面		HHDM
上去		HHFC
上任		HHWT
上升		HHTA
上述		HHSY
上税		HHTU
上司		HHNG
上头		HHUD
上午		HHTF
上下		HHGH
上校		HHSU
上学		HHIP
上旬		HHQJ
上衣		HHYE
上游		HHIY
上月		HHEE
上涨		HHIX
上周		HHMF

上半年		HURH
上海市		HIYM
上下班		HGGY
上下文		HGYY
上星期		HJAD
上层建筑		HNVT
上窜下跳		HPGK
上方宝剑		HYPW
上山下乡		HMGX
上行下效		HTGU
上接第一版		HRTT
尚	⺌冂口	IMKF
尚未		IMFI
尚方宝剑		IYPW
裳	⺌冖口𧘇	IPKE
垧	土丿冂口	FTMK
绱	纟⺌冂口	XIMK
觞	⺈用𠂉𠂆	QETR
殇	一夕𠂉𠂆	GQTR
熵	火立冂口	OUMK

shao

梢	木⺌月	SIEG
捎	扌⺌月	RIEG
稍	禾⺌月	TIEG
稍稍		TITI
稍微		TITM
稍许		TIYT
烧	火七丿儿	OATQ
烧饭		OAQN
烧毁		OAVA
烧鸡		OACQ
芍	艹勹丶	AQYU
勺	勹丶	QYI
韶	立日刀口	UJVK
韶华		UJWX
韶山		UJMM
少	小丿	ITR
少量		ITJG
少数		ITOV
少许		ITYT
少将		ITUQ
少年		ITRH
少女		ITVV
少尉		ITNF
少校		ITSU
少爷		ITWQ
少林寺		ISFF
少年犯		IRQT
少年宫		IRPK
少数派		IOIR
少先队		ITBW
少壮派		IUIR
少年儿童		IRQU
少数民族		IONY
少先队员		ITBK
哨	口⺌月	KIEG
哨兵		KIRG
邵	刀口阝	VKBH
绍	纟刀口	XVKG
劭	刀口力	VKLN
潲	氵禾⺌月	ITIE
杓	木勹丶	SQYY
筲	竹⺌月	TIEF
艄	丿舟⺌月	TEIE

she

奢	大土丿曰	DFTJ
奢侈		DFWQ
赊	贝人二小	MWFI
蛇	虫宀匕	JPXN
舌	丿古	TDD
舌头		TDUD
舍	人干口	WFKF
舍己救人		WNFW
舍近求远		WRFF
赦	土小攵	FOTY
赦免		FOQK
摄	扌耳又又	RBCC
摄氏		RBQA
摄像		RBWQ
摄影		RBJY
摄制		RBRM
摄影机		RJSM
摄影师		RJJG
摄制组		RRXE
射	丿冂三寸	TMDF
射击		TMFM
射线		TMXG
慑	忄耳又又	NBCC
涉	氵止小	IHIT
涉及		IHEY
涉外		IHQH
社	礻丶土	PYFG
社队		PYBW
社会		PYWF
社交		PYUQ
社论		PYYW
社员		PYKM
社长		PYTA
社会化		PWWX
社会性		PWNT
社会变革		PWYA
社会公德		PWWT
社会关系		PWUT
社会科学		PWTI
社会实践		PWPK
社会主义		PWYY
设	讠几又	YMCY
设备		YMTL
设法		YMIF
设防		YMBY
设计		YMYF
设立		YMUU
设施		YMYT
设想		YMSH
设宴		YMPJ
设置		YMLF
设计师		YYJG
设计院		YYBP
设计者		YYFT
库	广车	DLK

佘	人二小	WFIU
猞	犭丿人口	QTWK
滠	氵耳又又	IBCC
畲	人二小田	WFIL
麝	广コ刂寸	YNJF

shen

蜃	厂二𠄌虫	DFEJ
糁	米厶大彡	OCDE
砷	石曰丨	DJHH
申	曰丨	JHK
申报		JHRB
申辩		JHUY
申斥		JHRY
申明		JHJE
申请		JHYG
申述		JHSY
申诉		JHYR
呻	口曰丨	KJHH
呻吟		KJKW
伸	亻曰丨	WJHH
伸曲		WJMA
伸缩		WJXP
伸展		WJNA
伸张		WJXT
身	丿冂三丿	TMDT
身边		TMLP
身材		TMSF
身长		TMTA
身份		TMWW
身高		TMYM
身躯		TMTM
身世		TMAN
身体		TMWS
身子		TMBB
身败名裂		TMQG
身经百战		TXDH
身临其境		TJAF
身体力行		TWLT
身先士卒		TTFY
身心健康		TNWY
深	氵冖八木	IPWS
深奥		IPTM
深层		IPNF
深长		IPTA
深处		IPTH
深度		IPYA
深厚		IPDJ
深化		IPWX
深究		IPPW
深刻		IPYN
深浅		IPIG
深切		IPAV
深秋		IPTO
深入		IPTY
深思		IPLN
深透		IPTE
深山		IPMM
深受		IPEP
深信		IPWY
深夜		IPYW
深渊		IPIT
深造		IPTF
深圳		IPFK
深恶痛绝		IGUX
深化改革		IWNA
深谋远虑		IYFH
深情厚谊		INDY
深入浅出		ITIB
深思熟虑		ILYH
深圳特区		IFTA
娠	女厂二𠄌	VDFE
绅	纟曰丨	XJHH
绅士		XJFG
神	礻丶曰丨	PYJH
神话		PYYT
神经		PYXC
神秘		PYTN
神奇		PYDS
神气		PYRN
神情		PYNG
神色		PYQC
神圣		PYCF
神速		PYGK
神态		PYDY
神通		PYCE
神仙		PYWM
神志		PYFN
神州		PYYT
神经病		PXUG
神经质		PXRF
神采奕奕		PEYY
神出鬼没		PBRI
神乎其神		PTAP
神机妙算		PSVT
神经过敏		PXFT
神经衰弱		PXYX
沈	氵冖儿	IPQN
沈阳		IPBJ
沈阳市		IBYM
审	宀曰丨	PJHJ
审查		PJSJ
审察		PJPW
审定		PJPG
审稿		PJTY
审核		PJSY
审计		PJYF
审理		PJGJ
审美		PJUG
审判		PJUD
审批		PJRX
审问		PJUK
审校		PJSU
审讯		PJYN
审议		PJYY
审计署		PYLF
审判官		PUPN
审判员		PUKM
审判长		PUTA
审批权		PRSC
审时度势		PJYR

字/词	字根	编码
婶	女宀曰丨	VPJH
婶婶		VPVP
甚	卄三八乙	ADWN
甚好		ADVB
甚至		ADGC
甚至于		AGGF
肾	刂又月	JCEF
肾炎		JCOO
肾脏		JCEY
慎	忄十且八	NFHW
慎重		NFTG
渗	氵厶大彡	ICDE
渗透		ICTE
诜	讠丿土儿	YTFQ
谂	讠人丶心	YWYN
渖	氵宀曰丨	IPJH
椹	木卄三乙	SADN
胂	月曰丨	EJHH
哂	口西	KSG
矧	𠂉大弓丨	TDXH
sheng		
声	士尸	FNR
声称		FNTQ
声调		FNYM
声符		FNTW
声明		FNJE
声母		FNXG
声势		FNRV
声速		FNGK
声望		FNYN
声响		FNKT
声学		FNIP
声音		FNUJ
声誉		FNIW
声援		FNRE
声张		FNXT
声东击西		FAFS
声色俱厉		FQWD
声嘶力竭		FKLU
生	丿龶	TGD
生病		TGUG
生产		TGUT
生成		TGDN
生存		TGDH
生动		TGFC
生活		TGIT
生理		TGGJ
生命		TGWG
生怕		TGNR
生平		TGGU
生气		TGRN
生前		TGUE
生日		TGJJ
生死		TGGQ
生态		TGDY
生铁		TGQR
生物		TGTR
生效		TGUQ
生意		TGUJ
生育		TGYC
生长		TGTA
生产力		TULT
生产率		TUYX
生产线		TUXG
生产者		TUFT
生活费		TIXJ
生力军		TLPL
生命力		TWLT
生命线		TWXG
生物界		TTLW
生物系		TTTX
生物学		TTIP
生产方式		TUYA
生产关系		TUUT
生产资料		TUUO
生动活泼		TFII
生活方式		TIYA
生活水平		TIIG
生机盎然		TSMQ
生龙活虎		TDIH
生吞活剥		TGIV
甥	丿龶田力	TGLL
牲	丿扌丿龶	TRTG
牲畜		TRYX
升	丿廾	TAK
升级		TAXE
升学		TAIP
升值		TAWF
绳	纟口曰乙	XKJN
绳索		XKFP
绳子		XKBB
省	小丿目	ITHF
省城		ITFD
省得		ITTJ
省份		ITWW
省府		ITYW
省级		ITXE
省略		ITLT
省事		ITGK
省委		ITTV
省长		ITTA
省军区		IPAQ
省辖市		ILYM
省政府		IGYW
盛	厂乙乙皿	DNNL
盛产		DNUT
盛大		DNDD
盛典		DNMA
盛会		DNWF
盛开		DNGA
盛况		DNUK
盛情		DNNG
盛夏		DNDH
盛行		DNTF
盛宴		DNPJ
盛誉		DNIW
盛装		DNUF
剩	禾丬匕刂	TUXJ
剩余		TUWT
胜	月丿龶	ETGG

胜败		ETMT
胜地		ETFB
胜负		ETQM
胜利		ETTJ
胜任		ETWT
胜诉		ETYR
胜似		ETWN
胜仗		ETWD
圣	又土	CFF
圣地		CFFB
圣经		CFXC
圣人		CFWW
圣贤		CFJC
圣旨		CFXJ
圣诞节		CYAB
圣诞树		CYSC
笙	竹丿龶	TTGF
嵊	山禾丬匕	MTUX
晟	曰厂乙丿	JDNT
眚	丿龶目	TGHF

shi

式	弋工	AAD
式样		AASU
示	二小	FIU
示范		FIAI
示例		FIWG
示弱		FIXU
示威		FIDG
示意		FIUJ
示波器		FIKK
示威者		FDFT
示意图		FULT
士	士一丨一	FGHG
士兵		FGRG
士气		FGRN
世	廿乙	ANV
世故		ANDT
世纪		ANXN
世间		ANUJ
世界		ANLW
世面		ANDM
世事		ANGK
世俗		ANWW
世态		ANDY
世袭		ANDX
世族		ANYT
世界杯		ALSG
世界观		ALCM
世界上		ALHH
世界语		ALYG
世界纪录		ALXV
世界经济		ALXI
世界形势		ALGR
世外桃源		AQSI
柿	木亠冂丨	SYMH
事	一口彐丨	GKVH
事端		GKUM
事故		GKDT
事后		GKRG
事迹		GKYO
事件		GKWR
事例		GKWG
事前		GKUE
事情		GKNG
事实		GKPU
事态		GKDY
事物		GKTR
事务		GKTL
事先		GKTF
事项		GKAD
事业		GKOG
事宜		GKPE
事实上		GPHH
事业费		GOXJ
事业心		GONY
事半功倍		GUAW
事倍功半		GWAU
事必躬亲		GNTU
事出有因		GBDL
事过境迁		GFFT
事与愿违		GGDF
事在人为		GDWY
拭	扌弋工	RAAG
拭目以待		RHNT
誓	扌斤言	RRYF
誓词		RRYN
誓师		RRJG
誓死		RRGQ
逝	扌斤辶	RRPK
逝世		RRAN
势	扌九丶力	RVYL
势必		RVNT
势利		RVTJ
势力		RVLT
势不两立		RGGU
势均力敌		RFLT
势如破竹		RVDT
是	曰一龰	JGHU
是非		JGDJ
是否		JGGI
是非曲直		JDMF
嗜	口土丿曰	KFTJ
嗜好		KFVB
噬	口竹工人	KTAW
适	丿古辶	TDPD
适当		TDIV
适度		TDYA
适合		TDWG
适量		TDJG
适龄		TDHW
适时		TDJF
适宜		TDPE
适应		TDYI
适用		TDET
适中		TDKH
适应症		TYUG
适用于		TEGF
适得其反		TTAR
适可而止		TSDH
仕	亻士	WFG

侍	亻土寸	WFFY
侍候		WFWH
释	丿米又丨	TOCH
释放		TOYT
饰	⺈乙𠂉丨	QNTH
氏	ㄈ七	QAV
市	亠冂丨	YMHJ
市场		YMFN
市尺		YMNY
市府		YMYW
市斤		YMRT
市民		YMNA
市亩		YMYL
市内		YMMW
市区		YMAQ
市容		YMPW
市委		YMTV
市长		YMTA
市镇		YMQF
市政		YMGH
市制		YMRM
市面上		YDHH
市辖区		YLAQ
市中心		YKNY
市场信息		YFWT
恃	忄土寸	NFFY
室	宀一厶土	PGCF
室外		PGQH
视	礻丶冂儿	PYMQ
视察		PYPW
视野		PYJF
视而不见		PDGM
试	讠弋工	YAAG
试车		YALG
试点		YAHK
试飞		YANU
试卷		YAUD
试看		YARH
试探		YARP
试题		YAJG
试问		YAUK
试想		YASH
试销		YAQI
试行		YATF
试验		YACW
试用		YAET
试制		YARM
试金石		YQDG
谥	讠丷八皿	YUWL
埘	土日寸	FJFY
莳	艹日寸	AJFU
蓍	艹土丿日	AFTJ
弑	乂木弋工	QSAA
贳	廿乙贝	ANMU
炻	火石	ODG
铈	钅亠冂丨	QYMH
螫	土小攵虫	FOTJ
舐	丿古ㄈ七	TDQA
筮	竹工人人	TAWW
豕	豕一丿乀	EGTY
鲺	鱼一乙虫	QGNJ
师	刂一冂丨	JGMH
师大		JGDD
师范		JGAI
师傅		JGWG
师父		JGWQ
师生		JGTG
师徒		JGTF
师长		JGTA
师专		JGFN
师资		JGUQ
失	𠂉人	RWI
失败		RWMT
失策		RWTG
失掉		RWRH
失火		RWOO
失控		RWRP
失利		RWTJ
失恋		RWYO
失灵		RWVO
失落		RWAI
失眠		RWHN
失误		RWYK
失效		RWUQ
失学		RWIP
失业		RWOG
失真		RWFH
失踪		RWKH
失业率		ROYX
狮	犭丿川丨	QTJH
施	方𠂉也	YTBN
施肥		YTEC
施工		YTAA
施加		YTLK
施舍		YTWF
施行		YTTF
施用		YTET
施展		YTNA
湿	氵曰业一	IJOG
湿度		IJYA
湿润		IJIU
诗	讠土寸	YFFY
诗词		YFYN
诗歌		YFSK
诗集		YFWY
诗句		YFQK
诗刊		YFFJ
诗人		YFWW
诗意		YFUJ
尸	尸乙一丿	NNGT
尸体		NNWS
虱	乙丿虫	NTJI
十	十一丨	FGH
十倍		FGWU
十成		FGDN
十分		FGWV
十月		FGEE
十进制		FFRM
十一月		FGEE
十六开		FUGA

十三陵		FDBF
十二月		FFEE
十六进制		FUFR
十全十美		FWFU
石	石一丿一	DGTG
石板		DGSR
石碑		DGDR
石膏		DGYP
石灰		DGDO
石匠		DGAR
石料		DGOU
石器		DGKK
石头		DGUD
石油		DGIM
石膏像		DYWQ
石家庄		DPYF
石英钟		DAQK
石沉大海		DIDI
石家庄市		DPYY
石破天惊		DDGN
拾	扌人一口	RWGK
拾零		RWFW
时	日寸	JFY
时差		JFUD
时常		JFIP
时辰		JFDF
时代		JFWA
时分		JFWV
时光		JFIQ
时候		JFWH
时机		JFSM
时间		JFUJ
时节		JFAB
时局		JFNN
时刻		JFYN
时髦		JFDE
时期		JFAD
时时		JFJF
时势		JFRV
时速		JFGK
时效		JFUQ
时兴		JFIW
时钟		JFQK
时装		JFUF
时间性		JUNT
时刻表		JYGE
时装店		JUYH
时不我待		JGTT
什	亻十	WFH
什么		WFTC
什锦		WFQR
什么样		WTSU
食	人丶彐𠂉	WYVE
食粮		WYOY
食品		WYKK
食堂		WYIP
食物		WYTR
食用		WYET
食欲		WYWW
食指		WYRX
食品店		WKYH
食宿费		WPXJ
蚀	勹乙虫	QNJY
实	宀冫大	PUDU
实干		PUFG
实惠		PUGJ
实况		PUUK
实际		PUBF
实践		PUKH
实力		PULT
实例		PUWG
实权		PUSC
实施		PUYT
实物		PUTR
实习		PUNU
实现		PUGM
实效		PUUQ
实心		PUNY
实验		PUCW
实业		PUOG
实在		PUDH
实际上		PBHH
实力派		PLIR
实习期		PNAD
实习生		PNTG
实验室		PCPG
实验田		PCLL
实业家		POPE
实业界		POLW
实用性		PENT
实质上		PRHH
实际情况		PBNU
实心实意		PNPU
识	讠口八	YKWY
识别		YKKL
识破		YKDH
识字		YKPB
史	口㐅	KQI
史册		KQMM
史料		KQOU
史诗		KQYF
史无前例		KFUW
矢	𠂉大	TDU
矢口否认		TKGY
使	亻一口㐅	WGKQ
使馆		WGQN
使节		WGAB
使命		WGWG
使用		WGET
使用率		WEYX
使用权		WESC
屎	尸米	NOI
驶	马口㐅	CKQY
始	女厶口	VCKG
始发		VCNT
始末		VCGS
始终		VCXT
始终不渝		VXGI
shou		
收	乙丨攵	NHTY

收藏		NHAD
收成		NHDN
收到		NHGC
收发		NHNT
收费		NHXJ
收割		NHPD
收购		NHMQ
收回		NHLK
收货		NHWX
收获		NHAQ
收件		NHWR
收缴		NHXR
收据		NHRN
收录		NHVI
收买		NHNU
收取		NHBC
收容		NHPW
收拾		NHRW
收税		NHTU
收缩		NHXP
收条		NHTS
收悉		NHTO
收益		NHUW
收音		NHUJ
收支		NHFC
收报人		NRWW
收发室		NNPG
收购价		NMWW
收录机		NVSM
收信人		NWWW
收音机		NUSM
手	手丿一丨	RTGH
手臂		RTNK
手表		RTGE
手册		RTMM
手电		RTJN
手段		RTWD
手稿		RTTY
手工		RTAA
手脚		RTEF
手巾		RTMH
手绢		RTXK
手帕		RTMH
手枪		RTSW
手势		RTRV
手术		RTSY
手套		RTDD
手续		RTXF
手掌		RTIP
手指		RTRX
手足		RTKH
手电筒		RJTM
手工业		RAOG
手工艺		RAAN
手榴弹		RSXU
手术室		RSPG
手术台		RSCK
手提包		RRQN
手指头		RRUD
手舞足蹈		RRKK
手足无措		RKFR
首	丷丿目	UTHF
首次		UTUQ
首都		UTFT
首届		UTNM
首脑		UTEY
首席		UTYA
首先		UTTF
首相		UTSH
首长		UTTA
首当其冲		UIAU
首屈一指		UNGR
守	宀寸	PFU
守护		PFRY
守卫		PFBG
守则		PFMJ
守纪律		PXTV
守口如瓶		PKVU
寿	三丿寸	DTFU
寿辰		DTDF
寿命		DTWG
寿星		DTJT
寿终正寝		DXGP
授	扌爫冖又	REPC
授予		RECB
售	亻主口	WYKF
售货摊		WWRC
售货亭		WWYP
售货员		WWKM
售票员		WSKM
受	爫冖又	EPCU
受到		EPGC
受罚		EPLY
受害		EPPD
受贿		EPMD
受奖		EPUQ
受精		EPOG
受苦		EPAD
受累		EPLX
受理		EPGJ
受骗		EPCY
受聘		EPBM
受伤		EPWT
受审		EPPJ
受益		EPUW
受教育		EFYC
瘦	疒臼丨又	UVHC
兽	丷田一口	ULGK
狩	犭丿宀寸	QTPF
绶	纟爫冖又	XEPC
艏	丿舟丷目	TEUH
shu		
蔬	廾乙止儿	ANHQ
蔬菜		ANAE
枢	木匚乂	SAQY
梳	木亠厶儿	SYCQ
殊	一夕𠂉小	GQRI
殊途同归		GWMJ
抒	扌マ卩	RCBH
输	车人一刂	LWGJ

输出		LWBM
输入		LWTY
输送		LWUD
叔	上小又	HICY
叔叔		HIHI
舒	人干口卩	WFKB
舒畅		WFJH
舒服		WFEB
舒适		WFTD
淑	氵上小又	IHIC
疏	乙止亠儿	NHYQ
书	乙乙丨丶	NNHY
书本		NNSG
书店		NNYH
书籍		NNTD
书记		NNYN
书刊		NNFJ
书报费		NRXJ
书法家		NIPE
书记处		NYTH
书刊号		NFKG
赎	贝十乙大	MFND
孰	亠子九丶	YBVY
熟	亠子九灬	YBVO
熟练		YBXA
熟悉		YBTO
熟能生巧		YCTA
熟视无睹		YPFH
薯	艹罒土曰	ALFJ
暑	曰土丿曰	JFTJ
曙	曰罒土曰	JLFJ
署	罒土丿曰	LFTJ
蜀	罒勹虫	LQJU
黍	禾人氺	TWIU
鼠	臼乙⺀乙	VNUN
鼠目寸光		VHFI
属	尸丿口丶	NTKY
属于		NTGF
术	木丶	SYI
述	木丶辶	SYPI
树	木又寸	SCFY
树立		SCUU
树林		SCSS
树木		SCSS
束	一口小	GKII
束之高阁		GPYU
戍	厂丶乙丿	DYNT
竖	丨丨又立	JCUF
墅	曰土マ土	JFCF
庶	广廿灬	YAOI
数	米女攵	OVTY
数据		OVRN
数量		OVJG
数目		OVHH
数字		OVPB
数不清		OGIG
数据库		ORYL
数理化		OGWX
数量级		OJXE
数目字		OHPB
数学课		OIYJ
数学系		OITX
漱	氵一口人	IGKW
恕	女口心	VKNU
倏	亻丨夂犬	WHTD
塾	亠子九土	YBVF
菽	艹上小又	AHIC
摅	扌广七心	RHAN
沭	氵木丶	ISYY
澍	氵士口寸	IFKF
姝	女⺧小	VRIY
纾	纟マ卩	XCBH
毹	人一月乙	WGEN
腧	月人一刂	EWGJ
殳	几又	MCU
秫	禾木丶	TSYY
疋	乙龰	NHI

shua

刷	尸冂丨刂	NMHJ
耍	丆冂丨女	DMJV
唰	口尸冂刂	KNMJ

shuai

率	亠幺⺌十	YXIF
摔	扌亠幺十	RYXF
衰	亠口一𧘇	YKGE
衰弱		YKXU
衰退		YKVE
甩	月乙	ENV
帅	丨丨冂丨	JMHH
蟀	虫亠幺十	JYXF

shuan

栓	木人王	SWGG
拴	扌人王	RWGG
闩	门一	UGD
涮	氵尸冂刂	INMJ

shuang

霜	雨木目	FSHF
双	又又	CCY
双重性		CTNT
双轨制		CLRM
双月刊		CEFJ
双职工		CBAA
爽	大㐅㐅㐅	DQQQ
孀	女雨木目	VFSH

shui

谁	讠亻圭	YWYG
水	【键名码】	IIII
水产		IIUT
水电		IIJN
水分		IIWV
水果		IIJS
水利		IITJ
水泥		IIIN
水平		IIGU
水电部		IJUK
水电局		IJNN
水电站		IJUH
水果店		IJYH
水利化		ITWX
水龙头		IDUD

水磨石 IYDG
水平面 IGDM
水平线 IGXG
水蒸气 IARN
水落石出 IADB
水深火热 IIOR
水泄不通 IIGC
水涨船高 IITY
水中捞月 IKRE
睡 目丿一士 HTGF
睡觉 HTIP
睡眠 HTHN
税 禾丷口儿 TUKQ
税收 TUNH
税务 TUTL
税务局 TTNN

shun

吮 口厶儿 KCQN
瞬 目爫冖丨 HEPH
瞬息万变 HTDY
顺 川丆贝 KDMY
顺便 KDWG
顺利 KDTJ
顺序 KDYC
顺藤摸瓜 KARR
顺手牵羊 KRDU
顺水推舟 KIRT
舜 爫冖夕丨 EPQH

shuo

说 讠丷口儿 YUKQ
说服 YUEB
说话 YUYT
说谎 YUYA
说明 YUJE
说不得 YGTJ
说得好 YTVB
说明书 YJNN
说长道短 YTUT
硕 石丆贝 DDMY
朔 丷凵丿月 UBTE
烁 火匚小 OQIY
蒴 艹丷凵月 AUBE
搠 扌丷凵月 RUBE
妁 女勹丶 VQYY
槊 丷凵丿木 UBTS
铄 钅匚小 QQIY

si

斯 艹三八斤 ADWR
斯文 ADYY
斯大林 ADSS
撕 扌艹三斤 RADR
撕毁 RAVA
嘶 口艹三斤 KADR
思 田心 LNU
思潮 LNIF
思考 LNFT
思路 LNKH
思虑 LNHA
思索 LNFP
思惟 LNNW
思维 LNXW
思想 LNSH
思想家 LSPE
思想上 LSHH
思想性 LSNT
思想方法 LSYI
思想感情 LSDN
思想内容 LSMP
私 禾厶 TCY
私货 TCWX
私利 TCTJ
私立 TCUU
私人 TCWW
私心 TCNY
私营 TCAP
私有 TCDE
私自 TCTH
私生活 TTIT
私有权 TDSC
私有制 TDRM
私心杂念 TNVW
司 乙一口 NGKD
司法 NGIF
司机 NGSM
司空 NGPW
司令 NGWY
司马 NGCN
司长 NGTA
司法部 NIUK
司法局 NINN
司法厅 NIDS
司令部 NWUK
司令员 NWKM
司务长 NTTA
司空见惯 NPMN
丝 幺幺一 XXGF
丝毫 XXYP
死 一夕匕 GQXB
死亡 GQYN
死者 GQFT
死亡率 GYYX
死不瞑目 GGHH
死得其所 GTAR
死灰复燃 GDTO
死气沉沉 GRII
死心塌地 GNFF
肆 镸彐二丨 DVFH
肆意 DVUJ
寺 土寸 FFU
寺院 FFBP
嗣 口冂艹口 KMAK
四 四丨乙一 LHNG
四边 LHLP
四处 LHTH
四川 LHKT
四方 LHYY
四海 LHIT
四化 LHWX
四季 LHTB
四面 LHDM

字词	字根	编码
四通		LHCE
四月		LHEE
四周		LHMF
四边形		LLGA
四步舞		LHRL
四川省		LKIT
四合院		LWBP
四环路		LGKH
四环素		LGGX
四季歌		LTSK
四人帮		LWDT
四化建设		LWVY
四面八方		LDWY
四面楚歌		LDSS
四舍五入		LWGT
四通八达		LCWD
四个现代化		LWGW
伺	亻乙一口	WNGK
伺机		WNSM
似	亻乙丶人	WNYW
似乎		WNTU
似是而非		WJDD
饲	ク乙乙口	QNNK
饲料		QNOU
饲养		QNUD
饲养员		QUKM
巳	巳乙一乙	NNGN
厮	厂廾三斤	DADR
厮打		DARS
厮杀		DAQS
兕	冂冂一儿	MMGQ
咝	口幺幺一	KXXG
汜	氵巳	INN
泗	氵四	ILG
澌	氵廾三斤	IADR
姒	女乙丶人	VNYW
驷	马四	CLG
缌	纟田心	XLNY
祀	礻丶巳	PYNN
锶	钅田心	QLNY
鸶	幺幺一一	XXGG
耜	三小ココ	DINN
蛳	虫リ一丨	JJGH
笥	竹乙一口	TNGK
鲥	鱼一日寸	QGJF
俟	亻厶𠂉大	WCTD

song

字词	字根	编码
松	木八厶	SWCY
松柏		SWSR
松紧		SWJC
松树		SWSC
松懈		SWNQ
松花江		SAIA
耸	人人耳	WWBF
耸立		WWUU
怂	人人心	WWNU
颂	八厶丆贝	WCDM
颂扬		WCRN
送	丷大辶	UDPI
送还		UDGI
送货		UDWX
送礼		UDPY
送信		UDWY
宋	宀木	PSU
宋朝		PSFJ
宋健		PSWV
宋平		PSGU
宋体		PSWS
宋体字		PWPB
讼	讠八厶	YWCY
诵	讠マ用	YCEH
淞	氵木八厶	ISWC
菘	廾木八厶	ASWC
崧	山木八厶	MSWC
嵩	山亠冂口	MYMK
嵩山		MYMM
忪	忄八厶	NWCY
悚	忄一口小	NGKI
凇	冫木八厶	USWC
竦	立一口小	UGKI

sou

字词	字根	编码
搜	扌臼丨又	RVHC
搜捕		RVRG
搜查		RVSJ
搜集		RVWY
搜索		RVFP
搜集人		RWWW
艘	丿舟臼又	TEVC
擞	扌米女攵	ROVT
嗽	口一口人	KGKW
叟	臼丨又	VHCU
薮	廾米女攵	AOVT
嗖	口臼丨又	KVHC
嗾	口方𠂉大	KYTD
馊	ク乙臼又	QNVC
溲	氵臼丨又	IVHC
飕	几乂臼又	MQVC
瞍	目臼丨又	HVHC
锼	钅臼丨又	QVHC
螋	虫臼丨又	JVHC

su

字词	字根	编码
苏	廾力八	ALWU
苏联		ALBU
苏州		ALYT
苏维埃		AXFC
酥	西一禾	SGTY
俗	亻八人口	WWWK
俗语		WWYG
俗话说		WYYU
素	龶幺小	GXIU
素材		GXSF
素菜		GXAE
素养		GXUD
素质		GXRF
速	一口小辶	GKIP
速成		GKDN
速度		GKYA
速决		GKUN
速率		GKYX
速效		GKUQ

速写		GKPG
粟	西米	SOU
僳	亻西米	WSOY
塑	䒑凵丿土	UBTF
塑料		UBOU
塑像		UBWQ
塑料布		UODM
塑料袋		UOWA
溯	氵䒑凵月	IUBE
宿	宀亻丆日	PWDJ
宿舍		PWWF
宿营		PWAP
诉	讠斤丶	YRYY
诉讼		YRYW
肃	彐小川	VIJK
肃静		VIGE
肃穆		VITR
肃清		VIIG
夙	几一夕	MGQI
谡	讠田八夂	YLWT
蔌	艹一口人	AGKW
嗉	口龶幺小	KGXI
愫	忄龶幺小	NGXI
涑	氵一口小	IGKI
簌	竹一口人	TGKW
觫	⺈用一小	QEGI
稣	鱼一禾	QGTY

suan

酸	西一厶夂	SGCT
酸辣		SGUG
蒜	艹二小小	AFII
蒜苗		AFAL
算	竹目廾	THAJ
算法		THIF
算了		THBN
算盘		THTE
算是		THJG
算术		THSY
算数		THOV
算什么		TWTC
狻	犭丿厶夂	QTCT

sui

虽	口虫	KJU
虽然		KJQD
虽说		KJYU
隋	阝𠂇工月	BDAE
随	阝𠂇月辶	BDEP
随便		BDWG
随后		BDRG
随即		BDVC
随身		BDTM
随时		BDJF
随意		BDUJ
随着		BDUD
随波逐流		BIEI
随机应变		BSYY
随声附和		BFBT
随时随地		BJBF
随心所欲		BNRW
绥	纟爫女	XEVG
髓	冎月𠂇辶	MEDP
碎	石亠人十	DYWF
碎裂		DYGQ
岁	山夕	MQU
岁数		MQOV
岁月		MQEE
穗	禾一曰心	TGJN
遂	丷豕辶	UEPI
遂意		UEUJ
隧	阝丷豕辶	BUEP
隧道		BUUT
祟	凵山二小	BMFI
谇	讠亠人十	YYWF
荽	艹爫女	AEVF
濉	氵目亻主	IHWY
邃	宀八丷辶	PWUP
燧	火丷豕辶	OUEP
眭	目土土	HFFG
睢	目亻主	HWYG

sun

孙	子小	BIY
孙子		BIBB
孙悟空		BNPW
孙中山		BKMM
损	扌口贝	RKMY
损害		RKPD
损耗		RKDI
损坏		RKFG
损失		RKRW
损人利己		RWTN
笋	竹彐丿	TVTR
荪	艹子小	ABIU
狲	犭丿子小	QTBI
飧	夕人丶𠄌	QWYE
榫	木亻主十	SWYF
隼	亻主十	WYFJ

suo

蓑	艹亠口𧘇	AYKE
梭	木厶八夂	SCWT
唆	口厶八夂	KCWT
缩	纟宀亻日	XPWJ
缩短		XPTD
缩减		XPUD
缩小		XPIH
缩写		XPPG
缩影		XPJY
缩手缩脚		XRXE
琐	王⺌贝	GIMY
索	十冖幺小	FPXI
索赔		FPMU
索引		FPXH
锁	钅⺌贝	QIMY
所	厂コ斤	RNRH
所属		RNNT
所谓		RNYL
所需		RNFD
所以		RNNY
所有		RNDE
所在		RNDH

所长 RNTA
所得税 RTTU
所以然 RNQD
所有权 RDSC
所有制 RDRM
所在地 RDFB
所向披靡 RTRY
所作所为 RWRY
唢 口⺌贝 KIMY
嗦 口十冖小 KFPI
嗍 口⺌凵月 KUBE
娑 氵小丿女 IITV
桫 木氵小丿 SIIT
睃 目厶八夂 HCWT
羧 丷丰厶夂 UDCT

T

ta

塌 土曰羽 FJNG
他 亻也 WBN
他们 WBWU
他人 WBWW
他说 WBYU
它 宀匕 PXB
它们 PXWU
她 女也 VBN
她们 VBWU
塔 土艹人口 FAWK
塔斯社 FAPY
獭 犭丿一贝 QTGM
挞 扌大辶 RDPY
蹋 口止曰羽 KHJN
踏 口止水曰 KHIJ
踏实 KHPU
踏踏实实 KKPP
闼 门大辶 UDPI
溻 氵曰羽 IJNG
遢 曰羽辶 JNPD
榻 木曰羽 SJNG
沓 水曰 IJF
趿 口止乃㇏ KHEY
鳎 鱼一曰羽 QGJN

tai

胎 月厶口 ECKG
苔 艹厶口 ACKF
抬 扌厶口 RCKG
抬举 RCIW
抬头 RCUD
台 厶口 CKF
台胞 CKEQ
台北 CKUX
台币 CKTM
台风 CKMQ
台阶 CKBW
台湾 CKIY
台北市 CUYM
台湾省 CIIT
泰 三人氺 DWIU
泰斗 DWUF
泰国 DWLG
泰山 DWMM
酞 西一大丶 SGDY
太 大丶 DYI
太后 DYRG
太空 DYPW
太平 DYGU
太太 DYDY
太阳 DYBJ
太原 DYDR
太极拳 DSUD
太平间 DGUJ
太平洋 DGIU
太阳能 DBCE
太阳系 DBTX
太原市 DDYM
态 大丶心 DYNU
态度 DYYA
汰 氵大丶 IDYY
邰 厶口阝 CKBH
薹 艹士口土 AFKF
呔 口大丶 KDYY
肽 月大丶 EDYY
炱 厶口火 CKOU
骀 马厶口 CCKG
钛 钅大丶 QDYY
跆 口止厶口 KHCK
鲐 鱼一厶口 QGCK

tan

坍 土冂亠 FMYG
摊 扌又亻圭 RCWY
摊牌 RCTH
摊商 RCUM
贪 人丶乙贝 WYNM
贪婪 WYSS
贪图 WYLT
贪污 WYIF
贪赃 WYMY
贪污犯 WIQT
贪得无厌 WTFD
贪官污吏 WPIG
贪天之功 WGPA
贪污盗窃 WIUP
贪污受贿 WIEM
贪赃枉法 WMSI
瘫 疒又亻圭 UCWY
瘫痪 UCUQ
滩 氵又亻圭 ICWY
坛 土二厶 FFCY
檀 木亠口一 SYLG
檀香山 STMM
痰 疒火火 UOOI
潭 氵西早 ISJH
谭 讠西早 YSJH
谈 讠火火 YOOY
谈话 YOYT
谈论 YOYW
谈判 YOUD
谈何容易 YWPJ
谈虎色变 YHQY

谈笑风生		YTMT
坦	土日一	FJGG
坦白		FJRR
坦诚		FJYD
坦荡		FJAI
坦克		FJDQ
坦然		FJQD
坦率		FJYX
毯	丿二乙火	TFNO
毯子		TFBB
袒	衤日一	PUJG
碳	石山ナ火	DMDO
探	扌冖八木	RPWS
探测		RPIM
探亲		RPUS
探索		RPFP
探讨		RPYF
探望		RPYN
探险		RPBW
探亲假		RUWN
叹	口又	KCY
叹息		KCTH
叹为观止		KYCH
炭	山ナ火	MDOU
郯	火火阝	OOBH
昙	曰二厶	JFCU
忐	上心	HNU
钽	钅曰一	QJGG
锬	钅火火	QOOY
镡	钅西早	QSJH
覃	西早	SJJ

tang

汤	氵乙丿	INRT
塘	土广彐口	FYVK
搪	扌广彐口	RYVK
搪瓷		RYUQ
堂	⺌冖口土	IPKF
堂皇		IPRG
棠	⺌冖口木	IPKS
膛	月⺌冖土	EIPF
唐	广彐丨口	YVHK
唐朝		YVFJ
唐人街		YWTF
糖	米广彐口	OYVK
糖果		OYJS
糖精		OYOG
糖衣炮弹		OYOX
倘	亻⺌冂口	WIMK
倘若		WIAD
躺	丿冂三口	TMDK
淌	氵⺌冂口	IIMK
趟	土龰⺌口	FHIK
烫	氵乙丿火	INRO
傥	亻⺌冖儿	WIPQ
帑	女又冂丨	VCMH
饧	⺈乙乙丿	QNNR
惝	忄⺌冂口	NIMK
溏	氵广彐口	IYVK
瑭	王广彐口	GYVK
樘	木⺌冖土	SIPF
铴	钅氵乙丿	QINR
镗	钅⺌冖土	QIPF
耥	三小⺌口	DIIK
螗	虫广彐口	JYVK
螳	虫⺌冖土	JIPF
螳臂当车		JNIL
羰	丷手山火	UDMO
醣	西一广口	SGYK

tao

掏	扌勹𠂉山	RQRM
涛	氵三丿寸	IDTF
滔	氵爫臼	IEVG
滔滔		IEIE
绦	纟夂木	XTSY
萄	艹勹𠂉山	AQRM
桃	木⺦儿	SIQN
桃花		SIAW
桃李		SISB
桃树		SISC
逃	⺦儿辶	IQPV
逃避		IQNK
逃跑		IQKH
逃走		IQFH
淘	氵勹𠂉山	IQRM
淘汰		IQID
陶	阝勹𠂉山	BQRM
陶瓷		BQUQ
陶醉		BQSG
讨	讠寸	YFY
讨论		YFYW
讨嫌		YFVU
讨厌		YFDD
讨债		YFWG
讨价还价		YWGW
套	大镸	DDU
鼗	⺦儿士又	IQFC
啕	口勹𠂉山	KQRM
洮	氵⺦儿	IIQN
韬	二乙丨臼	FNHV
韬略		FNLT
焘	三丿寸灬	DTFO
饕	口一乙𧘇	KGNE

te

特	丿扌土寸	TRFF
特别		TRKL
特产		TRUT
特长		TRTA
特大		TRDD
特地		TRFB
特点		TRHK
特定		TRPG
特号		TRKG
特级		TRXE
特刊		TRFJ
特快		TRNN
特例		TRWG
特区		TRAQ
特权		TRSC
特色		TRQC
特殊		TRGQ

特务		TRTL
特写		TRPG
特邀		TRRY
特意		TRUJ
特有		TRDE
特约		TRXQ
特等奖		TTUQ
特派员		TIKM
特殊性		TGNT
特效药		TUAX
忒	弋心	ANI
忑	一卜心	GHNU
铽	钅弋心	QANY
慝	匚廾ナ心	AADN
teng		
藤	艹月丷氺	AEUI
腾	月丷大马	EUDC
腾飞		EUNU
腾空		EUPW
腾腾		EUEU
疼	疒夂⺀	UTUI
疼痛		UTUC
誊	丷大言	UDYF
誊印社		UQPY
滕	月丷大氺	EUDI
ti		
梯	木丷弓丿	SUXT
梯队		SUBW
梯田		SULL
剔	曰勹彡刂	JQRJ
踢	口止曰彡	KHJR
锑	钅丷弓丿	QUXT
提	扌曰一龰	RJGH
提案		RJPV
提拔		RJRD
提倡		RJWJ
提成		RJDN
提出		RJBM
提法		RJIF
提纲		RJXM

提高		RJYM
提供		RJWA
提货		RJWX
提价		RJWW
提交		RJUQ
提款		RJFF
提练		RJXA
提炼		RJOA
提前		RJUE
提升		RJTA
提示		RJFI
提问		RJUK
提醒		RJSG
提要		RJSV
提议		RJYY
提早		RJJH
提纲挈领		RXDW
提高警惕		RYAN
提心吊胆		RNKE
题	曰一龰贝	JGHM
题材		JGSF
题词		JGYN
题辞		JGTD
蹄	口止立丨	KHUH
啼	口立冖丨	KUPH
啼笑皆非		KTXD
体	亻木一	WSGG
体裁		WSFA
体操		WSRK
体会		WSWF
体积		WSTK
体检		WSSW
体力		WSLT
体谅		WSYY
体面		WSDM
体魄		WSRR
体坛		WSFF
体贴		WSMH
体委		WSTV
体温		WSIJ

体系		WSTX
体现		WSGM
体形		WSGA
体验		WSCW
体育		WSYC
体制		WSRM
体质		WSRF
体重		WSTG
体温表		WIGE
体育场		WYFN
体育馆		WYQN
体力劳动		WLAF
体制改革		WRNA
替	二人二曰	FWFJ
替代		FWWA
嚏	口十冖龰	KFPH
惕	忄曰勹彡	NJQR
涕	氵丷弓丿	IUXT
剃	丷弓丨刂	UXHJ
屉	尸廿乙	NANV
倜	亻冂土口	WMFK
悌	忄丷弓丿	NUXT
逖	犭丿火辶	QTOP
绨	纟丷弓丿	XUXT
缇	纟日一龰	XJGH
鹈	丷弓丨一	UXHG
醍	西一日龰	SGJH
tian		
天	一大	GDI
天边		GDLP
天才		GDFT
天地		GDFB
天河		GDIS
天花		GDAW
天津		GDIV
天空		GDPW
天平		GDGU
天气		GDRN
天桥		GDST
天然		GDQD

天色	GDQC
天山	GDMM
天生	GDTG
天时	GDJF
天数	GDOV
天坛	GDFF
天堂	GDIP
天体	GDWS
天天	GDGD
天文	GDYY
天下	GDGH
天线	GDXG
天涯	GDID
天灾	GDPO
天真	GDFH
天资	GDUQ
天安门	GPUY
天花板	GASR
天津市	GIYM
天然气	GQRN
天文馆	GYQN
天文台	GYCK
天文学	GYIP
天主教	GYFT
天翻地覆	GTFS
天方夜谭	GYYY
天花乱坠	GATB
天经地义	GXFY
天罗地网	GLFM
天气预报	GRCR
天涯海角	GIIQ
天衣无缝	GYFX
天造地设	GTFY
添 氵一大⺗	IGDN
添置	IGLF
添油加醋	IILS
填 土十且八	FFHW
填补	FFPU
填充	FFYC
填空	FFPW
填写	FFPG
田 【键名码】	LLLL
田地	LLFB
田间	LLUJ
田径	LLTC
田野	LLJF
田园	LLLF
田纪云	LXFC
田径赛	LTPF
甜 丿古廿二	TDAF
甜菜	TDAE
甜酒	TDIS
甜美	TDUG
甜蜜	TDPN
甜酸	TDSG
甜酸苦辣	TSAU
甜言蜜语	TYPY
舔 丿古一⺗	TDGN
恬 忄丿古	NTDG
恬不知耻	NGTB
腆 月冂龷八	EMAW
掭 扌一大⺗	RGDN
忝 一大⺗	GDNU
阗 门十且八	UFHW
殄 一夕人彡	GQWE
畋 田攵	LTY

tiao

窕 宀八⺌儿	PWIQ
挑 扌⺌儿	RIQN
挑拨	RIRN
挑选	RITF
挑衅	RITL
挑战	RIHK
挑战者	RHFT
挑拨离间	RRYU
条 夂木	TSU
条件	TSWR
条款	TSFF
条理	TSGJ
条例	TSWG
条条	TSTS
条纹	TSXY
条约	TSXQ
条形码	TGDC
迢 刀口辶	VKPD
调节器	YAKK
调节税	YATU
调味品	YKKK
眺 目⺌儿	HIQN
眺望	HIYN
跳 口止⺌儿	KHIQ
跳动	KHFC
跳高	KHYM
跳舞	KHRL
佻 亻⺌儿	WIQN
苕 艹刀口	AVKF
祧 礻丶⺌儿	PYIQ
蜩 虫冂土口	JMFK
笤 竹刀口	TVKF
粜 凵山米	BMOU
龆 止人凵口	HWBK
鲦 鱼一夂木	QGTS
髫 镸彡刀口	DEVK

tie

贴 贝⺊口	MHKG
贴近	MHRP
贴切	MHAV
铁 钅𠂉人	QRWY
铁道	QRUT
铁钉	QRQS
铁轨	QRLV
铁匠	QRAR
铁矿	QRDY
铁路	QRKH
铁器	QRKK
铁树	QRSC
铁证	QRYG
铁道兵	QURG
铁道部	QUUK
铁饭碗	QQDP

铁路局		QKNN
铁面无私		QDFT
铁树开花		QSGA
帖	冂丨⺊口	MHHK
萜	艹冂丨口	AMHK
餮	一夕人㇂	GQWE

ting

厅	厂丁	DSK
厅长		DSTA
厅局级		DNXE
听	口斤	KRH
听候		KRWH
听话		KRYT
听见		KRMQ
听课		KRYJ
听取		KRBC
听任		KRWT
听说		KRYU
听信		KRWY
听众		KRWW
听之任之		KPWP
烃	火ス工	OCAG
汀	氵丁	ISH
廷	丿士廴	TFPD
停	亻古冖丁	WYPS
停产		WYUT
停车		WYLG
停电		WYJN
停顿		WYGB
停薪		WYAU
停职		WYBK
停止		WYHH
停车场		WLFN
停滞不前		WIGU
亭	古冖丁	YPSJ
亭子		YPBB
庭	广丿士廴	YTFP
挺	扌丿士廴	RTFP
挺拔		RTRD
挺身而出		RTDB
艇	丿舟丿廴	TETP
莛	艹丿士廴	ATFP
葶	艹古冖丁	AYPS
婷	女古冖丁	VYPS
梃	木丿士廴	STFP
铤	钅丿士廴	QTFP
蜓	虫丿士廴	JTFP
霆	雨丿士廴	FTFP

tong

通	マ用辶	CEPK
通报		CERB
通病		CEUG
通常		CEIP
通畅		CEJH
通称		CETQ
通道		CEUT
通电		CEJN
通牒		CETH
通风		CEMQ
通告		CETF
通过		CEFP
通话		CEYT
通缉		CEXK
通栏		CESU
通令		CEWY
通盘		CETE
通商		CEUM
通史		CEKQ
通俗		CEWW
通顺		CEKD
通通		CECE
通统		CEXY
通往		CETY
通向		CETM
通信		CEWY
通行		CETF
通讯		CEYN
通用		CEET
通知		CETD
通信班		CWGY
通信兵		CWRG
通信连		CWLP
通行证		CTYG
通讯录		CYVI
通讯社		CYPY
通讯员		CYKM
通用性		CENT
通知书		CTNN
通货膨胀		CWEE
通情达理		CNDG
通俗读物		CWYT
通宵达旦		CPDJ
通信地址		CWFF
通讯卫星		CYBJ
桐	木冂一口	SMGK
酮	西一冂口	SGMK
瞳	目立曰土	HUJF
同	冂一口	MGKD
同伴		MGWU
同胞		MGEQ
同辈		MGDJ
同步		MGHI
同等		MGTF
同感		MGDG
同化		MGWX
同伙		MGWO
同居		MGND
同类		MGOD
同龄		MGHW
同路		MGKH
同盟		MGJE
同名		MGQK
同年		MGRH
同期		MGAD
同仁		MGWF
同时		MGJF
同事		MGGK
同乡		MGXT
同心		MGNY
同性		MGNT

同学	MGIP
同样	MGSU
同一	MGGG
同意	MGUJ
同志	MGFN
同盟军	MJPL
同位素	MWGX
同乡会	MXWF
同性恋	MNYO
同义词	MYYN
同志们	MFWU
同仇敌忾	MWTN
同床异梦	MYNS
同甘共苦	MAAA
同工同酬	MAMS
同工异曲	MANM
同归于尽	MJGN
同心同德	MNMT
同心协力	MNFL
同舟共济	MTAI
铜 钅冂一口	QMGK
铜矿	QMDY
铜器	QMKK
铜像	QMWQ
铜墙铁壁	QFQN
彤 冂亠彡	MYET
童 立曰土	UJFF
童话	UJYT
童年	UJRH
桶 木マ用	SCEH
捅 扌マ用	RCEH
筒 竹冂一口	TMGK
统 纟亠厶儿	XYCQ
统称	XYTQ
统筹	XYTD
统购	XYMQ
统管	XYTP
统计	XYYF
统建	XYVF
统率	XYYX
统配	XYSG
统销	XYQI
统一	XYGG
统战	XYHK
统治	XYIC
统计表	XYGE
统计局	XYNN
统计图	XYLT
统计学	XYIP
统战部	XHUK
统筹兼顾	XTUD
统一计划	XGYA
统一思想	XGLS
痛 疒マ用	UCEK
痛恨	UCNV
痛哭	UCKK
痛快	UCNN
痛心	UCNY
痛改前非	UNUD
痛心疾首	UNUU
佟 亻夂冫	WTUY
仝 人工	WAF
茼 艹冂一口	AMGK
嗵 口マ用辶	KCEP
恸 忄二厶力	NFCL
潼 氵立曰土	IUJF
砼 石人工	DWAG

tou

偷 亻人一刂	WWGJ
偷盗	WWUQ
偷窃	WWPW
偷工减料	WAUO
偷梁换柱	WIRS
偷天换日	WGRJ
投 扌几又	RMCY
投产	RMUT
投递	RMUX
投放	RMYT
投稿	RMTY
投机	RMSM
投票	RMSF
投入	RMTY
投身	RMTM
投送	RMUD
投诉	RMYR
投降	RMBT
投影	RMJY
投资	RMUQ
投递员	RUKM
投资额	RUPT
投机倒把	RSWR
投井下石	RFGD
头 冫大	UDI
头版	UDTH
头等	UDTF
头发	UDNT
头号	UDKG
头目	UDHH
头脑	UDEY
头痛	UDUC
头绪	UDXF
头面人物	UDWT
头破血流	UDTI
头头是道	UUJU
头重脚轻	UTEL
透 禾乃辶	TEPV
透彻	TETA
透过	TEFP
透露	TEFK
透明	TEJE
透视	TEPY
骰 ⺆月几又	MEMC

tu

凸 丨一冂一	HGMG
凸透镜	HTQU
秃 禾几	TMB
突 宀八犬	PWDU
突变	PWYO
突出	PWBM
突飞	PWNU

突击		PWFM
突破		PWDH
突起		PWFH
突然		PWQD
突围		PWLF
突发性		PNNT
突击队		PFBW
突破性		PDNT
突飞猛进		PNQF
突然袭击		PQDF
图	囗夂⺀	LTUI
图案		LTPV
图表		LTGE
图画		LTGL
图解		LTQE
图例		LTWG
图片		LTTH
图示		LTFI
图书		LTNN
图象		LTQJ
图像		LTWQ
图形		LTGA
图样		LTSU
图章		LTUJ
图纸		LTXQ
图书馆		LNQN
徒	彳土龰	TFHY
徒工		TFAA
徒劳		TFAP
徒刑		TFGA
途	人禾辶	WTPI
途径		WTTC
涂	氵人禾	IWTY
涂改		IWNT
涂脂抹粉		IERO
屠	尸土丿日	NFTJ
土	【键名码】	FFFF
土产		FFUT
土地		FFFB
土豆		FFGK
土法		FFIF
土改		FFNT
土豪		FFYP
土木		FFSS
土特产		FTUT
吐	口土	KFG
吐鲁番		KQTO
兔	⺈口儿丶	QKQY
堍	土⺈口丶	FQKY
荼	艹人禾	AWTU
菟	艹⺈口丶	AQKY
钍	钅土	QFG
酴	西一人禾	SGWT
tuan		
湍	氵山𠂆刂	IMDJ
团	囗十丿	LFTE
团部		LFUK
团费		LFXJ
团结		LFXF
团龄		LFHW
团体		LFWS
团委		LFTV
团校		LFSU
团员		LFKM
团圆		LFLK
团长		LFTA
团党委		LITV
团市委		LYTV
团体操		LWRK
团体赛		LWPF
团小组		LIXE
团支书		LFNN
团中央		LKMD
团总支		LUFC
团组织		LXXK
抟	扌二乙丶	RFNY
彖	彑豕	XEU
疃	田立曰土	LUJF
tui		
推	扌亻圭	RWYG
推测		RWIM
推迟		RWNY
推崇		RWMP
推出		RWBM
推倒		RWWG
推动		RWFC
推断		RWON
推翻		RWTO
推广		RWYY
推荐		RWAD
推进		RWFJ
推举		RWIW
推论		RWYW
推敲		RWYM
推算		RWTH
推销		RWQI
推卸		RWRH
推行		RWTF
推选		RWTF
推移		RWTQ
推波助澜		RIEI
推陈出新		RBBU
推广应用		RYYE
颓	禾几𠂆贝	TMDM
颓废		TMYN
腿	月彐𧘇辶	EVEP
蜕	虫丷口儿	JUKQ
褪	礻彐𧘇辶	PUVP
退	彐𧘇辶	VEPI
退步		VEHI
退化		VEWX
退还		VEGI
退回		VELK
退缩		VEXP
退伍		VEWG
退休		VEWS
退职		VEBK
退休费		VWXJ
退休金		VWQQ
煺	火彐𧘇辶	OVEP

tun

吞 一大口 GDKF
吞吞吐吐 GGKK
囤 口一凵乙 LGBN
屯 一凵乙 GBNV
臀 尸艹八月 NAWE
氽 人水 WIU
饨 ⺈乙一乙 QNGN
暾 日亠子攵 JYBT
豚 月豕 EEY

tuo

拖 扌𠂉也 RTBN
拖把 RTRC
拖拉 RTRU
拖鞋 RTAF
拖拉机 RRSM
拖泥带水 RIGI
托 扌丿七 RTAN
托福 RTPY
托运 RTFC
托儿所 RQRN
托运费 RFXJ
脱 月丷口儿 EUKQ
脱产 EUUT
脱稿 EUTY
脱节 EUAB
脱离 EUYB
脱贫 EUWV
脱险 EUBW
脱脂棉 EESR
脱胎换骨 EERM
脱颖而出 EXDB
鸵 勹丶乙匕 QYNX
陀 阝宀匕 BPXN
驮 马大 CDY
驼 马宀匕 CPXN
椭 木阝𠂇月 SBDE
椭圆 SBLK
妥 爫女 EVF
妥当 EVIV
妥善 EVUD
妥协 EVFL
拓 扌石 RDG
拓朴 RDSH
唾 口丿一士 KTGF
乇 丿七 TAV
佗 亻宀匕 WPXN
坨 土宀匕 FPXN
庹 广廿尸乀 YANY
沱 氵宀匕 IPXN
柝 木斤丶 SRYY
柁 木宀匕 SPXN
橐 一口丨木 GKHS
砣 石宀匕 DPXN
铊 钅宀匕 QPXN
箨 竹扌又丨 TRCH
酡 西一宀匕 SGPX
跎 口止宀匕 KHPX
鼍 口口田乙 KKLN

W

wa

挖 扌宀八乙 RPWN
挖掘 RPRN
挖空心思 RPNL
哇 口土土 KFFG
蛙 虫土土 JFFG
洼 氵土土 IFFG
娃 女土土 VFFG
瓦 一乙丶乙 GNYN
瓦解 GNQE
瓦特 GNTR
袜 礻⺀一木 PUGS
袜子 PUBB
佤 亻一乙乙 WGNN
娲 女口冂人 VKMW
腽 月曰皿 EJLG

wai

歪 一小一止 GIGH
歪风 GIMQ
歪曲 GIMA
歪风邪气 GMAR
外 夕卜 QHY
外币 QHTM
外边 QHLP
外表 QHGE
外宾 QHPR
外部 QHUK
外出 QHBM
外地 QHFB
外电 QHJN
外调 QHYM
外观 QHCM
外围 QHLF
外行 QHTF
外汇 QHIA
外籍 QHTD
外交 QHUQ
外界 QHLW
外科 QHTU
外来 QHGO
外流 QHIY
外贸 QHQY
外貌 QHEE
外面 QHDM
外婆 QHIH
外伤 QHWT
外商 QHUM
外设 QHYM
外事 QHGK
外头 QHUD
外国 QHLG
外文 QHYY
外线 QHXG
外销 QHQI
外形 QHGA
外衣 QHYE
外因 QHLD

外用		QHET
外语		QHYG
外长		QHTA
外资		QHUQ
外地人		QFWW
外国货		QLWX
外国籍		QLTD
外国佬		QLWF
外国人		QLWW
外国语		QLYG
外汇券		QIUD
外交部		QUUK
外交官		QUPN
外来货		QGWX
外来语		QGYG
外事处		QGTH
外向型		QTGA
外语系		QYTX
外祖父		QPWQ
外祖母		QPXG
外部设备		QUYT
外强中干		QXKF
崴	山厂一丿	MDGT

wan

琬	王宀夕㔾	GPQB
脘	月宀二儿	EPFQ
畹	田宀夕㔾	LPQB
豌	一口丷㔾	GKUB
弯	亠小弓	YOXB
弯路		YOKH
弯曲		YOMA
湾	氵亠小弓	IYOX
玩	王二儿	GFQN
玩具		GFHW
玩命		GFWG
玩弄		GFGA
玩耍		GFDM
玩笑		GFTT
玩世不恭		GAGA
顽	二儿丆贝	FQDM
顽固		FQLD
顽抗		FQRY
顽强		FQXK
顽固不化		FLGW
丸	九丶	VYI
烷	火宀二儿	OPFQ
蜿	虫宀夕㔾	JPQB
完	宀二儿	PFQB
完备		PFTL
完毕		PFXX
完成		PFDN
完蛋		PFNH
完工		PFAA
完好		PFVB
完婚		PFVQ
完结		PFXF
完满		PFIA
完美		PFUG
完全		PFWG
完善		PFUD
完税		PFTU
完整		PFGK
完璧归赵		PNJF
完整无缺		PGFR
碗	石宀夕㔾	DPQB
碗筷		DPTN
挽	扌⺈口儿	RQKQ
挽回		RQLK
挽救		RQFI
挽联		RQBU
挽留		RQQY
晚	日⺈口儿	JQKQ
晚安		JQPV
晚报		JQRB
晚辈		JQDJ
晚餐		JQHQ
晚饭		JQQN
晚会		JQWF
晚婚		JQVQ
晚间		JQUJ
晚年		JQRH
晚期		JQAD
晚上		JQHH
晚霞		JQFN
皖	白宀二儿	RPFQ
惋	忄宀夕㔾	NPQB
惋惜		NPNA
宛	宀夕㔾	PQBB
宛如		PQVK
宛若		PQAD
婉	女宀夕㔾	VPQB
万	丆乙	DNV
万代		DNWA
万分		DNWV
万户		DNYN
万家		DNPE
万籁		DNTG
万里		DNJF
万能		DNCE
万世		DNAN
万事		DNGK
万岁		DNMQ
万物		DNTR
万一		DNGG
万元		DNFQ
万丈		DNDY
万能		DNCE
万能胶		DCEU
万年青		DRGE
万言书		DYNN
万元户		DFYN
万古长青		DDTG
万里长征		DJTT
万事大吉		DGDF
万寿无疆		DDFX
万水千山		DITM
万无一失		DFGR
万象更新		DQGU
万众一心		DWGN
万紫千红		DHTX

腕	月宀夕㔾	EPQB
剜	宀夕㔾刂	PQBJ
艽	廾九丶	AVYU
莞	廾宀二儿	APFQ
菀	廾宀夕㔾	APQB
纨	纟九丶	XVYY
绾	纟宀ココ	XPNN

wang

汪	氵王	IGG
汪洋		IGIU
王	【键名码】	GGGG
王国		GGLG
王码		GGDC
王牌		GGTH
王府井		GYFJ
王永民		GYNA
王码电脑		GDJE
王码汉卡		GDIH
王码电脑公司		GDJN
王永民电脑有限公司		GYNN
王永民中文电脑研究所		GYNR
亡	亠乙	YNV
亡命		YNWG
亡羊补牢		YUPP
枉	木王	SGG
网	冂㐅㐅	MQQI
网络		MQXT
网球		MQGF
往	彳丶王	TYGG
往常		TYIP
往返		TYRC
往复		TYTJ
往后		TYRG
往来		TYGO
往年		TYRH
往日		TYJJ
往事		TYGK
往往		TYTY
旺	日王	JGG
旺季		JGTB
旺盛		JGDN
望	亠乙月王	YNEG
望见		YNMQ
望远镜		YFQU
望而却步		YDFH
望风披靡		YMRY
望梅止渴		YSHI
望洋兴叹		YIIK
忘	亠乙心	YNNU
忘本		YNSG
忘掉		YNRH
忘记		YNYN
忘恩负义		YLQY
妄	亠乙女	YNVF
妄图		YNLT
妄想		YNSH
妄自尊大		YTUD
罔	冂丷亠乙	MUYN
惘	忄冂丷乙	NMUN
辋	车冂丷乙	LMUN
魍	白儿厶乙	RQCN

wei

畏	田一𧘇	LGEU
畏缩		LGXP
畏首畏尾		LULN
胃	田月	LEF
胃癌		LEUK
胃病		LEUG
胃口		LEKK
胃酸		LESG
胃炎		LEOO
胃溃疡		LIUN
喂	口田一𧘇	KLGE
魏	禾女白厶	TVRC
位	亻立	WUG
位于		WUGF
位置		WULF
渭	氵田月	ILEG
谓	讠田月	YLEG
谓语		YLYG
尉	尸二小寸	NFIF
慰	尸二小心	NFIN
慰藉		NFAD
慰劳		NFAP
慰问		NFUK
慰问电		NUJN
慰问品		NUKK
慰问团		NULF
慰问信		NUWY
卫	卩一	BGD
卫兵		BGRG
卫生		BGTG
卫星		BGJT
卫生部		BTUK
卫生间		BTUJ
卫生巾		BTMH
卫生局		BTNN
卫生所		BTRN
卫生厅		BTDS
卫生员		BTKM
卫生院		BTBP
卫生站		BTUH
卫生纸		BTXQ
卫戍区		BDAQ
偎	亻田一𧘇	WLGE
诿	讠禾女	TYVG
隈	阝田一𧘇	BLGE
圩	土一十	FGFH
葳	廾厂一丿	ADGT
薇	廾彳山攵	ATMT
帏	冂丨二丨	MHFH
帷	冂丨亻圭	MHWY
帷幄		MHMH
嵬	山白儿厶	MRQC
猥	犭丿田𧘇	QTLE
猬	犭丿田月	QTLE
闱	门二乙丨	UFNH
沩	氵丶力丶	IYLY

洧	氵ナ月	IDEG
涠	氵口二丨	ILFH
浼	氵ク口儿	IQKQ
逶	禾女辶	TVPD
娓	女尸丿乙	VNTN
玮	王二乙丨	GFNH
韪	日一止丨	JGHH
軎	一曰十口	GJFK
炜	火二乙丨	OFNH
煨	火田一𧘇	OLGE
痿	疒禾女	UTVD
艉	丿舟尸乙	TENN
鲔	鱼一ナ月	QGDE
威	厂一女丿	DGVT
威风		DGMQ
威力		DGLT
威慑		DGNB
威望		DGYN
威武		DGGA
威胁		DGEL
威信		DGWY
威严		DGGO
威风凛凛		DMUU
巍	山禾女厶	MTVC
巍然		MTQD
巍峨		MTMT
微	彳山一攵	TMGT
微薄		TMAI
微波		TMIH
微风		TMMQ
微观		TMCM
微机		TMSM
微粒		TMOU
微量		TMJG
微米		TMOY
微妙		TMVI
微弱		TMXU
微小		TMIH
微笑		TMTT
微型		TMGA
微波炉		TIOY
微电机		TJSM
微电脑		TJEY
微积分		TTWV
微生物		TTTR
微型机		TGSM
微不足道		TGKU
微处理机		TTGS
微乎其微		TTAT
危	ク厂㔾	QDBB
危害		QDPD
危机		QDSM
危急		QDQV
危险		QDBW
危重		QDTG
危险品		QBKK
危险期		QBAD
危险性		QBNT
危机四伏		QSLW
危在旦夕		QDJQ
韦	二乙丨	FNHK
违	二乙丨辶	FNHP
违背		FNUX
违法		FNIF
违反		FNRC
违犯		FNQT
违约		FNXQ
违法乱纪		FITX
桅	木ク厂㔾	SQDB
桅杆		SQSF
围	囗二乙丨	LFNH
围攻		LFAT
围观		LFCM
围困		LFLS
围拢		LFRD
围棋		LFSA
围绕		LFXA
唯	口亻主	KWYG
唯独		KWQT
唯恐		KWAM
唯物		KWTR
唯一		KWGG
唯物论		KTYW
唯心论		KNYW
唯利是图		KTJL
唯物主义		KTYY
唯心史观		KNKC
唯心主义		KNYY
惟	忄亻主	NWYG
惟独		NWQT
惟恐		NWAM
惟有		NWDE
为	丶力丶	YLYI
为此		YLHX
为何		YLWS
为了		YLBN
为名		YLQK
为难		YLCW
为着		YLUD
为止		YLHH
为准		YLUW
为着		YLUD
为什么		YWTC
为四化		YLWX
为非作歹		YDWG
为虎作伥		YHWW
为所欲为		YRWY
为人民服务		YWNT
潍	氵纟亻主	IXWY
维	纟亻主	XWYG
维持		XWRF
维护		XWRY
维修		XWWH
维生素		XTGX
维修组		XWXE
维也纳		XBXM
苇	廾二乙丨	AFNH
萎	廾禾女	ATVF
萎缩		ATXP
委	禾女	TVF

委派 TVIR
委曲 TVMA
委屈 TVNB
委任 TVWT
委托 TVRT
委员 TVKM
委托书 TRNN
委员会 TKWF
委员长 TKTA
委曲求全 TMFW
伟 亻二乙丨 WFNH
伟大 WFDD
伪 亻丶力丶 WYLY
伪军 WYPL
伪劣 WYIT
伪装 WYUF
尾 尸丿二乙 NTFN
纬 纟二乙丨 XFNH
纬度 XFYA
未 二小 FII
未必 FINT
未曾 FIUL
未婚 FIVQ
未来 FIGO
未免 FIQK
未能 FICE
未知 FITD
未婚夫 FVFW
未婚妻 FVGV
未知数 FTOV
未卜先知 FHTT
蔚 艹尸二寸 ANFF
蔚蓝 ANAJ
蔚然 ANQD
蔚蓝色 AAQC
味 口二小 KFIY
味道 KFUT
味精 KFOG

wen

温 氵曰皿 IJLG
温差 IJUD
温存 IJDH
温带 IJGK
温度 IJYA
温和 IJTK
温暖 IJJE
温柔 IJCB
温室 IJPG
温习 IJNU
温度计 IYYF
温故知新 IDTU
瘟 疒曰皿 UJLD
璺 亻二冂丶 WFMY
蚊 虫文 JYY
蚊蝇 JYJK
文 文丶一乀 YYGY
文本 YYSG
文笔 YYTT
文档 YYSI
文风 YYMQ
文稿 YYTY
文革 YYAF
文豪 YYYP
文化 YYWX
文集 YYWY
文件 YYWR
文教 YYFT
文具 YYHW
文科 YYTU
文联 YYBU
文盲 YYYN
文明 YYJE
文凭 YYWT
文书 YYNN
文坛 YYFF
文体 YYWS
文武 YYGA
文物 YYTR
文献 YYFM
文选 YYTF
文学 YYIP
文艺 YYAN
文娱 YYVK
文摘 YYRU
文章 YYUJ
文职 YYBK
文字 YYPB
文工团 YALF
文化部 YWUK
文化宫 YWPK
文化馆 YWQN
文化界 YWLW
文汇报 YIRB
文件袋 YWWA
文件柜 YWSA
文件夹 YWGU
文教界 YFLW
文具店 YHYH
文具盒 YHWG
文学家 YIPE
文学界 YILW
文艺报 YARB
文艺界 YALW
文不对题 YGCJ
文过饰非 YFQD
文化教育 YWFY
文明礼貌 YJPE
文人相轻 YWSL
文质彬彬 YRSS
闻 门耳 UBD
闻名 UBQK
闻风丧胆 UMFE
闻过则喜 UFMF
闻名遐迩 UQNQ
闻所未闻 URFU
纹 纟文 XYY
吻 口勹丿 KQRT
稳 禾⺈彐心 TQVN
稳步 TQHI
稳当 TQIV

稳定 TQPG
稳固 TQLD
稳妥 TQEV
稳重 TQTG
稳操胜券 TREU
稳如泰山 TVDM
紊 文幺小 YXIU
问 门口 UKD
问答 UKTW
问好 UKVB
问号 UKKG
问候 UKWH
问世 UKAN
问讯 UKYN
问事处 UGTH
刎 勹彡刂 QRJH
阌 门罒冖又 UEPC
汶 氵文 IYY
雯 雨文 FYU

weng

嗡 口八厶羽 KWCN
翁 八厶羽 WCNF
瓮 八厶一乙 WCGN
蓊 艹八厶羽 AWCN
蕹 艹亠纟圭 AYXY

wo

挝 扌寸辶 RFPY
蜗 虫口冂人 JKMW
蜗牛 JKRH
涡 氵口冂人 IKMW
窝 宀八口人 PWKW
窝藏 PWAD
窝囊 PWGK
窝里斗 PJUF
窝囊废 PGYN
我 丿扌乙丿 TRNT
我党 TRIP
我方 TRYY
我国 TRLG
我军 TRPL
我们 TRWU
我们的 TWRQ
我行我素 TTTG
斡 十早人十 FJWF
卧 匚丨コ卜 AHNH
卧铺 AHQG
卧室 AHPG
卧薪尝胆 AAIE
握 扌尸一土 RNGF
沃 氵丿大 ITDY
倭 亻禾女 WTVG
莴 艹口冂人 AKMW
幄 冂丨尸土 MHNF
渥 氵尸一土 INGF
肟 月二乙 EFNN
硪 石丿扌丿 DTRT
龌 止人凵土 HWBF

wu

乌 勹乙一 QNGD
乌黑 QNLF
乌云 QNFC
乌纱帽 QXMH
乌托邦 QRDT
钨 钅勹乙一 QQNG
呜 口勹乙一 KQNG
呜呼 KQKT
巫 工人人 AWWI
巫婆 AWIH
污 氵二乙 IFNN
污垢 IFFR
污秽 IFTM
污蔑 IFAL
污染 IFIV
污辱 IFDF
诬 讠工人人 YAWW
诬蔑 YAAL
诬陷 YABQ
屋 尸一厶土 NGCF
屋子 NGBB
无 二儿 FQV
无比 FQXX
无边 FQLP
无不 FQGI
无偿 FQWI
无耻 FQBH
无从 FQWW
无法 FQIF
无非 FQDJ
无辜 FQDU
无故 FQDT
无关 FQUD
无机 FQSM
无际 FQBF
无愧 FQNR
无赖 FQGK
无理 FQGJ
无力 FQLT
无聊 FQBQ
无论 FQYW
无奈 FQDF
无能 FQCE
无期 FQAD
无穷 FQPW
无视 FQPY
无数 FQOV
无私 FQTC
无畏 FQLG
无误 FQYK
无锡 FQQJ
无限 FQBV
无效 FQUQ
无须 FQED
无疑 FQXT
无益 FQUW
无意 FQUJ
无用 FQET
无知 FQTD
无产者 FUFT
无党派 FIIR
无非是 FDJG

无纪律		FXTV
无穷大		FPDD
无损于		FRGF
无所谓		FRYL
无条件		FTWR
无限制		FBRM
无线电		FXJN
无政府		FGYW
无边无际		FLFB
无病呻吟		FUKK
无产阶级		FUBX
无的放矢		FRYT
无地自容		FFTP
无动于衷		FFGY
无恶不作		FGGW
无法无天		FIFG
无稽之谈		FTPY
无济于事		FIGG
无价之宝		FWPP
无坚不摧		FJGR
无可非议		FSDY
无可奉告		FSDT
无可厚非		FSDD
无可奈何		FSDW
无孔不入		FBGT
无论如何		FYVW
无米之炊		FOPO
无能为力		FCYL
无奇不有		FDGD
无穷无尽		FPFN
无事生非		FGTD
无所适从		FRTW
无所用心		FREN
无所作为		FRWY
无往不胜		FTGE
无微不至		FTGG
无以复加		FNTL
无庸讳言		FYYY
无与伦比		FGWX
无缘无故		FXFD
无中生有		FKTD
无足轻重		FKLT
芜	艹二儿	AFQB
梧	木五口	SGKG
吾	五口	GKF
吾辈		GKDJ
吴	口一大	KGDU
毋	母ナ	XDE
武	一弋止	GAHD
武昌		GAJJ
武断		GAON
武官		GAPN
武汉		GAIC
武警		GAAQ
武力		GALT
武器		GAKK
武术		GASY
武松		GASW
武艺		GAAN
武装		GAUF
武汉市		GIYM
武术队		GSBW
五	五一丨一	GGHG
五谷		GGWW
五官		GGPN
五金		GGQQ
五星		GGJT
五月		GGEE
五岳		GGRG
五脏		GGEY
五指		GGRX
五笔画		GTGL
五笔桥		GTST
五笔型		GTGA
五角星		GQJT
五线谱		GXYU
五一节		GGAB
五指山		GRMM
五笔字型		GTPG
五彩缤纷		GEXX
五谷丰登		GWDW
五光十色		GIFQ
五湖四海		GILI
五体投地		GWRF
五笔字型电脑		GTPE
五笔字型计算机汉字输入技术		GTPS
捂	扌五口	RGKG
午	𠂉十	TFJ
午餐		TFHQ
午饭		TFQN
午休		TFWS
午宴		TFPJ
舞	𠂉 卌一丨	RLGH
舞伴		RLWU
舞弊		RLUM
舞场		RLFN
舞蹈		RLKH
舞会		RLWF
舞剧		RLND
舞女		RLVV
舞曲		RLMA
舞台		RLCK
舞厅		RLDS
舞姿		RLUQ
舞蹈家		RKPE
伍	亻五	WGG
侮	亻𠂉母⺀	WTXU
侮辱		WTDF
坞	土勹乙一	FQNG
戊	厂乙丶丿	DNYT
雾	雨夂力	FTLB
晤	日五口	JGKG
物	丿扌勹⺀	TRQR
物价		TRWW
物件		TRWR
物理		TRGJ
物力		TRLT
物品		TRKK
物体		TRWS

物质		TRRF
物主		TRYG
物资		TRUQ
物价表		TWGE
物价局		TWNN
物理学		TGIP
物资局		TUNN
物宝天华		TPGW
物极必反		TSNR
物尽其用		TNAE
物以类聚		TNOB
物质财富		TRMP
物质奖励		TRUD
物质文明		TRYJ
勿	勹丿	QRE
务	夂力	TLB
务必		TLNT
务农		TLPE
悟	忄五口	NGKG
误	讠口一大	YKGD
误餐		YKHQ
误差		YKUD
误会		YKWF
误解		YKQE
误码		YKDC
误时		YKJF
误事		YKGK
误用		YKET
误码率		YDYX
兀	一儿	GQV
仵	亻𠂉十	WTFH
阢	阝一儿	BGQN
邬	勹乙一阝	QNGB
圬	土二乙	FFNN
芴	艹勹丿	AQRR
唔	口五口	KGKG
庑	广二儿	YFQV
怃	忄二儿	NFQN
忤	忄𠂉十	NTFH
浯	氵五口	IGKG
寤	宀乙丨口	PNHK
迕	𠂉十辶	TFPK
妩	女二儿	VFQN
骛	マ卩丿马	CBTC
杌	木一儿	SGQN
牾	丿扌五口	TRGK
焐	火五口	OGKG
鹉	一弋止一	GAHG
鹜	マ卩丿一	CBTG
痦	疒五口	UGKD
蜈	虫口一大	JKGD
蜈蚣		JKJW
鋈	氵丿大金	ITDQ
鼯	臼乙⺀口	VNUK
婺	マ卩丿女	CBTV

X

xi

西	西一丨一	SGHG
西安		SGPV
西北		SGUX
西边		SGLP
西餐		SGHQ
西风		SGMQ
西服		SGEB
西贡		SGAM
西瓜		SGRC
西汉		SGIC
西面		SGDM
西南		SGFM
西宁		SGPS
西欧		SGAQ
西山		SGMM
西式		SGAA
西文		SGYY
西洋		SGIU
西药		SGAX
西医		SGAT
西藏		SGAD
西装		SGUF
西安市		SPYM
西班牙		SGAH
西半球		SUGF
西北部		SUUK
西红柿		SXSY
西宁市		SPYM
西装革履		SUAN
西藏自治区		SATA
析	木斤	SRH
熙	匚丨口灬	AHKO
熙熙攘攘		AARR
昔	艹日	AJF
硒	石西	DSG
矽	石夕	DQY
晰	日木斤	JSRH
嘻	口士口口	KFKK
吸	口乃㇏	KEYY
吸毒		KEGX
吸取		KEBC
吸收		KENH
吸引		KEXH
锡	钅曰勹丿	QJQR
牺	丿扌西	TRSG
牺牲		TRTR
牺牲品		TTKK
稀	禾㐅𠂇丨	TQDH
稀薄		TQAI
稀饭		TQQN
稀罕		TQPW
稀奇		TQDS
稀疏		TQNH
稀土		TQFF
稀有		TQDE
息	丿目心	THNU
希	㐅𠂇冂丨	QDMH
希望		QDYN
悉	丿米心	TONU

悉尼		TONX
膝	月木人水	ESWI
夕	夕丿乙丶	QTNY
夕阳		QTBJ
惜	忄龷日	NAJG
惜别		NAKL
熄	火丿目心	OTHN
熄灭		OTGO
烯	火㐅𠂇丨	OQDH
溪	氵爫幺大	IEXD
汐	氵夕	IQY
犀	尸水𠂉丨	NIRH
犀利		NITJ
檄	木白方攵	SRYT
袭	𠂇匕亠𧘇	DXYE
袭击		DXFM
席	广廿冂丨	YAMH
席位		YAWU
席子		YABB
蜥	虫木斤	JSRH
习	乙冫	NUD
习惯		NUNX
习气		NURN
习俗		NUWW
习题		NUJG
习惯于		NNGF
习惯势力		NNRL
媳	女丿目心	VTHN
媳妇		VTVV
喜	士口䒑口	FKUK
喜爱		FKEP
喜好		FKVB
喜欢		FKCQ
喜剧		FKND
喜庆		FKYD
喜人		FKWW
喜事		FKGK
喜讯		FKYN
喜悦		FKNU
喜剧片		FNTH

喜洋洋		FIIU
喜出望外		FBYQ
喜怒哀乐		FVYQ
喜闻乐见		FUQM
喜笑颜开		FTUG
喜新厌旧		FUDH
喜形于色		FGGQ
喜马拉雅山		FCRM
铣	钅丿土儿	QTFQ
洗	氵丿土儿	ITFQ
洗涤		ITIT
洗染		ITIV
洗手		ITRT
洗漱		ITIG
洗刷		ITNM
洗澡		ITIK
洗涤剂		IIYJ
洗发膏		INYP
洗脸间		IEUJ
洗染店		IIYH
洗衣机		IYSM
洗澡间		IIUJ
洗耳恭听		IBAK
系	丿幺小	TXIU
系数		TXOV
系统		TXXY
系列化		TGWX
系统性		TXNT
系统工程		TXAT
隙	阝小曰小	BIJI
戏	又戈	CAT
戏剧		CAND
戏曲		CAMA
戏院		CABP
戏剧片		CNTH
戏剧性		CNNT
细	纟田	XLG
细胞		XLEQ
细长		XLTA
细节		XLAB

细菌		XLAL
细腻		XLEA
细小		XLIH
细雨		XLFG
细则		XLMJ
细致		XLGC
细水长流		XITI
僖	亻士口口	WFKK
兮	八一乙	WGNB
隰	阝曰幺灬	BJXO
郗	㐅𠂇冂阝	QDMB
茜	艹西	ASF
菥	艹木斤	ASRJ
葸	艹田心	ALNU
蓰	艹彳止龰	ATHH
奚	爫幺大	EXDU
唏	口㐅𠂇丨	KQDH
徙	彳止龰	THHY
饩	𠂊乙𠂉乙	QNRN
阋	门臼儿	UVQV
浠	氵㐅𠂇丨	IQDH
淅	氵木斤	ISRH
屣	尸彳止龰	NTHH
嬉	女士口口	VFKK
玺	𠂊小王丶	QIGY
樨	木尸水丨	SNIH
曦	日丷王丿	JUGT
觋	工人人儿	AWWQ
欷	㐅𠂇冂人	QDMW
歙	人一口人	WGKW
熹	士口䒑灬	FKUO
禊	礻丶三大	PYDD
禧	礻丶士口	PYFK
皙	木斤白	SRRF
穸	宀八夕	PWQU
裼	衤⺀曰勹	PUJR
晰	日木斤	JSRH
螅	虫丿目心	JTHN
蟋	虫丿米心	JTON
蟋蟀		JTJY

舄	臼勹灬	VQOU
舾	丿丹西	TESG
羲	丷王禾丿	UGTT
粞	米西	OSG
翕	人一口羽	WGKN
醯	西一亠皿	SGYL
鼷	臼乙⺀大	VNUD

xia

瞎	目宀三口	HPDK
瞎胡闹		HDUY
瞎指挥		HRRP
虾	虫一卜	JGHY
虾仁		JGWF
匣	匚甲	ALK
霞	雨コ丨又	FNHC
霞光		FNIQ
辖	车宀三口	LPDK
暇	日コ丨又	JNHC
峡	山一丷人	MGUW
峡谷		MGWW
侠	亻一丷人	WGUW
狭	犭丿一人	QTGW
狭隘		QTBU
狭义		QTYQ
狭窄		QTPW
下	一卜	GHI
下班		GHGY
下笔		GHTT
下边		GHLP
下场		GHFN
下次		GHUQ
下达		GHDP
下地		GHFB
下跌		GHKH
下放		GHYT
下海		GHIT
下级		GHXE
下降		GHBT
下列		GHGQ
下马		GHCN
下面		GHDM
下去		GHFC
下属		GHNT
下午		GHTF
下乡		GHXT
下旬		GHQJ
下游		GHIY
下雨		GHFG
下周		GHMF
下一步		GGHI
下不为例		GGYW
夏	丆目夂	DHTU
夏季		DHTB
夏粮		DHOY
夏日		DHJJ
夏天		DHGD
夏令营		DWAP
夏时制		DJRM
夏威夷		DDGX
厦	厂丆目夂	DDHT
厦门		DDUY
吓	口一卜	KGHY
呷	口甲	KLH
狎	犭丿甲	QTLH
遐	コ丨二辶	NHFP
瑕	王コ丨又	GNHC
柙	木甲	SLH
硖	石一丷人	DGUW
瘕	疒コ丨又	UNHC
罅	𠂉山𠂆丨	RMHH
黠	罒土灬口	LFOK

xian

掀	扌斤𠂊人	RRQW
掀起		RRFH
锨	钅斤𠂊人	QRQW
先	丿土儿	TFQB
先辈		TFDJ
先锋		TFQT
先后		TFRG
先进		TFFJ
先例		TFWG
先烈		TFGQ
先前		TFUE
先遣		TFKH
先驱		TFCA
先生		TFTG
先天		TFGD
先锋队		TQBW
先发制人		TNRW
先见之明		TMPJ
先进集体		TFWW
先进事迹		TFGY
先入为主		TTYY
先斩后奏		TLRD
仙	亻山	WMH
仙女		WMVV
鲜	鱼一丷丰	QGUD
鲜果		QGJS
鲜红		QGXA
鲜花		QGAW
鲜明		QGJE
鲜血		QGTL
鲜艳		QGDH
纤	纟丿十	XTFH
纤维		XTXW
咸	厂一口丿	DGKT
贤	丨丨又贝	JCMU
贤慧		JCDH
贤惠		JCGJ
贤能		JCCE
衔	彳钅二丨	TQFH
舷	丿丹亠幺	TEYX
闲	门木	USI
闲杂		USVS
闲情逸致		UNQG
涎	氵丿止廴	ITHP
弦	弓亠幺	XYXY
嫌	女丷彐小	VUVO
显	曰业一	JOGF
显得		JOTJ

显然		JOQD
显示		JOFI
显现		JOGM
显影		JOJY
显著		JOAF
显微镜		JTQU
显而易见		JDJM
险	阝人一⺌	BWGI
险峰		BWMT
险情		BWNG
现	王冂儿	GMQN
现场		GMFN
现成		GMDN
现钞		GMQI
现代		GMWA
现货		GMWX
现金		GMQQ
现款		GMFF
现时		GMJF
现实		GMPU
现象		GMQJ
现行		GMTF
现有		GMDE
现在		GMDH
现状		GMUD
现代化		GWWX
现代戏		GWCA
现阶段		GBWD
现金帐		GQMH
现代汉语		GWIY
现代化建设		GWWY
献	十冂⺌犬	FMUD
献策		FMTG
献词		FMYN
献给		FMXW
献花		FMAW
献计		FMYF
献礼		FMPY
献身		FMTM
献殷勤		FRAK

献计献策		FYFT
县	月一厶	EGCU
县办		EGLW
县城		EGFD
县份		EGWW
县委		EGTV
县长		EGTA
县团级		ELXE
县政府		EGYW
腺	月白水	ERIY
馅	⺈乙⺈臼	QNQV
羡	丷王氵人	UGUW
羡慕		UGAJ
宪	宀丿土儿	PTFQ
宪兵		PTRG
宪法		PTIF
陷	阝⺈臼	BQVG
陷害		BQPD
陷入		BQTY
限	阝彐𧘇	BVEY
限定		BVPG
限度		BVYA
限额		BVPT
限量		BVJG
限期		BVAD
限于		BVGF
限止		BVHH
限制		BVRM
线	纟戋	XGT
线段		XGWD
线路		XGKH
线索		XGFP
线条		XGTS
线性		XGNT
冼	冫丿土儿	UTFQ
苋	艹冂儿	AMQB
莶	艹人一⺌	AWGI
藓	艹角一丰	AQGD
岘	山冂儿	MMQN
猃	犭丿人⺌	QTWI

暹	日亻主辶	JWYP
娴	女门木	VUSY
氙	𠂉乙山	RNMJ
燹	豕豕火	EEOU
鹇	门木勹一	USQG
痫	疒门木	UUSI
蚬	虫冂儿	JMQN
筅	竹丿土儿	TTFQ
籼	米山	OMH
酰	西一丿儿	SGTQ
跣	口止丿儿	KHTQ
跹	口止丿辶	KHTP

xiang

饷	⺈乙丿口	QNTK
庠	广丷丰	YUDK
骧	马亠口𧘇	CYKE
缃	纟木目	XSHG
蟓	虫⺈罒豕	JQJE
鲞	⺌大角一	UDQG
⿰纟食	纟丿人𧘇	XTWE
降	阝夂匚丨	BTAH
相	木目	SHG
相爱		SHEP
相比		SHXX
相称		SHTQ
相处		SHTH
相当		SHIV
相等		SHTF
相对		SHCF
相反		SHRC
相干		SHFG
相关		SHUD
相互		SHGX
相机		SHSM
相继		SHXO
相加		SHLK
相交		SHUQ
相近		SHRP
相离		SHYB
相连		SHLP

相貌 SHEE
相片 SHTH
相声 SHFN
相识 SHYK
相思 SHLN
相似 SHWN
相通 SHCE
相同 SHMG
相位 SHWU
相信 SHWY
相应 SHYI
相当于 SIGF
相对论 SCYW
相对性 SCNT
相关性 SUNT
相结合 SXWG
相联系 SBTX
相适应 STYI
相思病 SLUG
相比之下 SXPG
相得益彰 STUU
相对而言 SCDY
相辅相成 SLSD
相互理解 SGGQ
相互信任 SGWW
相提并论 SRUY
相形见绌 SGMX
相依为命 SWYW
厢 厂木目 DSHD
镶 钅亠口𧘇 QYKE
香 禾曰 TJF
香港 TJIA
香蕉 TJAW
香料 TJOU
香水 TJII
香烟 TJOL
香油 TJIM
香皂 TJRA
箱 竹木目 TSHF
箱子 TSBB

襄 亠口口𧘇 YKKE
湘 氵木目 ISHG
湘江 ISIA
乡 乡丿 XTE
乡村 XTSF
乡亲 XTUS
乡土 XTFF
乡下 XTGH
乡长 XTTA
乡镇 XTQF
详 讠丷丰 YUDH
详解 YUQE
详尽 YUNY
详情 YUNG
详细 YUXL
祥 礻丶丷丰 PYUD
翔 丷尹羽 UDNG
翔实 UDPU
想 木目心 SHNU
想法 SHIF
想见 SHMQ
想来 SHGO
想念 SHWY
想象 SHQJ
想像 SHWQ
想当然 SIQD
想方设法 SYYI
想入非非 STDD
响 口丿冂口 KTMK
响彻 KTTA
响亮 KTYP
响应 KTYI
响彻云霄 KTFF
享 亠口子 YBF
享受 YBEP
项 工丆贝 ADMY
项链 ADQL
项目 ADHH
巷 龷八巳 AWNB
橡 木⺈罒豕 SQJE

橡胶 SQEU
橡皮 SQHC
像 亻⺈罒豕 WQJE
像章 WQUJ
象 ⺈罒豕 QJEU
象棋 QJSA
象样 QJSU
象征 QJTG
象形字 QGPB
向 丿冂口 TMKD
向导 TMNF
向来 TMGO
向上 TMHH
向往 TMTY
向下 TMGH
向前看 TURH
向阳花 TBAW
芗 艹乡丿 AXTR
葙 艹木目 ASHF

xiao

萧 艹彐小川 AVIJ
萧条 AVTS
硝 石⺌月 DIEG
硝酸 DISG
霄 雨⺌月 FIEF
削 ⺌月刂 IEJH
削减 IEUD
削足适履 IKTN
魈 白儿厶月 RQCE
哮 口土丿子 KFTB
嚣 口口丆口 KKDK
嚣张 KKXT
销 钅⺌月 QIEG
销毁 QIVA
销货 QIWX
销假 QIWN
销价 QIWW
销量 QIJG
销路 QIKH
销售 QIWY

销售点		QWHK
销售额		QWPT
销售量		QWJG
销售网		QWMQ
销售员		QWKM
销声匿迹		QFAY
消	氵⺌月	IIEG
消除		IIBW
消毒		IIGX
消防		IIBY
消费		IIXJ
消耗		IIDI
消化		IIWX
消极		IISE
消灭		IIGO
消磨		IIYS
消失		IIRW
消退		IIVE
消息		IITH
消炎		IIOO
消防车		IBLG
消费品		IXKK
消费者		IXFT
消炎片		IOTH
消极因素		ISLG
宵	宀⺌月	PIEF
淆	氵乂𠂇月	IQDE
晓	日七丿儿	JATQ
小	小丨丿乀	IHTY
小队		IHBW
小贩		IHMR
小费		IHXJ
小孩		IHBY
小结		IHXF
小姐		IHVE
小路		IHKH
小麦		IHGT
小米		IHOY
小鸟		IHQY
小商		IHUM
小时		IHJF
小说		IHYU
小心		IHNY
小型		IHGA
小学		IHIP
小子		IHBB
小组		IHXE
小百货		IDWX
小册子		IMBB
小吃部		IKUK
小儿科		IQTU
小分队		IWBW
小孩子		IBBB
小伙子		IWBB
小家伙		IPWO
小轿车		ILLG
小朋友		IEDC
小品文		IKYY
小汽车		IILG
小青年		IGRH
小商品		IUKK
小生产		ITUT
小市民		IYNA
小数点		IOHK
小算盘		ITTE
小摊贩		IRMR
小兄弟		IKUX
小学校		IISU
小业主		IOYG
小夜曲		IYMA
小组长		IXTA
小农经济		IPXI
小巧玲珑		IAGG
小题大做		IJDW
小心翼翼		INNN
小资产阶级		IUUX
孝	土丿子	FTBF
校	木六乂	SUQY
校对		SUCF
校正		SUGH
校风		SUMQ
校刊		SUFJ
校庆		SUYD
校舍		SUWF
校友		SUDC
校园		SULF
校长		SUTA
校址		SUFH
校友会		SDWF
肖	⺌月	IEF
肖像		IEWQ
啸	口彐小川	KVIJ
笑	竹丿大	TTDU
笑话		TTYT
笑容		TTPW
笑容可掬		TPSR
笑逐颜开		TEUG
效	六乂攵	UQTY
效果		UQJS
效力		UQLT
效率		UQYX
效益		UQUW
哓	口七丿儿	KATQ
崤	山乂𠂇月	MQDE
潇	氵艹彐川	IAVJ
逍	⺌月辶	IEPD
逍遥法外		IEIQ
骁	马七丿儿	CATQ
绡	纟⺌月	XIEG
枭	勹丶乙木	QYNS
枵	木口一乙	SKGN
蛸	虫⺌月	JIEG
筱	竹亻丨攵	TWHT
箫	竹彐小川	TVIJ

xie

楔	木三丨大	SDHD
些	止匕二	HXFF
歇	曰勹人人	JQWW
歇斯底里		JAYJ
蝎	虫曰勹乙	JJQN

鞋	廿串土土	AFFF
鞋帽		AFMH
鞋袜		AFPU
鞋子		AFBB
协	十力八	FLWY
协定		FLPG
协和		FLTK
协会		FLWF
协力		FLLT
协商		FLUM
协同		FLMG
协议		FLYY
协约		FLXQ
协助		FLEG
协作		FLWT
写	冖一乙一	PGNG
写出		PGBM
写信		PGWY
写字		PGPB
写作		PGWT
写字台		PPCK
谐	讠匕匕白	YXXR
谐和		YXTK
谐调		YXYM
胁	月力八	ELWY
斜	人禾⺀十	WTUF
斜面		WTDM
斜线		WTXG
邪	匚丨丿阝	AHTB
邪恶		AHGO
邪路		AHKH
邪气		AHRN
邪说		AHYU
携	扌亻隹乃	RWYE
挟	扌一⺌人	RGUW
泄	氵廿乙	IANN
泄露		IAFK
泄密		IAPN
泄气		IARN
懈	忄⺈用丨	NQEH
蟹	⺈用刀虫	QEVJ
卸	𠂉止卩	RHBH
械	木戈廾	SAAH
泻	氵冖一一	IPGG
谢	讠丿冂寸	YTMF
谢绝		YTXQ
谢谢		YTYT
谢意		YTUJ
屑	尸⺌月	NIED
偕	亻匕匕白	WXXR
亵	亠扌九𧘇	YRVE
勰	力力力心	LLLN
燮	火言火又	OYOC
薤	艹一夕一	AGQG
撷	扌士口贝	RFKM
獬	犭丿⺈丨	QTQH
廨	广⺈用丨	YQEH
渫	氵廿乙木	IANS
瀣	氵⺊夕一	IHQG
邂	⺈用刀辶	QEVP
绁	纟廿乙	XANN
缬	纟士口贝	XFKM
榭	木丿冂寸	STMF
榍	木尸⺌月	SNIE
躞	口止火又	KHOC
	xin	
薪	艹立木斤	AUSR
薪金		AUQQ
薪水		AUII
芯	艹心	ANU
锌	钅辛	QUH
欣	斤⺈人	RQWY
欣然		RQQD
欣赏		RQIP
欣慰		RQNF
欣悉		RQTO
欣喜		RQFK
欣欣向荣		RRTA
新	立木斤	USRH
新春		USDW
新风		USMQ
新华		USWX
新婚		USVQ
新疆		USXF
新近		USRP
新郎		USYV
新娘		USVY
新生		USTG
新诗		USYF
新式		USAA
新书		USNN
新闻		USUB
新星		USJT
新兴		USIW
新型		USGA
新颖		USXT
新装		USUF
新变化		UYWX
新产品		UUKK
新风气		UMRN
新风尚		UMIM
新华社		UWPY
新纪录		UXVI
新技术		URSY
新纪录		UXVI
新加坡		ULFH
新局面		UNDM
新气象		URQJ
新社会		UPWF
新时期		UJAD
新世界		UALW
新四军		ULPL
新天地		UGFB
新闻界		UULW
新闻片		UUTH
新闻社		UUPY
新闻系		UUTX
新颖性		UXNT
新中国		UKLG
新陈代谢		UBWY

新华书店		UWNY
新闻记者		UUYF
新闻简报		UUTR
新闻联播		UUBR
新兴产业		UIUO
新华社记者		UWPF
新华通讯社		UWCP
新技术革命		URSW
新闻发布会		UUNW
新闻发言人		UUNW
新华社北京电		UWPJ
新华社香港分社		UWPP
新疆维吾尔自治区		UXXA
辛	辛丶一丨	UYGH
辛苦		UYAD
辛勤		UYAK
辛酸		UYSG
辛亥革命		UYAW
心	心丶乙丶	NYNY
心爱		NYEP
心肠		NYEN
心潮		NYIF
心得		NYTJ
心肺		NYEG
心肝		NYEF
心急		NYQV
心坎		NYFQ
心里		NYJF
心理		NYGJ
心灵		NYVO
心目		NYHH
心情		NYNG
心神		NYPY
心事		NYGK
心思		NYLN
心头		NYUD
心疼		NYUT
心胸		NYEQ
心绪		NYXF
心血		NYTL
心意		NYUJ
心愿		NYDR
心脏		NYEY
心中		NYKH
心电图		NJLT
心理学		NGIP
心脏病		NEUG
心安理得		NPGT
心烦意乱		NOUT
心甘情愿		NAND
心花怒放		NAVY
心旷神怡		NJPN
心领神会		NWPW
心明眼亮		NJHY
心血来潮		NTGI
心有余悸		NDWN
心悦诚服		NNYE
心照不宣		NJGP
忻	忄斤	NRH
信	亻言	WYG
信贷		WYWA
信封		WYFF
信号		WYKG
信笺		WYTG
信件		WYWR
信念		WYWY
信皮		WYHC
信任		WYWT
信守		WYPF
信箱		WYTS
信心		WYNY
信仰		WYWQ
信用		WYET
信誉		WYIW
信纸		WYXQ
信号弹		WKXU
信息量		WTJG
信息论		WTYW
信用卡		WEHH
信用社		WEPY
信口开合		WKGW
信口开河		WKGI
信息处理		WTTG
信息反馈		WTRQ
衅	丿皿䒑十	TLUF
囟	丿口㐅	TLQI
馨	士尸几日	FNMJ
莘	廾辛	AUJ
鑫	金金金	QQQF
昕	日斤	JRH
歆	立日勹人	UJQW

xing

兴	䒑八	IWU
兴奋		IWDL
兴建		IWVF
兴隆		IWBT
兴盛		IWDN
兴旺		IWJG
兴修		IWWH
兴致		IWGC
兴风作浪		IMWI
兴高采烈		IYEG
兴利除弊		ITBU
兴师动众		IJFW
兴旺发达		IJND
兴味盎然		IKMQ
星	曰丿龶	JTGF
星火		JTOO
星期		JTAD
星期一		JAGG
星期三		JADG
星期四		JALH
星期五		JAGG
星期六		JAUY
星期日		JAJJ
星期天		JAGD
腥	月曰丿龶	EJTG
猩	犭丿曰龶	QTJG

字词	字根	编码
惺	忄曰丿龶	NJTG
刑	一廾刂	GAJH
刑法		GAIF
刑事		GAGK
刑事处分		GGTW
刑事犯罪		GGQL
形	一廾彡	GAET
形成		GADN
形码		GADC
形容		GAPW
形式		GAAA
形势		GARV
形态		GADY
形体		GAWS
形象		GAQJ
形状		GAUD
形容词		GPYN
形象化		GQWX
形而上学		GDHI
形式主义		GAYY
形影不离		GJGY
型	一廾刂土	GAJF
邢	一廾阝	GABH
行	彳二丨	TFHH
行动		TFFC
行军		TFPL
行李		TFSB
行驶		TFCK
行为		TFYL
行业		TFOG
行政		TFGH
行政区		TGAQ
行政管理		TGTG
行政机关		TGSU
行之有效		TPDU
醒	西一曰龶	SGJG
幸	土丷十	FUFJ
幸而		FUDM
幸福		FUPY
幸好		FUVB

字词	字根	编码
幸亏		FUFN
幸免		FUQK
幸运		FUFC
杏	木口	SKF
杏仁		SKWF
性	忄丿龶	NTGG
性别		NTKL
性病		NTUG
性格		NTST
性能		NTCE
性命		NTWG
性情		NTNG
性质		NTRF
姓	女丿龶	VTGG
姓名		VTQK
姓氏		VTQA
陉	阝ス工	BCAG
荇	艹彳二丨	ATFH
擤	扌丿目丌	RTHJ
悻	忄土丷十	NFUF
硎	石一廾刂	DGAJ

xiong

字词	字根	编码
凶	乂凵	QBK
凶恶		QBGO
凶狠		QBQT
凶猛		QBQT
凶器		QBKK
凶杀		QBQS
凶手		QBRT
兄	口儿	KQB
兄弟		KQUX
兄长		KQTA
胸	月勹乂凵	EQQB
胸部		EQUK
胸怀		EQNG
胸襟		EQPU
胸有成竹		EDDT
匈	勹乂凵	QQBK
匈奴		QQVC
汹	氵乂凵	IQBH
汹涌		IQIC
雄	ナ厶亻龶	DCWY
雄辩		DCUY
雄厚		DCDJ
雄伟		DCWF
雄心		DCNY
雄性		DCNT
雄壮		DCUF
熊	厶月匕灬	CEXO
熊猫		CEQT
芎	艹弓	AXB

xiu

字词	字根	编码
羞	丷⺶乙土	UDNF
羞愧		UDNR
修	亻丨夂彡	WHTE
修补		WHPU
修订		WHYS
修复		WHTJ
修改		WHNT
修建		WHVF
修理		WHGJ
修配		WHSG
修缮		WHXU
修饰		WHQN
修养		WHUD
修正		WHGH
修筑		WHAT
修订本		WYSG
修理工		WGAA
休	亻木	WSY
休克		WSDQ
休假		WSWN
休息		WSTH
休学		WSIP
休养		WSUD
休业		WSOG
休整		WSGK
休止		WSHH
休息日		WTJJ
朽	木一乙	SGNN

嗅	口丿目犬	KTHD
锈	钅禾乃	QTEN
秀	禾乃	TEB
秀才		TEFT
秀丽		TEGM
袖	衤丶由	PUMG
袖珍		PUGW
袖手旁观		PRUC
绣	纟禾乃	XTEN
咻	口亻木	KWSY
岫	山由	MMG
馐	⺈乙丷土	QNUF
庥	广亻木	YWSI
溴	氵丿目犬	ITHD
鸺	亻木勹一	WSQG
貅	爫豸亻木	EEWS
髹	镸彡亻木	DEWS

xu

盱	目一十	HGFH
溆	氵人禾又	IWTC
顼	王𠂆贝	GDMY
栩	木羽	SNG
栩栩如生		SSVT
煦	日勹口灬	JQKO
胥	乙疋月	NHEF
糈	米乙疋月	ONHE
醑	西一乙月	SGNE
墟	土虍七一	FHAG
戌	厂一乙丿	DGNT
需	雨𠂆冂刂	FDMJ
需求		FDFI
需要		FDSV
需用		FDET
需求量		FFJG
需要量		FSJG
虚	虍七业一	HAOG
虚词		HAYN
虚假		HAWN
虚拟		HARN
虚弱		HAXU

虚实		HAPU
虚岁		HAMQ
虚伪		HAWY
虚心		HANY
虚荣心		HANY
虚张声势		HXFR
嘘	口虍七一	KHAG
须	彡𠂆贝	EDMY
须要		EDSV
须知		EDTD
徐	彳人禾	TWTY
许	讠𠂉十	YTFH
许多		YTQQ
许久		YTQY
许可		YTSK
许可证		YSYG
蓄	艹亠幺田	AYXL
蓄谋		AYYA
蓄意		AYUJ
蓄电池		AJIB
酗	西一㐅凵	SGQB
叙	人禾又	WTCY
叙述		WTSY
叙利亚		WTGO
旭	九日	VJD
序	广マ卩	YCBK
序列		YCGQ
序言		YCYY
畜	亠幺田	YXLF
畜牧		YXTR
畜产品		YUKK
畜牧业		YTOG
恤	忄丿皿	NTLG
絮	女口幺小	VKXI
婿	女乙疋月	VNHE
绪	纟土丿日	XFTJ
绪论		XFYW
绪言		XFYY
续	纟十乙大	XFND
续编		XFXY

续集		XFWY
续篇		XFTY
诩	讠羽	YNG
勖	曰目力	JHLN
蓿	艹宀亻日	APWJ
洫	氵丿皿	ITLG

xuan

喧	口宀一一	KPGG
喧哗		KPKW
铉	钅亠幺	QYXY
痃	疒亠幺	UYXI
镟	钅方𠂉疋	QYTH
轩	车二丨	LFH
轩然大波		LQDI
宣	宀一日一	PG JG
宣布		PGDM
宣称		PGTQ
宣传		PGWF
宣读		PGYF
宣告		PGTF
宣判		PGUD
宣誓		PGRR
宣言		PGYY
宣扬		PGRN
宣战		PGHK
宣传部		PWUK
宣传队		PWBW
宣传画		PWGL
宣传科		PWTU
宣传品		PWKK
宣传员		PWKM
悬	月一厶心	EGCN
悬挂		EGRF
悬空		EGPW
悬殊		EGGQ
悬崖		EGMD
悬崖勒马		EMAC
旋	方𠂉乙疋	YTNH
旋律		YTTV
旋转		YTLF

字词	字根	编码
玄	亠幺	YXU
选	丿土儿辶	TFQP
选拔		TFRD
选编		TFXY
选购		TFMQ
选集		TFWY
选举		TFIW
选派		TFIR
选票		TFSF
选取		TFBC
选手		TFRT
选题		TFJG
选用		TFET
选择		TFRC
选种		TFTK
选举法		TIIF
选举权		TISC
选举人		TIWW
癣	疒鱼一丰	UQGD
眩	目亠幺	HYXY
绚	纟勹日	XQJG
绚丽		XQGM
儇	亻罒一𧘇	WLGE
谖	讠爫二又	YEFC
萱	艹宀一一	APGG
揎	扌宀一一	RPGG
泫	氵亠幺	IYXY
渲	氵宀一一	IPGG
漩	氵方𠂉龰	IYTH
璇	王方𠂉龰	GYTH
楦	木宀一一	SPGG
暄	日宀一一	JPGG
炫	火亠幺	OYXY
煊	火宀一一	OPGG
碹	石宀一一	DPGG
xue		
靴	廿串亻匕	AFWX
薛	艹亻コ辛	AWNU
学	⺍冖子	IPBF
学报		IPRB
学潮		IPIF
学费		IPXJ
学会		IPWF
学籍		IPTD
学科		IPTU
学历		IPDL
学龄		IPHW
学期		IPAD
学生		IPTG
学士		IPFG
学术		IPSY
学说		IPYU
学徒		IPTF
学位		IPWU
学问		IPUK
学习		IPNU
学校		IPSU
学业		IPOG
学友		IPDC
学院		IPBP
学者		IPFT
学制		IPRM
学分制		IWRM
学龄前		IHUE
学生证		ITYG
学生装		ITUF
学徒工		ITAA
学习班		INGY
学杂费		IVXJ
学以致用		INGE
穴	宀八	PWU
雪	雨彐	FVF
雪白		FVRR
雪花		FVAW
雪茄		FVAL
雪亮		FVYP
雪山		FVMM
雪花膏		FAYP
雪茄烟		FAOL
雪中送炭		FKUM
血	丿皿	TLD
血型		TLGA
血压		TLDF
血液		TLIY
血管		TLTP
血泪		TLIH
血球		TLGF
血肉		TLMW
血汗		TLIF
血细胞		TXEQ
血压计		TDYF
谑	讠广七一	YHAG
泶	⺍冖水	IPIU
踅	扌斤口龰	RRKH
鳕	鱼一雨彐	QGFV
噱	口广七豕	KHAE
xun		
洵	氵勹日	IQJG
恂	忄勹日	NQJG
浔	氵彐寸	IVFY
曛	日丿一灬	JTGO
醺	西一丿灬	SGTO
鲟	鱼一彐寸	QGVF
勋	口贝力	KMLN
勋章		KMUJ
熏	丿一罒灬	TGLO
循	彳厂十目	TRFH
循规蹈矩		TFKT
循序渐进		TYIF
循循善诱		TTUY
旬	勹日	QJD
峋	山勹日	MQJG
徇	彳勹日	TQJG
荀	艹勹日	AQJF
郇	勹日阝	QJBH
殉	一夕勹日	GQQJ
询	讠勹日	YQJG
询问		YQUK
寻	彐寸	VFU
寻常		VFIP

寻求 VFFI
寻思 VFLN
寻找 VFRA
寻址 VFFH
驯 马川 CKH
驯服 CKEB
驯养 CKUD
巡 巛辶 VPV
巡回 VPLK
巡逻 VPLQ
巡视 VPPY
巡逻队 VLBW
巡洋舰 VITE
汛 氵乙十 INFH
训 讠川 YKH
训练 YKXA
讯 讠乙十 YNFH
逊 子小辶 BIPI
逊色 BIQC
迅 乙十辶 NFPK
迅猛 NFQT
迅速 NFGK
巽 巳巳艹八 NNAW
埙 土口贝 FKMY
蕈 艹西早 ASJJ
薰 艹丿一灬 ATGO
獯 犭丿丿灬 QTTO

Y

ya

压 厂土丶 DFYI
压倒 DFWG
压力 DFLT
压迫 DFRP
压强 DFXK
压缩 DFXP
压抑 DFRQ
压制 DFRM
押 扌甲 RLH
押金 RLQQ
押送 RLUD
鸦 匚丨丿一 AHTG
鸦片 AHTH
鸭 甲勹丶一 LQYG
鸭蛋 LQNH
鸭子 LQBB
鸭绿江 LXIA
呀 口匚丨丿 KAHT
丫 丷丨 UHK
芽 艹匚丨丿 AAHT
牙 匚丨丿 AHTE
牙齿 AHHW
牙膏 AHYP
牙刷 AHNM
蚜 虫匚丨丿 JAHT
崖 山厂土土 MDFF
衙 彳五口丨 TGKH
涯 氵厂土土 IDFF
雅 匚丨丿圭 AHTY
雅量 AHJG
雅兴 AHIW
雅座 AHYW
哑 口一业一 KGOG
亚 一业一 GOGD
亚军 GOPL
亚洲 GOIY
亚非拉 GDRU
亚热带 GRGK
讶 讠匚丨丿 YAHT
伢 亻匚丨丿 WAHT
岈 山匚丨丿 MAHT
迓 匚丨丿辶 AHTP
砑 石匚丨丿 DAHT
睚 目厂土土 HDFF
垭 土一业一 FGOG
揠 扌匚日女 RAJV
娅 女一业一 VGOG
桠 木一业一 SGOG
氩 𠂉乙一一 RNGG
痖 疒一业一 UGOG
琊 王匚丨阝 GAHB

yan

焉 一止一灬 GHGO
焉得虎子 GTHB
咽 口口大 KLDY
咽喉 KLKW
烟 火口大 OLDY
烟草 OLAJ
烟囱 OLTL
烟灰 OLDO
烟煤 OLOA
烟台 OLCK
烟雾 OLFT
烟叶 OLKF
烟消云散 OIFA
阉 门大日乙 UDJN
淹 氵大日乙 IDJN
盐 土卜皿 FHLF
盐酸 FHSG
盐碱地 FDFB
严 一业厂 GODR
严惩 GOTG
严辞 GOTD
严防 GOBY
严格 GOST
严寒 GOPF
严谨 GOYA
严禁 GOSS
严峻 GOMC
严厉 GODD
严密 GOPN
严明 GOJE
严肃 GOVI
严正 GOGH
严重 GOTG
严重性 GTNT
严格要求 GSSF
严肃查处 GVST
严阵以待 GBNT

严正声明		GGFJ
严重事故		GTGD
研	石一廾	DGAH
研究		DGPW
研讨		DGYF
研制		DGRM
研究会		DPWF
研究生		DPTG
研究室		DPPG
研究所		DPRN
研究员		DPKM
研究院		DPBP
蜒	虫丿止廴	JTHP
岩	山石	MDF
岩层		MDNF
岩石		MDDG
延	丿止廴	THPD
延安		THPV
延迟		THNY
延缓		THXE
延期		THAD
延伸		THWJ
延续		THXF
言	【键名码】	YYYY
言辞		YYTD
言论		YYYW
言谈		YYYO
言语		YYYG
言必有据		YNDR
言不由衷		YGMY
言而无信		YDFW
言而有信		YDDW
言归于好		YJGV
言过其实		YFAP
言听计从		YKYW
言外之意		YQPU
颜	立丿彡贝	UTEM
颜色		UTQC
阎	门⺈臼	UQVD
炎	火火	OOU
炎热		OORV
炎夏		OODH
炎黄子孙		OABB
沿	氵几口	IMKG
沿海		IMIT
沿途		IMWT
沿线		IMXG
沿用		IMET
沿着		IMUD
奄	大曰乙	DJNB
掩	扌大曰乙	RDJN
掩蔽		RDAU
掩盖		RDUG
掩护		RDRY
掩饰		RDQN
掩耳盗铃		RBUQ
眼	目彐⋉	HVEY
眼光		HVIQ
眼界		HVLW
眼睛		HVHG
眼镜		HVQU
眼看		HVRH
眼科		HVTU
眼力		HVLT
眼泪		HVIH
眼前		HVUE
眼色		HVQC
眼神		HVPY
眼下		HVGH
眼高手低		HYRW
眼花缭乱		HAXT
衍	彳氵二丨	TIFH
演	氵宀一八	IPGW
演变		IPYO
演播		IPRT
演唱		IPKJ
演出		IPBM
演讲		IPYF
演说		IPYU
演算		IPTH
演奏		IPDW
演唱会		IKWF
艳	三丨⺈巴	DHQC
艳阳天		DBGD
堰	土匚曰女	FAJV
燕	廿丬口灬	AUKO
燕尾服		ANEB
厌	厂犬	DDI
厌恶		DDGO
砚	石冂儿	DMQN
雁	厂亻亻圭	DWWY
赝	厂亻亻贝	DWWM
唁	口言	KYG
彦	立丿彡	UTER
焰	火⺈臼	OQVG
宴	宀曰女	PJVF
宴会		PJWF
宴请		PJYG
宴席		PJYA
谚	讠立丿彡	YUTE
验	马人一业	CWGI
验收		CWNH
验算		CWTH
餍	厂犬甲	DDLK
滟	氵三丨巴	IDHC
俨	亻一业厂	WGOD
偃	亻匚曰女	WAJV
兖	六厶儿	UCQB
谳	讠十冂犬	YFMD
郾	匚曰女阝	AJVB
鄢	一止一阝	GHGB
芫	艹二儿	AFQB
菸	艹方人⺀	AYWU
崦	山大曰乙	MDJN
恹	忄厂犬	NDDY
闫	门三	UDD
阏	门方人⺀	UYWU
湮	氵西土	ISFG
妍	女一廾	VGAH
嫣	女一止灬	VGHO

琰	王火火	GOOY
檐	木⺈厂言	SQDY
晏	曰宀女	JPVF
胭	月口大	ELDY
焱	火火火	OOOU
罨	罒大曰乙	LDJN
筵	竹丿止廴	TTHP
酽	西一一厂	SGGD
魇	厂犬白厶	DDRC
餍	厂犬人k	DDWE
鼹	臼乙⺀女	VNUV

yang

央	冂大	MDI
央求		MDFI
殃	一夕冂大	GQMD
鸯	冂大勹一	MDQG
秧	禾冂大	TMDY
秧歌		TMSK
秧苗		TMAL
怏	忄冂大	NMDY
泱	氵冂大	IMDY
杨	木乙彡	SNRT
杨柳		SNSQ
杨尚昆		SIJX
扬	扌乙彡	RNRT
扬言		RNYY
扬长避短		RTNT
扬长而去		RTDF
扬眉吐气		RNKR
佯	亻丷手	WUDH
疡	疒乙彡	UNRE
羊	丷手	UDJ
羊城		UDFD
洋	氵丷手	IUDH
洋货		IUWX
洋人		IUWW
洋白菜		IRAE
洋鬼子		IRBB
洋娃娃		IVVF
氧	𠂉乙丷手	RNUD
氧化		RNWX
痒	疒丷手	UUD
样	木丷手	SUDH
样板		SUSR
样本		SUSG
样机		SUSM
样式		SUAA
样子		SUBB
漾	氵丷王氺	IUGI
徉	彳丷手	TUDH
阳	阝日	BJG
阳光		BJIQ
阳历		BJDL
阳性		BJNT
阳春白雪		BDRF
阳奉阴违		BDBF
仰	亻𠂎卩	WQBH
养	丷手乀丨	UDYJ
养病		UDUG
养成		UDDN
养分		UDWV
养活		UDIT
养老		UDFT
养料		UDOU
养育		UDYC
养殖		UDGQ
养老金		UFQQ
养老院		UFBP
养路费		UKXJ
养殖场		UGFN
养尊处优		UUTW
烊	火丷手	OUDH
恙	丷王心	UGNU
炀	火乙彡	ONRT
鞅	廿串冂大	AFMD

yao

邀	白方攵辶	RYTP
邀请		RYYG
邀请赛		RYPF
腰	月西女	ESVG
妖	女丿大	VTDY
瑶	王爫𠂉山	GERM
摇	扌爫𠂉山	RERM
摇摆		RERL
摇晃		REJI
摇篮		RETJ
摇旗呐喊		RYKK
摇摇欲坠		RRWB
尧	七丿一儿	ATGQ
遥	爫𠂉山辶	ERMP
遥控		ERRP
遥遥		ERER
遥远		ERFQ
窑	宀八𠂉山	PWRM
谣	讠爫𠂉山	YERM
姚	女⺀儿	VIQN
姚依林		VWSS
咬	口六乂	KUQY
舀	爫臼	EVF
药	廿纟勹丶	AXQY
药材		AXSF
药店		AXYH
药方		AXYY
药房		AXYN
药费		AXXJ
药品		AXKK
要	西女	SVF
要不		SVGI
要点		SVHK
要害		SVPD
要好		SVVB
要价		SVWW
要件		SVWR
要紧		SVJC
要领		SVWY
要么		SVTC
要命		SVWG
要求		SVFI
要是		SVJG
要素		SVGX

要闻		SVUB
要员		SVKM
要不得		SGTJ
窈	宀八幺力	PWXL
耀	⺌儿羽⺻	IQNY
夭	丿大	TDI
爻	乂乂	QQU
吆	口幺	KXY
崾	山西女	MSVG
徭	彳⺥𠂉山	TERM
幺	幺乙乙丶	XNNY
珧	王⺀儿	GIQN
杳	木曰	SJF
轺	车刀口	LVKG
曜	日羽亻⺻	JNWY
肴	乂𠂇月	QDEF
铫	钅⺀儿	QIQN
鹞	⺥𠂉山一	ERMG
繇	⺥𠂉山小	ERMI
鳐	鱼一⺥山	QGEM

ye

耶	耳阝	BBH
椰	木耳阝	SBBH
掖	扌亠亻丶	RYWY
噎	口士冖⺌	KFPU
爷	八乂卩	WQBJ
爷爷		WQWQ
野	曰土マ卩	JFCB
野餐		JFHQ
野地		JFFB
野蛮		JFYO
野生		JFTG
野兽		JFUL
野外		JFQH
野心		JFNY
野战		JFHK
野心家		JNPE
野战军		JHPL
冶	冫厶口	UCKG
冶金		UCQQ
冶炼		UCOA
冶金部		UQUK
也	也乙丨乙	BNHN
也好		BNVB
也是		BNJG
也许		BNYT
页	ア贝	DMU
页码		DMDC
页数		DMOV
业	业一	OGD
业绩		OGXG
业务		OGTL
业余		OGWT
业务员		OTKM
叶	口十	KFH
叶片		KFTH
叶子		KFBB
叶公好龙		KWVD
叶落归根		KAJS
曳	曰匕	JXE
腋	月亠亻丶	EYWY
夜	亠亻夂丶	YWTY
夜班		YWGY
夜大		YWDD
夜间		YWUJ
夜空		YWPW
夜里		YWJF
夜色		YWQC
夜晚		YWJQ
夜总会		YUWF
夜长梦多		YTSQ
夜以继日		YNXJ
液	氵亠亻丶	IYWY
液化		IYWX
液体		IYWS
液压		IYDF
液化气		IWRN
靥	厂犬ア口	DDDL
谒	讠日勹乙	YJQN
邺	业一阝	OGBH
揶	扌耳阝	RBBH
晔	日亻匕十	JWXF
烨	火亻匕十	OWXF
铘	钅匚丨阝	QAHB

yi

一	【简 G】	GGLL
一般		GGTE
一半		GGUF
一边		GGLP
一带		GGGK
一旦		GGJG
一道		GGUT
一点		GGHK
一定		GGPG
一度		GGYA
一概		GGSV
一共		GGAW
一贯		GGXF
一伙		GGWO
一举		GGIW
一来		GGGO
一律		GGTV
一面		GGDM
一旁		GGUP
一齐		GGYJ
一起		GGFH
一切		GGAV
一生		GGTG
一时		GGJF
一手		GGRT
一同		GGMG
一味		GGKF
一下		GGGH
一向		GGTM
一些		GGHX
一心		GGNY
一样		GGSU
一月		GGEE
一再		GGGM
一早		GGJH

一阵		GGBL
一直		GGFH
一只		GGKW
一致		GGGC
一周		GGMF
一般化		GTWX
一辈子		GDBB
一部分		GUWV
一等奖		GTUQ
一等品		GTKK
一方面		GYDM
一个样		GWSU
一回事		GLGK
一会儿		GWQT
一家子		GPBB
一口气		GKRN
一块儿		GFQT
一览表		GJGE
一系列		GTGQ
一下子		GGBB
一阵子		GBBB
一般说来		GTYG
一本正经		GSGX
一笔勾销		GTQQ
一朝一夕		GFGQ
一尘不染		GIGI
一成不变		GDGY
一筹莫展		GTAN
一发千钧		GNTQ
一帆风顺		GMMK
一分为二		GWYF
一概而论		GSDY
一国两制		GLGR
一技之长		GRPT
一箭双雕		GTCM
一举两得		GIGT
一劳永逸		GAYQ
一落千丈		GATD
一鸣惊人		GKNW
一目了然		GHBQ
一气呵成		GRKD
一窍不通		GPGC
一日千里		GJTJ
一如既往		GVVT
一视同仁		GPMW
一丝不苟		GXGA
一塌胡涂		GFDI
一塌糊涂		GFOI
一团和气		GLTR
一往无前		GTFU
一无是处		GFJT
一意孤行		GUBT
一针见血		GQMT
一切从实际出发		GAWN
壹	士冖一丷	FPGU
依	亻亠𧘇	WYEY
依次		WYUQ
依附		WYBW
依据		WYRN
依靠		WYTF
依赖		WYGK
依旧		WYHJ
依然		WYQD
依稀		WYTQ
依照		WYJV
铱	钅亠𧘇	QYEY
衣	亠𧘇	YEU
衣服		YEEB
衣料		YEOU
衣裳		YEIP
衣物		YETR
衣帽间		YMUJ
衣食住行		YWWT
医	匚𠂉大	ATDI
医护		ATRY
医科		ATTU
医疗		ATUB
医生		ATTG
医务		ATTL
医学		ATIP
医药		ATAX
医院		ATBP
医治		ATIC
医嘱		ATKN
医疗费		AUXJ
医疗所		AURN
医务室		ATPG
医学院		AIBP
医药费		AAXJ
医疗卫生		AUBT
揖	扌口耳	RKBG
伊	亻彐丿	WVTT
伊拉克		WRDQ
颐	匚丨口贝	AHKM
颐和园		ATLF
夷	一弓人	GXWI
遗	口丨一辶	KHGP
遗产		KHUT
遗体		KHWS
遗址		KHFH
遗嘱		KHKN
移	禾夕夕	TQQY
移动		TQFC
移交		TQUQ
移民		TQNA
移植		TQSF
移风易俗		TMJW
移花接木		TARS
移山倒海		TMWI
仪	亻丶乂	WYQY
仪表		WYGE
仪器		WYKK
仪式		WYAA
仪仗队		WWBW
胰	月一弓人	EGXW
疑	匕𠂉大龰	XTDH
疑惑		XTAK
疑虑		XTHA
疑难		XTCW

疑问		XTUK
疑心		XTNY
疑义		XTYQ
沂	氵斤	IRH
宜	宀月一	PEGF
姨	女一弓人	VGXW
彝	彑一米廾	XGOA
椅	木大丁口	SDSK
椅子		SDBB
蚁	虫丶乂	JYQY
倚	亻大丁口	WDSK
已	【键名码】	NNNN
已婚		NNVQ
已经		NNXC
乙	乙乙	NNLL
矣	厶𠂉大	CTDU
以	【简 C】	NYWY
以便		NYWG
以后		NYRG
以来		NYGO
以免		NYQK
以前		NYUE
以外		NYQH
以往		NYTY
以为		NYYL
以下		NYGH
以色列		NQGQ
以理服人		NGEW
以貌取人		NEBW
以权谋私		NSYT
以身作则		NTWM
以逸待劳		NQTA
以经济建设为中心		NXIN
艺	艹乙	ANB
艺术		ANSY
艺术家		ASPE
艺术品		ASKK
抑	扌𠃊卩	RQBH
抑扬顿挫		RRGR
易	日勹彡	JQRR
邑	口巴	KCB
屹	山𠂉乙	MTNN
亿	亻乙	WNN
亿万		WNDN
役	彳几又	TMCY
臆	月立日心	EUJN
逸	勹口儿辶	QKQP
逸事		QKGK
逸闻		QKUB
肄	匕𠂉大丨	XTDH
肄业		XTOG
疫	疒几又	UMCI
亦	亠小	YOU
亦步亦趋		YHYF
裔	亠衣冂口	YEMK
意	立日心	UJNU
意见		UJMQ
意料		UJOU
意识		UJYK
意思		UJLN
意图		UJLT
意外		UJQH
意味		UJKF
意义		UJYQ
意愿		UJDR
意志		UJFN
意大利		UDTJ
意见簿		UMTI
意见书		UMNN
意识到		UYGC
意味着		UKUD
意气风发		URMN
毅	立豕几又	UEMC
毅力		UELT
毅然		UEQD
忆	忄乙	NNN
义	丶乂	YQI
义气		YQRN
义务		YQTL
义务兵		YTRG
义不容辞		YGPT
义无反顾		YFRD
议	讠丶乂	YYQY
议程		YYTK
议价		YYWW
议论		YYYW
议题		YYJG
议员		YYKM
议定书		YPNN
诣	讠匕日	YXJG
溢	氵丷八皿	IUWL
益	丷八皿	UWLF
谊	讠宀月一	YPEG
译	讠又二丨	YCFH
译本		YCSG
译电		YCJN
译文		YCYY
译音		YCUJ
译员		YCKM
译者		YCFT
译制		YCRM
译电员		YJKM
译制片		YRTH
怿	忄又二丨	NCFH
异	巳廾	NAJ
异彩		NAES
异常		NAIP
异同		NAMG
异样		NASU
异议		NAYY
异口同声		NKMF
异曲同工		NMMA
异想天开		NSGG
羿	羽廾	NAJ
翼	羽田龷八	NLAW
翌	羽立	NUF
绎	纟又二丨	XCFH
刈	乂刂	QJH
劓	丿目田刂	THLJ

佚	亻𠂉人	WRWY
佾	亻八月	WWEG
诒	讠厶口	YCKG
圯	土巳	FNN
埸	土曰勹彡	FJQR
懿	士冖一心	FPGN
苡	艹乙丶人	ANYW
荑	艹一弓人	AGXW
薏	艹立曰心	AUJN
弈	亠小廾	YOAJ
奕	亠小大	YODU
悒	忄口巴	NKCN
挹	扌口巴	RKCN
猗	犭丿大口	QTDK
漪	氵犭丿口	IQTK
迤	𠂉也辶	TBPV
驿	马又二丨	CCFH
缢	纟丷八皿	XUWL
殪	一夕士丷	GQFU
轶	车𠂉人	LRWY
怡	忄厶口	NCKG
贻	贝厶口	MCKG
贻误		MCYK
饴	⺈乙厶口	QNCK
旖	方𠂉大口	YTDK
熠	火羽白	ONRG
眙	目厶口	HCKG
钇	钅乙	QNN
镒	钅丷八皿	QUWL
镱	钅立曰心	QUJN
痍	疒一弓人	UGXW
瘗	疒一丷土	UGUF
癔	疒立日心	UUJN
翊	立羽	UNG
蜴	虫日勹彡	JJQR
舣	丿舟丶乂	TEYQ
翳	匚𠂉大羽	ATDN
酏	西一也	SGBN
黟	罒土灬夕	LFOQ
嶷	山匕𠂉疋	MXTH

噫	口立曰心	KUJN
咦	口一弓人	KGXW
弋	弋一乙丶	AGNY
峄	山又二丨	MCFH
呓	口艹乙	KANN
咿	口亻彐丿	KWVT
嗌	口丷八皿	KUWL

yin

因	口大	LDI
因此		LDHX
因而		LDDM
因故		LDDT
因果		LDJS
因素		LDGX
因为		LDYL
因子		LDBB
因地制宜		LFRP
因陋就简		LBYT
因势利导		LRTN
洇	氵口大	ILDY
姻	女口大	VLDY
姻缘		VLXX
氤	𠂉乙口大	RNLD
铟	钅口大	QLDY
狺	犭丿言	QTYG
茵	艹口大	ALDU
瘾	疒阝⺈心	UBQN
窨	宀八立曰	PWUJ
蚓	虫弓丨	JXHH
霪	雨氵爫士	FIEF
龈	止人凵レ	HWBE
荫	艹阝月	ABEF
夤	夕宀一八	QPGW
寅	宀一由八	PGMW
音	立日	UJF
音标		UJSF
音调		UJYM
音乐		UJQI
音量		UJJG
音码		UJDC

音响		UJKT
音像		UJWQ
音质		UJRF
音乐会		UQWF
音乐家		UQPE
喑	口立日	KUJG
殷	厂彐乙又	RVNC
殷切		RVAV
阴	阝月	BEG
阴暗		BEJU
阴沉		BEIP
阴历		BEDL
阴谋		BEYA
阴天		BEGD
阴险		BEBW
阴性		BENT
阴阳		BEBJ
阴影		BEJY
阴雨		BEFG
阴云		BEFC
阴谋家		BYPE
阴谋诡计		BYYY
吟	口人丶乙	KWYN
吟诗		KWYF
吟咏		KWKY
银	钅彐レ	QVEY
银白		QVRR
银川		QVKT
银行		QVTF
银河		QVIS
银矿		QVDY
银幕		QVAJ
银子		QVBB
银川市		QKYM
银行利率		QTTY
银行帐号		QTMK
淫	氵爫丿士	IETF
淫秽		IETM
饮	⺈乙⺈人	QNQW
饮料		QNOU

饮食		QNWY
饮用		QNET
饮食店		QWYH
饮食业		QWOG
饮水思源		QILI
尹	ヨ丿	VTE
引	弓丨	XHH
引出		XHBM
引导		XHNF
引荐		XHAD
引进		XHFJ
引力		XHLT
引路		XHKH
引起		XHFH
引言		XHYY
引用		XHET
引诱		XHYT
引进技术		XFRS
引经据典		XXRM
引人注目		XWIH
引以为戒		XNYA
吲	口弓丨	KXHH
隐	阝ク彐心	BQVN
隐蔽		BQAU
隐藏		BQAD
隐含		BQWY
隐患		BQKK
隐晦		BQJT
隐瞒		BQHA
隐私		BQTC
隐隐		BQBQ
隐约		BQXQ
印	㇗一卩	QGBH
印发		QGNT
印鉴		QGJT
印染		QGIV
印数		QGOV
印刷		QGNM
印象		QGQJ
印章		QGUJ

印第安		QTPV
印度人		QYWW
印度洋		QYIU
印刷品		QNKK
印刷体		QNWS
胤	丿幺月乙	TXEN
鄞	廿口龶阝	AKGB
垠	土彐⺄	FVEY
堙	土西土	FSFG
茚	艹㇗一卩	AQGB

ying

英	艹冂大	AMDU
英镑		AMQU
英尺		AMNY
英寸		AMFG
英豪		AMYP
英国		AMLG
英杰		AMSO
英俊		AMWC
英名		AMQK
英明		AMJE
英亩		AMYL
英雄		AMDC
英勇		AMCE
英语		AMYG
英姿		AMUQ
英联邦		ABDT
英文版		AYTH
英文键盘		AYQT
瑛	王艹冂大	GAMD
应	广⺍	YID
应变		YIYO
应酬		YISG
应当		YIIV
应付		YIWF
应该		YIYY
应急		YIQV
应届		YINM
应聘		YIBM
应邀		YIRY

应用		YIET
应有		YIDE
应运		YIFC
应当说		YIYU
应届生		YNTG
应该说		YYYU
应用于		YEGF
应接不暇		YRGJ
应用技术		YERS
应有尽有		YDND
樱	木贝贝女	SMMV
婴	贝贝女	MMVF
婴儿		MMQT
缨	纟贝贝女	XMMV
鹰	广亻亻一	YWWG
莹	艹冖王丶	APGY
萤	艹冖虫	APJU
营	艹冖口口	APKK
营房		APYN
营建		APVF
营救		APFI
营利		APTJ
营私		APTC
营养		APUD
营业		APOG
营长		APTA
营养品		AUKK
营业额		AOPT
营业税		AOTU
营业员		AOKM
荧	艹冖火	APOU
荧光屏		AINU
萤火虫儿		AOJQ
蝇	虫口曰乙	JKJN
迎	㇗卩辶	QBPK
迎宾		QBPR
迎春		QBDW
迎风		QBMQ
迎接		QBRU
迎面		QBDM

迎新 QBUS
迎战 QBHK
迎宾馆 QPQN
迎春花 QDAW
迎风招展 QMRN
迎刃而解 QVDQ
迎头痛击 QUUF
赢 亠乙口丶 YNKY
赢余 YNWT
盈 乃又皿 ECLF
盈利 ECTJ
盈余 ECWT
影 曰亠小彡 JYIE
影集 JYWY
影剧 JYND
影片 JYTH
影视 JYPY
影响 JYKT
影像 JYWQ
影星 JYJT
影院 JYBP
影子 JYBB
影剧院 JNBP
影视业 JPOG
影印件 JQWR
颖 匕禾丆贝 XTDM
硬 石一曰乂 DGJQ
硬度 DGYA
硬件 DGWR
硬座 DGYW
硬功夫 DAFW
硬骨头 DMUD
硬设备 DYTL
映 日冂大 JMDY
映射 JMTM
映象 JMQJ
映照 JMJV
嬴 亠乙口丶 YNKY
瀛 氵亠乙丶 IYNY
郢 口王阝 KGBH
茔 艹冖土 APFF
荥 艹冖水 APIU
滢 氵艹冖丶 IAPY
潆 氵艹冖小 IAPI
莺 艹冖勹一 APQG
萦 艹冖幺小 APXI
蓥 艹冖金 APQF
撄 扌贝贝女 RMMV
璎 王贝贝女 GMMV
鹦 贝贝女一 MMVG
瘿 疒贝贝女 UMMV
膺 广亻亻月 YWWE
楹 木乃又皿 SECL
媵 月丷大女 EUDV
颍 匕水丆贝 XIDM
罂 贝贝𠂉山 MMRM
嘤 口贝贝女 KMMV

yo

哟 口纟勹丶 KXQY
唷 口亠厶月 KYCE

yong

拥 扌用 REH
拥抱 RERQ
拥戴 REFA
拥护 RERY
拥有 REDE
拥政爱民 RGEN
佣 亻用 WEH
臃 月亠纟主 EYXY
痈 疒用 UEK
庸 广彐月丨 YVEH
庸碌 YVDV
庸俗 YVWW
雍 亠纟丿主 YXTY
踊 口止マ月 KHCE
踊跃 KHKH
蛹 虫マ用 JCEH
涌 氵マ用 ICEH
涌现 ICGM
咏 口丶乙八 KYNI
泳 氵丶乙八 IYNI
永 丶乙八 YNII
永磁 YNDU
永恒 YNNG
永久 YNQY
永远 YNFQ
永久性 YQNT
永垂不朽 YTGS
恿 マ用心 CENU
勇 マ用力 CELB
勇敢 CENB
勇猛 CEQT
勇气 CERN
勇士 CEFG
勇于 CEGF
勇往直前 CTFU
勇于探索 CGRF
用 用丿乙丨 ETNH
用场 ETFN
用处 ETTH
用法 ETIF
用功 ETAL
用户 ETYN
用劲 ETCA
用具 ETHW
用力 ETLT
用品 ETKK
用时 ETJF
用途 ETWT
用心 ETNY
用意 ETUJ
用于 ETGF
用语 ETYG
用不着 EGUD
俑 亻マ用 WCEH
甬 マ用 CEJ
壅 亠纟丿土 YXTF
墉 土广彐丨 FYVH
慵 忄广彐丨 NYVH
镛 钅广彐丨 QYVH

鳙	鱼一广丨	QGYH
邕	巛口巴	VKCB
饔	亠乡丿乄	YXTE
喁	口曰冂丶	KJMY

you

幽	幺幺山	XXMK
幽静		XXGE
幽默		XXLF
幽雅		XXAH
悠	亻丨攵心	WHTN
悠久		WHQY
悠闲		WHUS
悠扬		WHRN
悠悠		WHWH
优	亻𠂇乙	WDNN
优点		WDHK
优化		WDWX
优惠		WDGJ
优良		WDYV
优劣		WDIT
优美		WDUG
优胜		WDET
优势		WDRV
优秀		WDTE
优异		WDNA
优育		WDYC
优越		WDFH
优质		WDRF
优生学		WTIP
优越性		WFNT
优质产品		WRUK
忧	忄𠂇乙	NDNN
忧虑		NDHA
忧愁		NDTO
忧伤		NDWT
忧郁		NDDE
忧心如焚		NNVS
尤	𠂇乙	DNV
尤其		DNAD
尤其是		DAJG
由	由丨乙一	MHNG
由此		MHHX
由来		MHGO
由于		MHGF
由不得		MGTJ
由此及彼		MHET
由此可见		MHSM
邮	由阝	MBH
邮递		MBUX
邮电		MBJN
邮费		MBXJ
邮购		MBMQ
邮寄		MBPD
邮件		MBWR
邮局		MBNN
邮票		MBSF
邮箱		MBTS
邮政		MBGH
邮资		MBUQ
邮递员		MUKM
邮电部		MJUK
邮电局		MJNN
邮电所		MJRN
邮政局		MGNN
邮政编码		MGXD
铀	钅由	QMG
油	氵由	IMG
油泵		IMDI
油布		IMDM
油菜		IMAE
油料		IMOU
油墨		IMLF
油腻		IMEA
油漆		IMIS
油田		IMLL
油印		IMQG
油脂		IMEX
油印机		IQSM
油腔滑调		IEIY
犹	犭丿𠂇乙	QTDN
犹如		QTVK
犹豫		QTCB
犹太人		QDWW
游	氵方𠂉子	IYTB
游客		IYPT
游览		IYJT
游历		IYDL
游人		IYWW
游说		IYYU
游玩		IYGF
游戏		IYCA
游泳		IYIY
游击队		IFBW
游击战		IFHK
游乐场		IQFN
游乐园		IQLF
游艺机		IASM
游泳场		IIFN
游泳池		IIIB
游泳衣		IIYE
游手好闲		IRVU
有	ナ月	DEF
有偿		DEWI
有关		DEUD
有害		DEPD
有机		DESM
有理		DEGJ
有力		DELT
有利		DETJ
有名		DEQK
有趣		DEFH
有时		DEJF
有数		DEOV
有所		DERN
有为		DEYL
有无		DEFQ
有限		DEBV
有效		DEUQ
有心		DENY
有幸		DEFU

有益		DEUW
有意		DEUJ
有用		DEET
有缘		DEXX
有利于		DTGF
有没有		DIDE
有时候		DJWH
有效期		DUAD
有助于		DEGF
有备无患		DTFK
有的放矢		DRYT
有根有据		DSDR
有机玻璃		DSGG
有理有据		DGDR
有名无实		DQFP
有目共睹		DHAH
有色金属		DQQN
有声有色		DFDQ
有条不紊		DTGY
有条有理		DTDG
有志者事竟成		DFFD
酉	西一	SGD
友	ナ又	DCU
友爱		DCEP
友好		DCVB
友情		DCNG
友人		DCWW
友谊		DCYP
友谊赛		DYPF
友好往来		DVTG
右	ナ口	DKF
右边		DKLP
右侧		DKWM
右面		DKDM
右派		DKIR
右倾		DKWX
右顷		DKXD
右手		DKRT
佑	亻ナ口	WDKG
釉	丿米由	TOMG

诱	讠禾乃	YTEN
诱导		YTNF
诱因		YTLD
又	【键名码】	CCCC
又是		CCJG
又要		CCSV
又红又专		CXCF
幼	幺力	XLN
幼儿		XLQT
幼年		XLRH
幼女		XLVV
幼稚		XLTW
幼儿园		XQLF
攸	亻丨攵	WHTY
侑	亻ナ月	WDEG
莠	艹禾乃	ATEB
莜	艹亻丨攵	AWHT
卣	⺊口コ	HLNF
尢	ナ乙	DNV
莸	艹犭丿乙	AQTN
呦	口幺力	KXLN
囿	囗ナ月	LDED
宥	宀ナ月	PDEF
柚	木由	SMG
猷	丷西一犬	USGD
铕	钅ナ月	QDEG
疣	疒ナ乙	UDNV
蚰	虫由	JMG
蚴	虫幺力	JXLN
蝣	虫方𠂉子	JYTB
鱿	鱼一ナ乙	QGDN
黝	罒土灬力	LFOL
鼬	臼乙⺀由	VNUM

yu

迂	一十辶	GFPK
淤	氵方人⺀	IYWU
盂	一十皿	GFLF
竽	竹一十	TGFJ
于	一十	GFK
于是		GFJG

与	一乙一	GNGD
与会		GNWF
与此同时		GHMJ
与人为善		GWYU
与日俱增		GJWF
屿	山一乙一	MGNG
毓	𠂉母一儿	TXGQ
伛	亻匚乂	WAQY
俣	亻口一大	WKGD
谀	讠臼人	YVWY
谕	讠人一刂	YWGJ
萸	艹臼人	AVWU
蓣	艹マ卩贝	ACBM
揄	扌人一刂	RWGJ
圄	囗五口	LGKD
圉	囗土丷十	LFUF
嵛	山人一刂	MWGJ
狳	犭丿人禾	QTWT
馀	ク乙人禾	QNWT
余	人禾	WTU
余额		WTPT
余款		WTFF
余地		WTFB
饫	ク乙丿大	QNTD
阈	门戈口一	UAKG
鬻	弓米弓丨	XOXH
妪	女匚乂	VAQY
妤	女マ卩	VCBH
纡	纟一十	XGFH
瑜	王人一刂	GWGJ
昱	曰立	JUF
觎	人一月儿	WGEQ
腴	月臼人	EVWY
欤	一乙一人	GNGW
於	方人⺀	YWUY
煜	火曰立	OJUG
燠	火丿冂大	OTMD
聿	ヨ二丨	VFHK
钰	钅王丶	QGYY
鹆	八人口一	WWKG

鹬	マ卩丿一	CBTG
瘐	疒臼人	UVWI
瘀	疒方人⺀	UYWU
窬	宀八人刂	PWWJ
窳	宀八厂乀	PWRY
蜮	虫戈口一	JAKG
蝓	虫人一刂	JWGJ
臾	臼人	VWI
舁	臼廾	VAJ
雩	雨二乙	FFNB
龉	止人凵口	HWBK
榆	木人一刂	SWGJ
俞	人一月刂	WGEJ
逾	人一月辶	WGEP
愉	忄人一刂	NWGJ
愉快		NWNN
渝	氵人一刂	IWGJ
虞	广七口大	HAKD
愚	曰冂丨心	JMHN
愚笨		JMTS
愚蠢		JMDW
愚弄		JMGA
愚昧		JMJF
愚民		JMNA
愚顽		JMFQ
愚昧		JMJF
愚公移山		JWTM
舆	亻二车八	WFLW
舆论		WFYW
舆论界		WYLW
鱼	鱼一	QGF
鱼虾		QGJG
鱼肝油		QEIM
渔	氵鱼一	IQGG
渔产		IQUT
渔船		IQTE
渔民		IQNA
渔业		IQOG
隅	阝曰冂丶	BJMY
予	マ卩	CBJ

予以		CBNY
娱	女口一大	VKGD
娱乐		VKQI
雨	雨一丨丶	FGHY
雨季		FGTB
雨露		FGFK
雨水		FGII
雨衣		FGYE
雨过天青		FFGG
雨后春笋		FRDT
禹	丿口冂丶	TKMY
宇	宀一十	PGFJ
宇航		PGTE
宇宙		PGPM
宇航局		PTNN
语	讠五口	YGKG
语辞		YGTD
语词		YGYN
语调		YGYM
语法		YGIF
语汇		YGIA
语句		YGQK
语录		YGVI
语气		YGRN
语言		YGYY
语音		YGUJ
语文课		YYYJ
语重心长		YTNT
羽	羽乙丶一	NNYG
羽毛		NNTF
玉	王丶	GYI
玉米		GYOY
玉器		GYKK
玉石		GYDG
玉米面		GODM
域	土戈口一	FAKG
芋	艹一十	AGFJ
郁	ナ月阝	DEBH
郁闷		DEUN
郁郁葱葱		DDAA

吁	口一十	KGFH
遇	曰冂丨辶	JMHP
遇到		JMGC
遇见		JMMQ
遇难		JMCW
遇险		JMBW
喻	口人一刂	KWGJ
峪	山八人口	MWWK
御	彳𠂉止卩	TRHB
愈	人一月心	WGEN
愈来愈		WGWG
欲	八人口人	WWKW
欲望		WWYN
狱	犭丿讠犬	QTYD
育	亠厶月	YCEF
育龄		YCHW
育种		YCTK
誉	⺍八言	IWYF
浴	氵八人口	IWWK
寓	宀曰冂丶	PJMY
寓言		PJYY
裕	衤⺀八口	PUWK
预	マ卩𠂆贝	CBDM
预报		CBRB
预备		CBTL
预测		CBIM
预订		CBYS
预定		CBPG
预防		CBBY
预感		CBDG
预告		CBTF
预计		CBYF
预见		CBMQ
预考		CBFT
预料		CBOU
预期		CBAD
预赛		CBPF
预审		CBPJ
预示		CBFI
预习		CBNU

预先		CBTF
预想		CBSH
预选		CBTF
预言		CBYY
预演		CBIP
预约		CBXQ
预展		CBNA
预兆		CBIQ
预支		CBFC
预知		CBTD
预备队		CTBW
预备生		CTTG
预处理		CTGJ
预选赛		CTPF
预制板		CRSR
豫	マ卩ク豕	CBQE
豫剧		CBND
驭	马又	CCY
禺	曰冂丨丶	JMHY

yuan

冤	冖ク口丶	PQKY
冤案		PQPV
冤仇		PQWV
冤屈		PQNB
冤枉		PQSG
渊	氵丿米丨	ITOH
渊博		ITFG
鸳	夕㔾勹一	QBQG
鸳鸯		QBMD
元	二儿	FQB
元旦		FQJG
元件		FQWR
元气		FQRN
元首		FQUT
元帅		FQJM
元素		FQGX
元宵		FQPI
元月		FQEE
元老派		FFIR
原	厂白小	DRII
原地		DRFB
原封		DRFF
原稿		DRTY
原故		DRDT
原籍		DRTD
原价		DRWW
原来		DRGO
原理		DRGJ
原谅		DRYY
原料		DROU
原煤		DROA
原棉		DRSR
原始		DRVC
原物		DRTR
原形		DRGA
原野		DRJF
原因		DRLD
原油		DRIM
原有		DRDE
原则		DRMJ
原著		DRAF
原状		DRUD
原子		DRBB
原材料		DSOU
原单位		DUWU
原计划		DYAJ
原子弹		DBXU
原子核		DBSY
原形毕露		DGXF
原原本本		DDSS
袁	土口𧘇	FKEU
袁世凯		FAMN
垣	土一日一	FGJG
援	扌爫二又	REFC
援救		REFI
援外		REQH
援引		REXH
援助		REEG
辕	车土口𧘇	LFKE
员	口贝	KMU
员工		KMAA
园	口二儿	LFQV
园地		LFFB
园林		LFSS
园艺		LFAN
圆	口口贝	LKMI
圆规		LKFW
圆满		LKIA
圆圈		LKLU
圆心		LKNY
圆形		LKGA
圆周		LKMF
圆白菜		LRAE
圆括号		LRKG
圆舞曲		LRMA
圆珠笔		LGTT
猿	犭土𧘇	QTFE
源	氵厂白小	IDRI
源程序		ITYC
缘	纟彑豕	XXEY
缘故		XXDT
缘木求鱼		XSFQ
远	二儿辶	FQPV
远程		FQTK
远处		FQTH
远大		FQDD
远东		FQAI
远方		FQYY
远航		FQTE
远见		FQMQ
远近		FQRP
远景		FQJY
远离		FQYB
远望		FQYN
远销		FQQI
远洋		FQIU
远征		FQTG
远见卓识		FMHY
远走高飞		FFYN
苑	艹夕㔾	AQBB

字词	字根	编码
愿	厂白小心	DRIN
愿望		DRYN
愿意		DRUJ
怨	夕㔾心	QBNU
怨声载道		QFFU
院	阝宀二儿	BPFQ
院部		BPUK
院落		BPAI
院士		BPFG
院校		BPSU
院长		BPTA
院子		BPBB
垸	土宀二儿	FPFQ
塬	土厂白小	FDRI
掾	扌彑豕	RXEY
圜	口罒一𧘇	LLGE
沅	氵二儿	IFQN
媛	女爫二又	VEFC
瑗	王爫二又	GEFC
橼	木纟彑豕	SXXE
爰	爫二丿又	EFTC
眢	夕㔾目	QBHF
鸢	弋勹丶一	AQYG
螈	虫厂白小	JDRI
箢	竹宀夕㔾	TPQB
鼋	二儿口乙	FQKN

yue

字词	字根	编码
曰	日丨乙一	JHNG
约	纟勹丶	XQYY
约定		XQPG
约会		XQWF
约束		XQGK
约定俗成		XPWD
约法三章		XIDU
月	【键名码】	EEEE
月初		EEPU
月底		EEYQ
月份		EEWW
月光		EEIQ
月刊		EEFJ
月历		EEDL
月亮		EEYP
月票		EESF
月球		EEGF
月息		EETH
月薪		EEAU
月终		EEXT
月平均		EGFQ
月台票		ECSF
刖	月刂	EJH
钥	钅月	QEG
钥匙		QEJG
乐	𠂉小	QII
乐队		QIBW
乐器		QIKK
乐曲		QIMA
乐团		QILF
越	土走匚丿	FHAT
越境		FHFU
越剧		FHND
越南		FHFM
跃	口止丿大	KHTD
跃进		KHFJ
岳	斤一山	RGMJ
岳父		RGWQ
岳母		RGXG
粤	丿口米乙	TLON
悦	忄丷口儿	NUKQ
悦耳		NUBG
阅	门丷口儿	UUKQ
阅读		UUYF
阅历		UUDL
阅兵式		URAA
阅览室		UJPG
龠	人一口艹	WGKA
瀹	氵人一艹	IWGA
樾	木土走丿	SFHT
钺	钅匚乙丿	QANT

yun

字词	字根	编码
云	二厶	FCU
云彩		FCES
云贵		FCKH
云集		FCWY
云南		FCFM
云雾		FCFT
云贵川		FKKT
云南省		FFIT
云消雾散		FIFA
耘	三小二厶	DIFC
纭	纟二厶	XFCY
芸	艹二厶	AFCU
酝	西一二厶	SGFC
酝酿		SGSG
运	二厶辶	FCPI
运动		FCFC
运费		FCXJ
运河		FCIS
运气		FCRN
运输		FCLW
运送		FCUD
运算		FCTH
运往		FCTY
运行		FCTF
运用		FCET
运载		FCFA
运动场		FFFN
运动队		FFBW
运动会		FFWF
运动鞋		FFAF
运动员		FFKM
运动战		FFHK
运输队		FLBW
运输机		FLSM
运输线		FLXG
运筹帷幄		FTMM
允	厶儿	CQB
允许		CQYT
陨	阝口贝	BKMY
郧	口贝阝	KMBH
匀	勹冫	QUD

蕴	廾纟日皿	AXJL
蕴藏		AXAD
蕴含		AXWY
晕	曰冖车	JPLJ
晕车		JPLG
晕头转向		JULT
韵	立日勹冫	UJQU
孕	乃子	EBF
孕妇		EBVV
郓	冖车阝	PLBH
狁	犭丿厶儿	QTCQ
恽	忄冖车	NPLH
愠	忄曰皿	NJLG
韫	二乙丨皿	FNHL
氲	𠂉乙曰皿	RNJL
熨	尸二小火	NFIO
殒	一夕口贝	GQKM
昀	日勹冫	JQUG

Z

za

匝	匚冂丨	AMHK
砸	石匚冂丨	DAMH
砸烂		DAOU
砸碎		DADY
扎	扌乙	RNN
咂	口匚冂丨	KAMH
杂	九木	VSU
杂费		VSXJ
杂货		VSWX
杂技		VSRF
杂交		VSUQ
杂粮		VSOY
杂乱		VSTD
杂牌		VSTH
杂谈		VSYO
杂文		VSYY
杂音		VSUJ
杂志		VSFN
杂质		VSRF
杂货铺		VWQG
杂技团		VRLF
杂乱无章		VTFU
拶	扌巛夕	RVQY

zai

栽	十戈木	FASI
栽培		FAFU
栽赃		FAMY
栽种		FATK
哉	十戈口	FAKD
灾	宀火	POU
灾害		POPD
灾荒		POAY
灾民		PONA
灾难		POCW
灾年		PORH
灾情		PONG
灾区		POAQ
宰	宀辛	PUJ
宰相		PUSH
载	十戈车	FALK
载波		FAIH
载体		FAWS
载重		FATG
载波机		FISM
载歌载舞		FSFR
再	一冂土	GMFD
再版		GMTH
再次		GMUQ
再度		GMYA
再会		GMWF
再见		GMMQ
再三		GMDG
再生		GMTG
再现		GMGM
再教育		GFYC
再生产		GTUT
再接再厉		GRGD
在	ナ丨土	DHFD
在此		DHHX
在家		DHPE
在内		DHMW
在前		DHUE
在先		DHTF
在意		DHUJ
在于		DHGF
在职		DHBK
在座		DHYW
在所不惜		DRGN
崽	山田心	MLNU
甾	巛田	VLF

zan

咱	口丿目	KTHG
咱们		KTWU
攒	扌丿土贝	RTFM
赞	丿土儿贝	TFQM
赞成		TFDN
赞歌		TFSK
赞美		TFUG
赞赏		TFIP
赞颂		TFWC
赞叹		TFKC
赞同		TFMG
赞扬		TFRN
赞助		TFEG
瓒	王丿土贝	GTFM
趱	土龰丿贝	FHTM
暂	车斤日	LRJF
暂定		LRPG
暂借		LRWA
暂且		LREG
暂行		LRTF
暂用		LRET
昝	夂卜曰	THJF
簪	竹匚儿曰	TAQJ
糌	米夂卜日	OTHJ
錾	车斤金	LRQF

zang

赃	贝广土	MYFG

赃款		MYFF
赃物		MYTR
脏	月广土	EYFG
脏乱		EYTD
葬	廾一夕廾	AGQA
葬礼		AGPY
奘	乙丨厂大	NHDD
驵	马月一	CEGG
臧	厂乙厂丿	DNDT

zao

遭	一冂廿辶	GMAP
遭到		GMGC
遭受		GMEP
遭遇		GMJM
糟	米一冂曰	OGMJ
糟糕		OGOU
糟蹋		OGKH
凿	业一䒑凵	OGUB
藻	廾氵口木	AIKS
枣	一冂小⺀	GMIU
早	早丨乙丨	JHNH
早安		JHPV
早班		JHGY
早餐		JHHQ
早操		JHRK
早茶		JHAW
早晨		JHJD
早春		JHDW
早稻		JHTE
早点		JHHK
早饭		JHQN
早婚		JHVQ
早间		JHUJ
早期		JHAD
早日		JHJJ
早上		JHHH
早熟		JHYB
早退		JHVE
早晚		JHJQ
早先		JHTF
早已		JHNN
澡	氵口口木	IKKS
躁	口止口木	KHKS
噪	口口口木	KKKS
噪声		KKFN
燥	火口口木	OKKS
蚤	又丶虫	CYJU
造	丿土口辶	TFKP
造成		TFDN
造福		TFPY
造句		TFQK
造就		TFYI
造型		TFGA
皂	白七	RAB
灶	火土	OFG
唣	口白七	KRAN

ze

责	龶贝	GMU
责备		GMTL
责任		GMWT
责任感		GWDG
责任田		GWLL
责任心		GWNY
责任制		GWRM
责无旁贷		GFUW
赜	匚丨口贝	AHKM
啧	口龶贝	KGMY
帻	冂丨龶贝	MHGM
箦	竹龶贝	TGMU
择	扌又二丨	RCFH
则	贝刂	MJH
泽	氵又二丨	ICFH
仄	厂人	DWI
迮	𠂉丨二辶	THFP
昃	曰厂人	JDWU
舴	丿舟𠂉二	TETF

zei

贼	贝戈ナ	MADT
贼喊捉贼		MKRM

zen

怎	𠂉丨二心	THFN
怎么		THTC
怎能		THCE
怎么样		TTSU
怎么着		TTUD
谮	讠匚儿曰	YAQJ

zeng

增	土丷罒曰	FULJ
增产		FUUT
增大		FUDD
增多		FUQQ
增强		FUXK
增删		FUMM
增设		FUYM
增生		FUTG
增收		FUNH
增添		FUIG
增益		FUUW
增长		FUTA
增值		FUWF
增长率		FTYX
憎	忄丷罒曰	NULJ
憎恨		NUNV
曾	丷罒曰	ULJF
曾经		ULXC
曾用名		UEQK
曾几何时		UMWJ
赠	贝丷罒曰	MULJ
赠送		MUUD
赠阅		MUUU
缯	纟丷罒曰	XULJ
甑	丷罒曰乙	ULJN
罾	罒丷罒曰	LULJ
锃	钅口王	QKGG

zha

扎	扌乙	RNN
扎实		RNPU
喳	口木曰一	KSJG
渣	氵木曰一	ISJG

渣打		ISRS
札	木乙	SNN
轧	车乙	LNN
铡	钅贝刂	QMJH
闸	门甲	ULK
眨	目丿之	HTPY
栅	木冂冂一	SMMG
榨	木宀八二	SPWF
榨菜		SPAE
咋	口𠂉丨二	KTHF
乍	𠂉丨二	THFD
炸	火𠂉丨二	OTHF
炸弹		OTXU
炸毁		OTVA
炸药		OTAX
诈	讠𠂉丨二	YTHF
诈骗		YTCY
揸	扌木曰一	RSJG
吒	口丿七	KTAN
咤	口宀丿七	KPTA
哳	口扌斤	KRRH
楂	木木曰一	SSJG
砟	石𠂉丨二	DTHF
痄	疒𠂉丨二	UTHF
蚱	虫𠂉丨二	JTHF
齄	丿目田一	THLG

zhai

摘	扌立冂古	RUMD
摘编		RUXY
摘抄		RURI
摘录		RUVI
摘要		RUSV
摘自		RUTH
斋	文丆冂刂	YDMJ
宅	宀丿七	PTAB
窄	宀八𠂉二	PWTF
债	亻龶贝	WGMY
债券		WGUD
债务		WGTL
债主		WGYG
寨	宀二刂木	PFJS
砦	止匕石	HXDF
瘵	疒癶二小	UWFI

zhan

占	⺊口	HKF
占据		HKRN
占领		HKWY
占有		HKDE
沾	氵⺊口	IHKG
沾染		IHIV
沾沾自喜		IITF
粘	米⺊口	OHKG
毡	丿二乙口	TFNK
瞻	目⺈厂言	HQDY
瞻仰		HQWQ
詹	⺈厂八言	QDWY
盏	戋皿	GLF
斩	车斤	LRH
斩草除根		LABS
斩钉截铁		LQFQ
辗	车尸龷𧘇	LNAE
崭	山车斤	MLRJ
崭新		MLUS
展	尸龷𧘇	NAEI
展出		NABM
展开		NAGA
展览		NAJT
展品		NAKK
展示		NAFI
展望		NAYN
展现		NAGM
展销		NAQI
展览馆		NJQN
展览会		NJWF
展览品		NJKK
展览厅		NJDS
展销会		NQWF
蘸	艹西一灬	ASGO
栈	木戋	SGT
战	⺊口戈	HKAT
战报		HKRB
战备		HKTL
战场		HKFN
战船		HKTE
战斗		HKUF
战果		HKJS
战壕		HKFY
战火		HKOO
战况		HKUK
战略		HKLT
战胜		HKET
战士		HKFG
战术		HKSY
战线		HKXG
战役		HKTM
战友		HKDC
战争		HKQV
战斗机		HUSM
战斗英雄		HUAD
站	立⺊口	UHKG
站岗		UHMM
站立		UHUU
站台		UHCK
站长		UHTA
站柜台		USCK
站起来		UFGO
站台票		UCSF
湛	氵艹三乙	IADN
绽	纟宀一龰	XPGH
谵	讠⺈厂言	YQDY
搌	扌尸龷𧘇	RNAE
旃	方𠂉冂亠	YTMY

zhang

张	弓丿七㇏	XTAY
章	立早	UJJ
章程		UJTK
章节		UJAB
彰	立早彡	UJET
獐	犭丿立早	QTUJ
漳	氵立早	IUJH

嫜　女立早　VUJH
璋　王立早　GUJH
樟　木立早　SUJH
樟脑　SUEY
蟑　虫立早　JUJH
长　丿七㇏　TAYI
长辈　TADJ
长一智　TGTD
掌　⺌冖口手　IPKR
掌权　IPSC
掌声　IPFN
掌握　IPRN
涨　氵弓丿㇏　IXTY
涨价　IXWW
杖　木ナ㇏　SDYY
丈　㇏　DYI
丈夫　DYFW
帐　冂丨丿㇏　MHTY
帐本　MHSG
帐户　MHYN
帐目　MHHH
帐篷　MHTT
账　贝丿七㇏　MTAY
仗　亻ナ㇏　WDYY
胀　月丿七㇏　ETAY
瘴　疒立早　UUJK
障　阝立早　BUJH
障碍　BUDJ
仉　亻几　WMN
鄣　立早阝　UJBH
幛　冂丨立早　MHUJ
嶂　山立早　MUJH

zhao

招　扌刀口　RVKG
招标　RVSF
招待　RVTF
招工　RVAA
招呼　RVKT
招考　RVFT
招揽　RVRJ
招牌　RVTH
招聘　RVBM
招生　RVTG
招收　RVNH
招手　RVRT
招待会　RTWF
招待所　RTRN
招兵买马　RRNC
招摇撞骗　RRRC
昭　日刀口　JVKG
昭然　JVQD
昭然若揭　JQAR
沼　氵刀口　IVKG
沼泽　IVIC
找　扌戈　RAT
找对象　RCQJ
找麻烦　RYOD
赵　土龰乂　FHQI
照　日刀口灬　JVKO
照办　JVLW
照常　JVIP
照抄　JVRI
照顾　JVDB
照管　JVTP
照会　JVWF
照旧　JVHJ
照看　JVRH
照例　JVWG
照料　JVOU
照明　JVJE
照片　JVTH
照射　JVTM
照相　JVSH
照样　JVSU
照耀　JVIQ
照应　JVYI
照相馆　JSQN
照相机　JSSM
罩　罒⺊早　LHJJ
兆　⺦儿　IQV
兆周　IQMF
肇　丶尸攵丨　YNTH
召　刀口　VKF
召唤　VKKQ
召集　VKWY
召开　VKGA
着　丷𦍌目　UDHF
诏　讠刀口　YVKG
棹　木⺊早　SHJH
钊　钅刂　QJH
笊　竹⺁丨㇏　TRHY
嘲　口十早月　KFJE

zhe

遮　广廿灬辶　YAOP
折　扌斤　RRH
折价　RRWW
折旧　RRHJ
折扣　RRRK
折磨　RRYS
折算　RRTH
折腾　RREU
哲　扌斤口　RRKF
哲理　RRGJ
哲学　RRIP
哲学家　RIPE
哲学系　RITX
蛰　扌九丶虫　RVYJ
辙　车亠厶攵　LYCT
者　土丿日　FTJF
锗　钅土丿日　QFTJ
蔗　艹广廿灬　AYAO
蔗糖　AYOY
这　文辶　YPI
这边　YPLP
这次　YPUQ
这点　YPHK
这儿　YPQT
这个　YPWH
这回　YPLK
这里　YPJF

这么		YPTC
这时		YPJF
这是		YPJG
这下		YPGH
这些		YPHX
这样		YPSU
这种		YPTK
这会儿		YWQT
这里边		YJLP
这么样		YTSU
这时候		YJWH
这就是说		YYJY
浙	氵扌斤	IRRH
浙江		IRIA
浙江省		IIIT
谪	讠立冂古	YUMD
摺	扌羽白	RNRG
柘	木石	SDG
辄	车耳乙	LBNN
蜇	扌斤虫	RRJU
褶	衤冫羽白	PUNR
鹧	广廿灬一	YAOG
磔	石夕匚木	DQAS
赭	土⺌土日	FOFJ

zhen

贞	⺊贝	HMU
侦	亻⺊贝	WHMY
侦查		WHSJ
侦察		WHPW
侦探		WHRP
侦察兵		WPRG
侦察员		WPKM
帧	冂丨⺊贝	MHHM
浈	氵⺊贝	IHMY
桢	木⺊贝	SHMY
祯	礻丶⺊贝	PYHM
针	钅十	QFH
针对		QFCF
针灸		QFQY
针织		QFXK
针对性		QCNT
针织品		QXKK
针锋相对		QQSC
珍	王人彡	GWET
珍宝		GWPG
珍藏		GWAD
珍贵		GWKH
珍视		GWPY
珍惜		GWNA
珍重		GWTG
珍珠		GWGR
真	十且八	FHWU
真诚		FHYD
真假		FHWN
真空		FHPW
真切		FHAV
真情		FHNG
真实		FHPU
真是		FHJG
真相		FHSH
真心		FHNY
真正		FHGH
真知		FHTD
真善美		FUUG
真实性		FPNT
真凭实据		FWPR
真知灼见		FTOM
胗	月人彡	EWET
砧	石⺊口	DHKG
蓁	艹三人禾	ADWT
臻	一厶土禾	GCFT
榛	木三人禾	SDWT
赈	贝厂二𧘇	MDFE
朕	月丷大	EUDY
畛	田人彡	LWET
稹	禾十且八	TFHW
鸩	冖儿勹一	PQQG
箴	竹厂一丿	TDGT
斟	艹三八十	ADWF
甄	西土一乙	SFGN
枕	木冖儿	SPQN
枕头		SPUD
疹	疒人彡	UWEE
诊	讠人彡	YWET
诊费		YWXJ
诊断		YWON
诊治		YWIC
震	雨厂二𧘇	FDFE
震荡		FDAI
震动		FDFC
震撼		FDRD
震憾		FDND
震惊		FDNY
振	扌厂二𧘇	RDFE
振动		RDFC
振奋		RDDL
振兴		RDIW
振作		RDWT
振兴中华		RIKW
振振有词		RRDY
镇	钅十且八	QFHW
镇定		QFPG
镇静		QFGE
镇压		QFDF
阵	阝车	BLH
阵地		BLFB
阵容		BLPW
阵线		BLXG
阵营		BLAP
阵雨		BLFG
阵阵		BLBL
圳	土川	FKH
缜	纟十且八	XFHW
轸	车人彡	LWET

zheng

蒸	艹了水灬	ABIO
蒸发		ABNT
蒸气		ABRN
蒸汽		ABIR
蒸馏水		AQII

蒸汽机		AISM	
蒸蒸日上		AAJH	
挣	扌⺈彐丨	RQVH	
睁	目⺈彐丨	HQVH	
狰	犭丿⺈丨	QTQH	
争	⺈彐丨	QVHJ	
争吵		QVKI	
争端		QVUM	
争夺		QVDF	
争光		QVIQ	
争论		QVYW	
争鸣		QVKQ	
争气		QVRN	
争取		QVBC	
争权		QVSC	
争胜		QVET	
争议		QVYY	
争执		QVRV	
争夺战		QDHK	
争分夺秒		QWDT	
争先恐后		QTAR	
征	彳一止	TGHG	
征兵		TGRG	
征订		TGYS	
征服		TGEB	
征稿		TGTY	
征购		TGMQ	
征集		TGWY	
征求		TGFI	
征收		TGNH	
征税		TGTU	
怔	忄一止	NGHG	
整	一口小止	GKIH	
整编		GKXY	
整套		GKDD	
整顿		GKGB	
整风		GKMQ	
整个		GKWH	
整洁		GKIF	
整理		GKGJ	
整年		GKRH	
整齐		GKYJ	
整容		GKPW	
整数		GKOV	
整体		GKWS	
整天		GKGD	
整形		GKGA	
整修		GKWH	
整整		GKGK	
整流器		GIKK	
整装待发		GUTN	
拯	扌了水一	RBIG	
正	一止	GHD	
正北		GHUX	
正比		GHXX	
正常		GHIP	
正当		GHIV	
正点		GHHK	
正东		GHAI	
正负		GHQM	
正规		GHFW	
正轨		GHLV	
正好		GHVB	
正经		GHXC	
正南		GHFM	
正派		GHIR	
正品		GHKK	
正气		GHRN	
正巧		GHAG	
正确		GHDQ	
正如		GHVK	
正式		GHAA	
正视		GHPY	
正是		GHJG	
正统		GHXY	
正文		GHYY	
正误		GHYK	
正西		GHSG	
正义		GHYQ	
正月		GHEE	
正直		GHFH	
正职		GHBK	
正宗		GHPF	
正比例		GXWG	
正方形		GYGA	
正规化		GFWX	
正规军		GFPL	
正确性		GDNT	
正弦波		GXIH	
正大光明		GDIJ	
政	一止攵	GHTY	
政变		GHYO	
政策		GHTG	
政党		GHIP	
政法		GHIF	
政府		GHYW	
政见		GHMQ	
政界		GHLW	
政权		GHSC	
政审		GHPJ	
政委		GHTV	
政务		GHTL	
政协		GHFL	
政治		GHIC	
政治部		GIUK	
政治犯		GIQT	
政治家		GIPE	
政治局		GINN	
政治课		GIYJ	
政治性		GINT	
政协委员		GFTK	
政治面目		GIDH	
政治协商会议		GIFY	
症	疒一止	UGHD	
症状		UGUD	
郑	丷大阝	UDBH	
郑重		UDTG	
郑州		UDYT	
郑州市		UYYM	
证	讠一止	YGHG	

证件		YGWR
证据		YGRN
证明		YGJE
证券		YGUD
证实		YGPU
证书		YGNN
证明人		YJWW
证明信		YJWY
证券交易		YUUJ
诤	讠ク彐丨	YQVH
峥	山ク彐丨	MQVH
峥嵘		MQMA
钲	钅一止	QGHG
铮	钅ク彐丨	QQVH
筝	竹ク彐丨	TQVH

zhi

之	【键名码】	PPPP
之后		PPRG
之间		PPUJ
之类		PPOD
之内		PPMW
之前		PPUE
之上		PPHH
之外		PPQH
之下		PPGH
之一		PPGG
之中		PPKH
之所以		PRNY
芝	廾之	APU
芝麻		APYS
芝加哥		ALSK
吱	口十又	KFCY
枝	木十又	SFCY
枝节		SFAB
枝叶		SFKF
肢	月十又	EFCY
支	十又	FCU
支部		FCUK
支撑		FCRI
支持		FCRF
支出		FCBM
支队		FCBW
支付		FCWF
支流		FCIY
支配		FCSG
支票		FCSF
支书		FCNN
支委		FCTV
支援		FCRE
支撑		FCRI
支柱		FCSY
支委会		FTWF
支离破碎		FYDD
织	纟口八	XKWY
织布		XKDM
职	耳口八	BKWY
职别		BKKL
职称		BKTQ
职工		BKAA
职能		BKCE
职权		BKSC
职位		BKWU
职务		BKTL
职业		BKOG
职员		BKKM
职责		BKGM
职业病		BOUG
职业道德		BOUT
知	𠂉大口	TDKG
知道		TDUT
知觉		TDIP
知名		TDQK
知青		TDGE
知识		TDYK
知悉		TDTO
知音		TDUJ
知名度		TQYA
知识化		TYWX
知识界		TYLW
知识性		TYNT
知名人士		TQWF
知识分子		TYWB
知识更新		TYGU
蜘	虫𠂉大口	JTDK
蜘蛛		JTJR
汁	氵十	IFH
脂	月匕日	EXJG
脂肪		EXEY
埴	土十且	FFHG
芷	廾止	AHF
摭	扌广廿灬	RYAO
帙	冂丨𠂉人	MHRW
忮	忄十又	NFCY
咫	尸㇏口八	NYKW
彘	彑一匕匕	XGXX
陟	阝止小马	BHIC
栉	木廾卩	SABH
枳	木口八	SKWY
栀	木厂一㔾	SRGB
桎	木一厶土	SGCF
轵	车口八	LKWY
轾	车一厶土	LGCF
贽	扌九丶贝	RVYM
胝	月𠄌七丶	EQAY
膣	月宀八土	EPWF
祉	礻丶止	PYHG
祗	礻丶𠄌丶	PYQY
黹	业一丷小	OGUI
雉	𠂉大亻圭	TDWY
鸷	扌九丶一	RVYG
痣	疒士心	UFNI
絷	扌九丶小	RVYI
酯	西一匕日	SGXJ
跖	口止石	KHDG
踬	口止厂贝	KHRM
踯	口止丷阝	KHUB
觯	ク用丷十	QEUF
豸	爫豕	EER
直	十且	FHF
直播		FHRT

直达		FHDP
直到		FHGC
直观		FHCM
直角		FHQE
直接		FHRU
直径		FHTC
直觉		FHIP
直流		FHIY
直爽		FHDQ
直辖		FHLP
直线		FHXG
直流电		FIJN
直辖市		FLYM
直截了当		FFBI
植	木十且	SFHG
植树		SFSC
植物		SFTR
殖	一夕十且	GQFH
殖民地		GNFB
值	亻十且	WFHG
值班		WFGY
值此		WFHX
值得		WFTJ
值勤		WFAK
值班室		WGPG
执	扌九丶	RVYY
执笔		RVTT
执勤		RVAK
执行		RVTF
执着		RVUD
执照		RVJV
执政		RVGH
执著		RVAF
执行者		RTFT
执政党		RGIP
执迷不悟		ROGN
侄	亻一厶土	WGCF
址	土止	FHG
止	止丨丨一	HHHG
止境		HHFU
止痛		HHUC
趾	口止止	KHHG
趾高气扬		KYRR
指	扌匕日	RXJG
指标		RXSF
指出		RXBM
指导		RXNF
指点		RXHK
指定		RXPG
指法		RXIF
指挥		RXRP
指教		RXFT
指令		RXWY
指明		RXJE
指示		RXFI
指数		RXOV
指望		RXYN
指引		RXXH
指责		RXGM
指导员		RNKM
指挥部		RRUK
指挥官		RRPN
指挥员		RRKM
指令性		RWNT
指南针		RFQF
指示灯		RFOS
指示器		RFKK
指战员		RHKM
指法训练		RIYX
指导思想		RNLS
指桑骂槐		RCKS
只	口八	KWU
只得		KWTJ
只顾		KWDB
只管		KWTP
只好		KWVB
只见		KWMQ
只能		KWCE
只怕		KWNR
只是		KWJG
只须		KWED
只需		KWFD
只许		KWYT
只限		KWBV
只要		KWSV
只有		KWDE
只不过		KGFP
只争朝夕		KQFQ
旨	匕日	XJF
旨意		XJUJ
纸	纟𠂆七	XQAN
纸币		XQTM
纸盒		XQWG
纸箱		XQTS
纸张		XQXT
纸上谈兵		XHYR
纸醉金迷		XSQO
志	士心	FNU
志向		FNTM
志愿		FNDR
志愿兵		FDRG
志愿军		FDPL
志同道合		FMUW
挚	扌九丶手	RVYR
掷	扌丷大阝	RUDB
至	一厶土	GCFF
至此		GCHX
至多		GCQQ
至今		GCWY
至少		GCIT
至于		GCGF
至於		GCYW
至高无上		GYFH
至理名言		GGQY
致	一厶土夂	GCFT
致病		GCUG
致词		GCYN
致辞		GCTD
致电		GCJN
致富		GCPG

致函 GCBI
致敬 GCAQ
致力 GCLT
致使 GCWG
致谢 GCYT
致意 GCUJ
致命伤 GWWT
置 罒十且 LFHF
置之不理 LPGG
置之度外 LPYQ
帜 冂丨口八 MHKW
峙 山土寸 MFFY
制 𠂉冂丨刂 RMHJ
制版 RMTH
制备 RMTL
制表 RMGE
制裁 RMFA
制订 RMYS
制定 RMPG
制度 RMYA
制服 RMEB
制品 RMKK
制图 RMLT
制造 RMTF
制作 RMWT
制造商 RTUM
智 𠂉大口曰 TDKJ
智慧 TDDH
智力 TDLT
智能 TDCE
智商 TDUM
智育 TDYC
智囊团 TGLF
智力开发 TLGN
智力投资 TLRU
秩 禾𠂉人 TRWY
秩序 TRYC
稚 禾亻主 TWYG
质 厂十贝 RFMI
质变 RFYO
质量 RFJG
质问 RFUK
质询 RFYQ
炙 夕火 QOU
治 氵厶口 ICKG
治安 ICPV
治本 ICSG
治标 ICSF
治病 ICUG
治国 ICLG
治理 ICGJ
治疗 ICUB
治学 ICIP
治理整顿 IGGG
滞 氵一川丨 IGKH
滞销 IGQI
痔 疒土寸 UFFI
窒 宀八一土 PWGF
卮 厂一㔾 RGBV
陟 阝止小 BHIT
郅 一厶土阝 GCFB
徵 彳山一攵 TMGT

zhong

中 【简码 K】 KHK
中波 KHIH
中餐 KHHQ
中层 KHNF
中点 KHHK
中东 KHAI
中毒 KHGX
中断 KHON
中队 KHBW
中国 KHLG
中华 KHWX
中继 KHXO
中肯 KHHE
中立 KHUU
中年 KHRH
中农 KHPE
中期 KHAD
中秋 KHTO
中山 KHMM
中外 KHQH
中文 KHYY
中西 KHSG
中校 KHSU
中心 KHNY
中性 KHNT
中学 KHIP
中旬 KHQJ
中央 KHMD
中药 KHAX
中医 KHAT
中游 KHIY
中原 KHDR
中专 KHFN
中草药 KAAX
中低档 KWSI
中低级 KWXE
中短波 KTIH
中高档 KYSI
中高级 KYXE
中顾委 KDTV
中国话 KLYT
中纪委 KXTV
中间派 KUIR
中间人 KUWW
中间商 KUUM
中距离 KKYB
中立国 KULG
中联部 KBUK
中美洲 KUIY
中南海 KFIT
中青年 KGRH
中秋节 KTAB
中山陵 KMBF
中山装 KMUF
中外文 KQYY
中文版 KYTH
中文系 KYTX

中下层 KGNF
中小型 KIGA
中小学 KIIP
中宣部 KPUK
中学生 KITG
中西医 KSAT
中组部 KXUK
中共中央 KAKM
中国青年 KLGR
中国人民 KLWN
中国银行 KLQT
中国政府 KLGY
中华民族 KWNY
中间环节 KUGA
中流砥柱 KIDS
中外合资 KQWU
中文电脑 KYJE
中文键盘 KYQT
中文信息 KYWT
中心任务 KNWT
中央军委 KMPT
中央领导 KMWN
中央全会 KMWW
中央委员 KMTK
中庸之道 KYPU
中直机关 KFSU
中国共产党 KLAI
中国科学院 KLTB
中央办公厅 KMLD
中央电视台 KMJC
中央各部委 KMTT
中央书记处 KMNT
中央委员会 KMTW
中央政治局 KMGN
中国人民银行 KLWT
中央国家机关 KMLU
中共中央总书记 KAKY
中国人民解放军 KLWP
中华人民共和国 KWWL
中央人民广播电台 KMWC
盅 口丨皿 KHLF
忠 口丨心 KHNU
忠诚 KHYD
忠厚 KHDJ
忠实 KHPU
忠心耿耿 KNBB
钟 钅口丨 QKHH
钟表 QKGE
钟点 QKHK
钟情 QKNG
钟头 QKUD
衷 亠口丨𧘇 YKHE
衷情 YKNG
衷心 YKNY
终 纟夂⺀ XTUY
终端 XTUM
终结 XTXF
终究 XTPW
终年 XTRH
终日 XTJJ
终身 XTTM
终生 XTTG
终止 XTHH
终点站 XHUH
种 禾口丨 TKHH
种类 TKOD
种植 TKSF
种种 TKTK
种子 TKBB
肿 月口丨 EKHH
重 丿一曰土 TGJF
重迭 TGRW
重叠 TGCC
重复 TGTJ
重庆 TGYD
重申 TGJH
重新 TGUS
重油 TGIM
重大 TGDD
重点 TGHK
重量 TGJG
重任 TGWT
重视 TGPY
重心 TGNY
重型 TGGA
重要 TGSV
重用 TGET
重工业 TAOG
重金属 TQNT
重量级 TJXE
重庆市 TYYM
重要性 TSNT
重整旗鼓 TGYF
仲 亻口丨 WKHH
仲秋 WKTO
众 人人人 WWWU
众多 WWQQ
众议员 WYKM
众议院 WYBP
众目睽睽 WHHH
众叛亲离 WUUY
众矢之的 WTPR
众所周知 WRMT
众志成城 WFDF
冢 冖豕丶 PEYU
螽 夂⺀虫虫 TUJJ
舯 丿舟口丨 TEKH
踵 口止丿土 KHTF

zhou

周 冂土口 MFKD
周报 MFRB
周到 MFGC
周刊 MFFJ
周率 MFYX
周密 MFPN
周末 MFGS

周年		MFRH
周期		MFAD
周全		MFWG
周岁		MFMQ
周围		MFLF
周折		MFRR
周恩来		MLGO
周期性		MANT
周总理		MUGJ
周而复始		MDTV
舟	丿舟	TEI
州	丶丿丶丨	YTYH
州长		YTTA
洲	氵丶丿丨	IYTH
洲际		IYBF
诌	讠⺈彐	YQVG
粥	弓米弓	XOXN
轴	车由	LMG
轴承		LMBD
肘	月寸	EFY
帚	彐冖冂丨	VPMH
咒	口口几	KKMB
皱	⺈彐𠂆又	QVHC
宙	宀由	PMF
昼	尸乀日一	NYJG
昼夜		NYYW
骤	马耳又⺗	CBCI
骤然		CBQD
荮	艹纟寸	AXFU
啁	口冂土口	KMFK
妯	女由	VMG
纣	纟寸	XFY
绉	纟⺈彐	XQVG
胄	由月	MEF
籀	竹扌𠂉田	TRQL
酎	西一寸	SGFY
碡	石龶𠃑⺀	DGXU

zhu

祝	礻丶口儿	PYKQ
祝福		PYPY
祝贺		PYLK
祝酒		PYIS
祝寿		PYDT
祝愿		PYDR
注	氵丶王	IYG
注册		IYMM
注解		IYQE
注目		IYHH
注入		IYTY
注射		IYTM
注视		IYPY
注释		IYTO
注销		IYQI
注意		IYUJ
注重		IYTG
注射器		ITKK
注意到		IUGC
注意力		IULT
驻	马丶王	CYGG
驻地		CYFB
驻防		CYBY
驻沪		CYIY
驻华		CYWX
驻京		CYYI
驻军		CYPL
驻守		CYPF
驻足		CYKH
伫	亻宀一	WPGG
侏	亻𠂉小	WRIY
邾	𠂉小阝	RIBH
苎	艹宀一	APGF
茱	艹𠂉小	ARIU
洙	氵𠂉小	IRIY
渚	氵土丿日	IFTJ
潴	氵犭丿日	IQTJ
猪	犭丿土日	QTFJ
猪八戒		QWAA
诸	讠土丿日	YFTJ
诸位		YFWU
诸葛亮		YAYP
诸如此类		YVHO
槠	木讠土日	SYFJ
杼	木龴卩	SCBH
橥	犭丿土木	QTFS
炷	火丶王	OYGG
铢	钅𠂉小	QRIY
疰	疒丶王	UYGD
瘃	疒豕丶	UEYI
竺	竹二	TFF
箸	竹土丿曰	TFTJ
舳	丿舟由	TEMG
躅	口止罒虫	KHLJ
麈	广コ刂王	YNJG
珠	王𠂉小	GRIY
珠宝		GRPG
珠海		GRIT
珠算		GRTH
株	木𠂉小	SRIY
蛛	虫𠂉小	JRIY
朱	𠂉小	RII
诛	讠𠂉小	YRIY
逐	豕辶	EPI
逐步		EPHI
逐个		EPWH
逐渐		EPIL
逐年		EPRH
竹	竹丿一丨	TTGH
烛	火虫	OJY
煮	土丿曰灬	FTJO
拄	扌丶王	RYGG
瞩	目尸丿丶	HNTY
瞩目		HNHH
嘱	口尸丿丶	KNTY
嘱咐		KNKW
嘱托		KNRT
主	丶王	YGD
主办		YGLW
主笔		YYTT
主编		YGXY
主持		YGRF

主次 YGUQ
主导 YGNF
主动 YGFC
主观 YGCM
主管 YGTP
主角 YGQE
主力 YGLT
主流 YGIY
主权 YGSC
主任 YGWT
主食 YGWY
主题 YGJG
主体 YGWS
主席 YGYA
主演 YGIP
主要 YGSV
主意 YGUJ
主义 YGYQ
主张 YGXT
主动脉 YFEY
主动权 YFSC
主动性 YFNT
主力军 YLPL
主人翁 YWWC
主席台 YYCK
主席团 YYLF
主旋律 YYTV
主管部门 YTUU
主要问题 YSUJ
主要原因 YSDL
柱 木丶王 SYGG
柱子 SYBB
著 廾土丿曰 AFTJ
著称 AFTQ
著名 AFQK
著作权 AWSC
助 月一力 EGLN
助工 EGAA
助教 EGFT
助理 EGGJ
助手 EGRT
助威 EGDG
助兴 EGIW
助学 EGIP
助记词 EYYN
助听器 EKKK
助学金 EIQQ
蛀 虫丶王 JYGG
贮 贝宀一 MPGG
贮备 MPTL
贮藏 MPAD
贮存 MPDH
贮藏室 MAPG
贮存器 MDKK
铸 钅三丿寸 QDTF
筑 竹工几丶 TAMY
住 亻丶王 WYGG
住处 WYTH
住房 WYYN
住家 WYPE
住宿 WYPW
住院 WYBP
住宅 WYPT
住址 WYFH
翥 土丿曰羽 FTJN

zhua

抓 扌厂丨㇏ RRHY
抓紧 RRJC
爪 厂丨㇏ RHYI

zhuai

拽 扌曰匕 RJXT

zhuan

专 二乙丶 FNYI
专案 FNPV
专场 FNFN
专车 FNLG
专程 FNTK
专电 FNJN
专访 FNYY
专家 FNPE
专刊 FNFJ
专科 FNTU
专款 FNFF
专栏 FNSU
专利 FNTJ
专门 FNUY
专区 FNAQ
专人 FNWW
专题 FNJG
专项 FNAD
专心 FNNY
专业 FNOG
专用 FNET
专员 FNKM
专长 FNTA
专政 FNGH
专职 FNBK
专制 FNRM
专著 FNAF
专座 FNYW
专案组 FPXE
专利法 FTIF
专利号 FTKG
专利权 FTSC
专门化 FUWX
专业户 FOYN
专业化 FOWX
专业课 FOYJ
专业性 FONT
专心致志 FNGF
专业人员 FOWK
专用设备 FEYT
砖 石二乙丶 DFNY
砖瓦 DFGN
转 车二乙丶 LFNY
转变 LFYO
转播 LFRT
转产 LFUT
转达 LFDP
转动 LFFC

转发		LFNT
转告		LFTF
转化		LFWX
转换		LFRQ
转交		LFUQ
转录		LFVI
转让		LFYH
转入		LFTY
转速		LFGK
转向		LFTM
转眼		LFHV
转业		LFOG
转移		LFTQ
转用		LFET
转载		LFFA
转帐		LFMH
转折		LFRR
转正		LFGH
转户口		LYKK
转折点		LRHK
撰	扌巳巳八	RNNW
撰写		RNPG
撰稿人		RTWW
赚	贝䒑彐小	MUVO
篆	竹彑豕	TXEU
啭	口车二丶	KLFY
馔	ク乙巳八	QNNW
颛	山丆冂贝	MDMM

zhuang

庄	广土	YFD
庄稼		YFTP
庄严		YFGO
庄稼地		YTFB
庄稼汉		YTIC
庄稼活		YTIT
庄稼人		YTWW
桩	木广土	SYF
装	丬士亠𧘇	UFYE
装备		UFTL
装订		UFYS
装货		UFWX
装配		UFSG
装饰		UFQN
装卸		UFRH
装修		UFWH
装运		UFFC
装置		UFLF
装甲兵		ULRG
装饰品		UQKK
装卸队		URBW
装模作样		USWS
装腔作势		UEWR
妆	丬女	UVG
撞	扌立曰土	RUJF
壮	丬士	UFG
壮大		UFDD
壮观		UFCM
壮举		UFIW
壮阔		UFUI
壮丽		UFGM
壮烈		UFGQ
壮族		UFYT
壮志凌云		UFUF
状	丬犬	UDY
状态		UDDY
僮	亻立曰土	WUJF
幢	冂丨立土	MHUF
戆	立早夂心	UJTN

zhui

隹	亻主	WYG
椎	木亻主	SWYG
锥	钅亻主	QWYG
骓	马亻主	CWYG
追	亻ココ辶	WNNP
追捕		WNRG
追查		WNSJ
追悼		WNNH
追赶		WNFH
追加		WNLK
追究		WNPW
追求		WNFI
追悼会		WNWF
追根究底		WSPY
赘	龶ク攵贝	GQTM
赘述		GQSY
坠	阝人土	BWFF
坠毁		BWVA
缀	纟又又又	XCCC
惴	忄山丆刂	NMDJ
缒	纟亻コ辶	XWNP

zhun

谆	讠亩子	YYBG
准	冫亻主	UWYG
准备		UWTL
准确		UWDQ
准时		UWJF
准许		UWYT
准则		UWMJ
准确度		UDYA
准确性		UDNT
肫	月一凵乙	EGBN
窀	宀八一乙	PWGN

zhuo

拙	扌凵山	RBMH
拙笨		RBTS
拙劣		RBIT
捉	扌口龰	RKHY
捉弄		RKGA
卓	⺊早	HJJ
卓识		HJYK
卓越		HJFH
卓著		HJAF
桌	⺊曰木	HJSU
桌椅		HJSD
桌子		HJBB
倬	亻⺊早	WHJH
琢	王豕丶	GEYY
琢磨		GEYS
茁	艹凵山	ABMJ
茁壮		ABUF

茁壮成长		AUDT
酌	西一勹丶	SGQY
酌情		SGNG
啄	口豕丶	KEYY
着	丷𦍌目	UDHF
着陆		UDBF
着手		UDRT
着想		UDSH
着眼		UDHV
着重		UDTG
着眼点		UHHK
灼	火勹丶	OQYY
浊	氵虫	IJY
诼	讠豕丶	YEYY
擢	扌羽亻主	RNWY
浞	氵口龰	IKHY
涿	氵豕丶	IEYY
濯	氵羽亻主	INWY
禚	礻丶丷灬	PYUO
斫	石斤	DRH
镯	钅罒勹虫	QLQJ
zi		
姿	冫ク人女	UQWV
姿态		UQDY
姿势		UQRV
资	冫ク人贝	UQWM
资产		UQUT
资格		UQST
资金		UQQQ
资历		UQDL
资料		UQOU
资源		UQID
资助		UQEG
资本家		USPE
资本论		USYW
资本主义		USYY
资产阶级		UUBX
咨	冫ク人口	UQWK
咨询		UQYQ
兹	丷幺幺	UXXU
兹有		UXDE
恣	冫ク人心	UQWN
眦	目止匕	HHXN
锱	钅巛田	QVLG
秭	禾丿乙丿	TTNT
耔	三小子	DIBG
笫	竹丿乙丿	TTNT
粢	冫ク人米	UQWO
趑	土龰冫人	FHUW
觜	止匕ク用	HXQE
訾	止匕言	HXYF
龇	止人凵匕	HWBX
鲻	鱼一巛田	QGVL
龇	止人凵匕	HWBX
髭	镸彡止匕	DEHX
滋	氵丷幺幺	IUXX
滋补		IUPU
滋味		IUKF
滋长		IUTA
淄	氵巛田	IVLG
孜	子攵	BTY
孜孜不倦		BBGW
紫	止匕幺小	HXXI
紫色		HXQC
紫外线		HQXG
仔	亻子	WBG
仔细		WBXL
籽	米子	OBG
子	【键名码】	BBBB
子弹		BBXU
子弟		BBUX
子宫		BBPK
子女		BBVV
子孙		BBBI
子弟兵		BURG
滓	氵宀辛	IPUH
自	丿目	THD
自爱		THEP
自称		THTQ
自从		THWW
自大		THDD
自动		THFC
自发		THNT
自费		THXJ
自给		THXW
自豪		THYP
自己		THNN
自家		THPE
自居		THND
自觉		THIP
自立		THUU
自满		THIA
自然		THQD
自杀		THQS
自身		THTM
自卫		THBG
自我		THTR
自信		THWY
自修		THWH
自学		THIP
自选		THTF
自由		THMH
自愿		THDR
自知		THTD
自制		THRM
自治		THIC
自重		THTG
自主		THYG
自助		THEG
自尊		THUS
自传		THWF
自动化		TFWX
自发性		TNNT
自豪感		TYDG
自己人		TNWW
自来水		TGII
自留地		TQFB
自民党		TNIP
自然界		TQLW
自然数		TQOV

自卫队		TBBW
自信心		TWNY
自行车		TTLG
自以为		TNYL
自由化		TMWX
自由诗		TMYF
自由式		TMAA
自由泳		TMIY
自治区		TIAQ
自治州		TIYT
自尊心		TUNY
自主权		TYSC
自暴自弃		TJTY
自惭形秽		TNGT
自吹自擂		TKTR
自动控制		TFRR
自负盈亏		TQEF
自告奋勇		TTDC
自古以来		TDNG
自顾不暇		TDGJ
自觉自愿		TITD
自力更生		TLGT
自鸣得意		TKTU
自命不凡		TWGM
自欺欺人		TAAW
自然资源		TQUI
自上而下		THDG
自食其果		TWAJ
自食其力		TWAL
自始至终		TVGX
自我批评		TTRY
自下而上		TGDH
自相矛盾		TSCR
自学成才		TIDF
自以为是		TNYJ
自知之明		TTPJ
自作聪明		TWBJ
渍	氵丰贝	IGMY
字	宀子	PBF
字表		PBGE
字典		PBMA
字符		PBTW
字根		PBSV
字号		PBKG
字节		PBAB
字句		PBQK
字据		PBRN
字库		PBYL
字母		PBXG
字体		PBWS
字帖		PBMH
字形		PBGA
字义		PBYQ
字音		PBUJ
字根表		PSGE
谘	讠冫勹口	YUQK
嵫	山䒑幺幺	MUXX
姊	女丿乙丿	VTNT
姊妹		VTVF
姊妹篇		VVTY
孳	䒑幺幺子	UXXB
缁	纟巛田	XVLG
梓	木辛	SUH
辎	车巛田	LVLG
赀	止匕贝	HXMU

zong

宗	宀二小	PFIU
宗教		PFFT
宗派		PFIR
宗旨		PFXJ
踪	口止宀小	KHPI
踪影		KHJY
综	纟宀二小	XPFI
综合		XPWG
综述		XPSY
综合症		XWUG
综合利用		XWTE
综合治理		XWIG
综上所述		XHRS
淙	氵宀二小	IPFI
偬	人人心	WWNU
棕	木宀二小	SPFI
鬃	镸彡宀小	DEPI
腙	月宀二小	EPFI
粽	米宀二小	OPFI
总	丷口心	UKNU
总编		UKXY
总部		UKUK
总裁		UKFA
总参		UKCD
总产		UKUT
总称		UKTQ
总得		UKTJ
总督		UKHI
总额		UKPT
总工		UKAA
总共		UKAW
总管		UKTP
总和		UKTK
总后		UKRG
总会		UKWF
总机		UKSM
总计		UKYF
总结		UKXF
总局		UKNN
总理		UKGJ
总是		UKJG
总数		UKOV
总算		UKTH
总体		UKWS
总统		UKXY
总务		UKTL
总则		UKMJ
总之		UKPP
总值		UKWF
总装		UKUF
总罢工		ULAA
总编辑		UXLK
总产量		UUJG
总产值		UUWF
总成绩		UDXG

字词	字根	编码
总代表		UWGE
总动员		UFKM
总方针		UYQF
总费用		UXET
总工会		UAWF
总公司		UWNG
总经理		UXGJ
总领事		UWGK
总路线		UKXG
总面积		UDTK
总目标		UHSF
总人口		UWKK
总人数		UWOV
总收入		UNTY
总书记		UNYN
总统府		UXYW
总投资		URUQ
总务科		UTTU
总指挥		URRP
总参谋部		UCYU
总而言之		UDYP
总工程师		UATJ
总后勤部		URAU
总会计师		UWYJ
总结经验		UXXC
总政治部		UGIU
纵	纟人人	XWWY
纵队		XWBW
纵横		XWSA
纵情		XWNG
纵然		XWQD
纵使		XWWG
纵坐标		XWSF
纵横驰骋		XSCC
偬	亻勹夕心	WQRN
zou		
邹	ク彐阝	QVBH
邹家华		QPWX
驺	马ク彐	CQVG
诹	讠耳又	YBCY
陬	阝耳又	BBCY
鲰	角一耳又	QGBC
鄹	耳又丿阝	BCTB
走	土龰	FHU
走访		FHYY
走路		FHKH
走后门		FRUY
走资派		FUIR
走马观花		FCCA
走投无路		FRFK
奏	三人一大	DWGD
奏乐		DWQI
奏效		DWUQ
揍	扌三人大	RDWD
zu		
租	禾月一	TEGG
租界		TELW
租金		TEQQ
租赁		TEWT
租用		TEET
菹	艹氵月一	AIEG
足	口龰	KHU
足够		KHQK
足迹		KHYO
足球		KHGF
卒	亠人人十	YWWF
族	方𠂉𠂉大	YTTD
镞	钅方𠂉大	QYTD
祖	礻丶月一	PYEG
祖辈		PYDJ
祖父		PYWQ
祖国		PYLG
祖籍		PYTD
祖母		PYXG
祖孙		PYBI
祖宗		PYPF
祖国统一		PLXG
诅	讠月一	YEGG
阻	阝月一	BEGG
阻碍		BEDJ
阻挡		BERI
阻击		BEFM
阻拦		BERU
阻力		BELT
阻挠		BERA
阻塞		BEPF
阻止		BEHH
组	纟月一	XEGG
组成		XEDN
组稿		XETY
组阁		XEUT
组合		XEWG
组件		XEWR
组建		XEVF
组长		XETA
组织		XEXK
组装		XEUF
组织部		XXUK
组织上		XXHH
组织纪律		XXXT
俎	人人月一	WWEG
zuan		
钻	钅⺊口	QHKG
钻研		QHDG
躜	口止丿贝	KHTM
缵	纟丿土贝	XTFM
纂	竹目大小	THDI
攥	扌竹目小	RTHI
zui		
嘴	口止匕用	KHXE
醉	西一亠十	SGYF
最	曰耳又	JBCU
最初		JBPU
最大		JBDD
最低		JBWQ
最多		JBQQ
最高		JBYM
最好		JBVB
最后		JBRG
最佳		JBWF
最近		JBRP
最少		JBIT
最先		JBTF

最小		JBIH
最新		JBUS
最终		JBXT
最最		JBJB
最后通牒		JRCT
罪	罒三刂三	LDJD
罪恶		LDGO
罪犯		LDQT
罪名		LDQK
罪证		LDYG
罪状		LDUD
罪大恶极		LDGS
罪恶滔天		LGIG
罪魁祸首		LRPU
罪有应得		LDYT
蕞	艹曰耳又	AJBC
咀	口月一	KEGG
	zun	
尊	丷西一寸	USGF
尊称		USTQ
尊敬		USAQ
尊容		USPW
尊严		USGO
尊重		USTG
尊重知识		UTTY
遵	丷西一辶	USGP
遵命		USWG
遵守		USPF
遵循		USTR
遵照		USJV
遵照执行		UJRT
撙	扌丷西寸	RUSF
樽	木丷西寸	SUSF
鳟	鱼一丷寸	QGUF
	zuo	
作	亻𠂉丨二	WTHF
作操		WTRK
作出		WTBM
作恶		WTGO
作法		WTIF
作废		WTYN
作风		WTMQ
作怪		WTNC
作画		WTGL
作家		WTPE
作假		WTWN
作乱		WTTD
作品		WTKK
作曲		WTMA
作为		WTYL
作文		WTYY
作物		WTTR
作协		WTFL
作业		WTOG
作用		WTET
作战		WTHK
作者		WTFT
作用力		WELT
作用于		WEGF
作茧自缚		WATX
作威作福		WDWP
昨	日𠂉丨二	JTHF
昨日		JTJJ
昨天		JTGD
昨晚		JTJQ
左	𠂇工	DAF
左边		DALP
左侧		DAWM
左面		DADM
左派		DAIR
左倾		DAWX
左手		DART
左右		DADK
左右手		DDRT
佐	亻𠂇工	WDAG
柞	木𠂉丨二	STHF
祚	礻丶𠂉二	PYTF
做	亻古攵	WDTY
做成		WDDN
做出		WDBM
做到		WDGC
做法		WDIF
做饭		WDQN
做工		WDAA
做功		WDAL
做官		WDPN
做客		WDPT
做梦		WDSS
做人		WDWW
做事		WDGK
做主		WDYG
做文章		WYUJ
做作业		WWOG
阼	阝𠂉丨二	BTHF
怍	忄𠂉丨二	NTHF
胙	月𠂉丨二	ETHF
笮	竹𠂉丨二	TTHF
酢	西一𠂉二	SGTF
坐	人人土	WWFF
坐标		WWSF
座	广人人土	YWWF
座次		YWUQ
座位		YWWU
座右铭		YDQQ
唑	口人人土	KWWF
嘬	口曰耳又	KJBC